全国中医药行业高等教育"十四五"创新教材

高等中医药院校通识教育系列教材

中外科技史

（供中医药高等院校及相关院校通识教育课程用）

主　编　徐江雁

全国百佳图书出版单位

中国中医药出版社

·北　京·

图书在版编目（CIP）数据

中外科技史 / 徐江雁主编. --北京：中国中医药
出版社，2024.12.（2025.7 重印）--（全国中医药行业高等教育"十四
五"创新教材）（高等中医药院校通识教育系列教材）.
ISBN 978-7-5132-9173-6

Ⅰ. N091
中国国家版本馆 CIP 数据核字第 2024ZP0222 号

中国中医药出版社出版

北京经济技术开发区科创十三街 31 号院二区 8 号楼
邮政编码　100176
传真　010-64405721
三河市同力彩印有限公司印刷
各地新华书店经销

开本 787×1092　1/16　印张 12.5　字数 289 千字
2024 年 12 月第 1 版　2025 年 7 月第 3 次印刷
书号　ISBN 978-7-5132-9173-6

定价　52.00 元
网址　www.cptcm.com

服 务 热 线　010-64405510
购 书 热 线　010-89535836
维 权 打 假　010-64405753

微信服务号　zgzyycbs
微商城网址　https://kdt.im/LIdUGr
官 方 微 博　http://e.weibo.com/cptcm
天猫旗舰店网址　https://zgzyycbs.tmall.com

如有印装质量问题请与本社出版部联系（010-64405510）

全国中医药行业高等教育"十四五"创新教材
高等中医药院校通识教育系列教材

编审委员会

全国中医药行业高等教育"十四五"创新教材

高等中医药院校通识教育系列教材

《中外科技史》编委会

前　言

　　在新医科建设背景下，通识教育教学担负着新的历史使命。为培养具有专业素养和人文精神、全面和谐发展的高素质中医药人才，自2014年起，河南中医药大学开始探索适合中医药院校教育的通识教育教学改革。

　　截至目前，我校通识教育教学改革大致经历了三个阶段：改革与探索阶段（2014—2017），主要是贯彻通识教育理念，初步构建通识教育课程体系，建设通识教育师资队伍，探索构建通识教育教学运行机制和评价体系；完善与发展阶段（2018—2020），学校加入郑州市龙子湖高校园区六所高校联合组建的课程互选学分互认联盟，完善通识教育课程体系，改革考试评价体系；深化与提高阶段（2021至今），学校着力推动大类人才培养模式改革，成立通识教育研究中心，推进师资队伍建设，重塑通识教育课程体系，加强通识教育系列教材建设。学校通识教育注重突出中医药文化特色，将中国传统文化和中医药文化课程纳入通识课程，并坚持"五育"并重，将美学教育、劳动教育、国家安全教育等课程纳入通识课程模块，初步构建起了具有河南中医药大学特色的通识教育课程体系。2022年，学校启动建设具有高等中医药院校特色的通识教育教材，遴选立项建设一批高等中医药院校通识教育系列教材。

　　本套教材首批共12本，包括《汉字文化》《五运六气基础》《中外科技史》《劳动教育》《中国古代文学经典导读》《化学与生活》《旅游地理与华夏文明》《大学生自我管理》《生活中的经济学》《本草文化赏析》《中国饮食文化》《中医药人工智能及实践》。本套教材在我校各专业通识教育教学中使用，同时适合其他中医药高等院校及相关院校本科生、研究生通识教育课程教学使用。

　　在编写过程中，我们参考了其他高等院校的教材及相关资料。限于编者的能力与水平，本套教材难免有诸多不足之处，还需要在教学实践中不断总结与提高，敬请同行专家提出宝贵意见，以便再版时修订提高。

高等中医药院校通识教育系列教材编审委员会

2024 年 3 月

编写说明

本教材是根据河南中医药大学教育教学改革的最新发展情况，顺应学校通识教育课程中外科技史的开设而编写的配套教材。

中外科技史是一门研究科学技术历史发展及其规律的科学，是人类文明发展史的一个重要组成部分。本教材共包括以下内容：绪论部分探讨了科学技术史的相关概念和发展历程，学习科学技术史的方法和意义等；第一章介绍了人类文明的发展与科学技术的起源；从第二章到第十章分别从古、今、中、外探讨了科学技术发展的历史和成就，使学生对科学技术的基本知识有所了解，对科学技术的产生及发展的历史形成一个总体概念，理解科技传统与相关历史因素、文化背景的相互作用，体会科学精神对自然科学自身的发展乃至对整个人类社会的发展所具有的重要意义。学习科技发展的历史，有助于学生优化知识结构，构建广博而全面的知识体系；有助于培养学生的科学精神，掌握科学方法和科学思维；有助于学生成为具有健全人格、深厚人文、豁达心态、广阔视野、强烈责任感和使命感的新时代青年。

本教材具有以下特点：

1. 坚持立德树人，融入课程思政。在人类科技发展的历史长河中，中国的科学技术曾长期领先于世界，为人类文明作出了巨大的贡献。新中国成立以后，中国的科技成就突飞猛进，举世瞩目。本教材特设两个章节全面总结我国科技发展的历史和成就，将显性教育与隐性教育融会贯通，实现在知识传播中强调社会主义核心价值观，在价值传播中凝聚知识底蕴，使学生坚定文化自信，树立民族自信心和自豪感。

2. 针对学校人才培养目标、教学特点，本教材结合河南中医药大学实际，突出医药特色，力求既符合教学要求，又适应学校实际使用情况，建立符合我校实际的必修通识课程教材体系，以更好地满足教学要求。

3. 在教材内容上，本教材合理安排教学内容，体现科技新成就，使之更符合学生认知规律和学习水平，强化学生科学精神和创新精神的培养，把能力与知识、素质培养有机地结合起来。

本教材由徐江雁统筹审定，甄橙、刘文礼统稿校订。绪论、第一章、第二章、第三章由田艳霞编写，第四章、第五章由赵迪克编写，第六章由邱云飞编写，第七章由张国松编写，第八章由王霞编写，第九章由史占江编写，第十章由李贞莹编写。

中外科技史课程的开展和《中外科技史》教材的编写，得到了河南中医药大学教务处、中医学院（仲景学院）有关领导的大力支持，在此一并表示感谢！

在本教材编写过程中，编者广泛参考前人的著作，力求既体现通识课程特色，又突出课程的创新性和挑战度。限于编者的学识与能力，若有不足之处，敬请广大读者多提宝贵意见，以便再版时修订提高。

《中外科技史》编委会

2024 年 3 月

目 录

绪　论 ▷▷▷▷

科学技术是科学探索和技术发明的总称，指的是人类在认识和改造自然的过程中所取得的科学技术成果及其活动的总和。科学探索和发明创造是人类文明的重要组成部分，也是人类社会进步的重要标志之一。科学技术发展的历史，就是人类认识和改造自然的历史，科学技术随着人类的产生而产生，随着人类的发展而发展。在一定意义上，正是由于科学技术的产生和发展，才使得人类和动物有了本质的区别。如今，科学技术在现代社会发挥着越来越重要的作用，它正以巨大的力量迅速改变着人类社会的面貌，影响着人们的精神文化需求。

一、科学技术史的研究对象

（一）科学

科学是人类有意识地认识自然、探索未知世界活动的总和，是反映客观事实和规律的知识体系。科学包括自然科学和社会科学，但早期的科学一般指的是自然科学。科学史家丹皮尔认为，科学可以说是关于自然现象的有条理的知识，可以说是对于表达自然现象的各种概念之间的关系的理性研究。"science"（科学）一词就是"natural science"（自然科学）的简称，它由拉丁语"scietia"（学问或者知识）演变而成。自然科学是人们关于自然现象和规律的探索和认识，来源于人类的生产、生活实践，由最初的感性认识积累到一定程度，上升到理性阶段之后才能产生科学。一般都将科学的起源追溯至公元前 7 世纪的古希腊时期，那时的科学是以对自然的本质进行理性思考的自然哲学的形式出现的。最先对此进行研究的是古希腊爱奥尼亚学派的自然哲学家，他们首先对自然进行理性思考并试图探索因果关系。因此，17 世纪之前并不存在科学这一概念，早期认识自然的活动一般都归之于"哲学"或"自然哲学"，其成果也多用"知识"来表述。近代很多科学著作，比如牛顿 1687 年出版的《自然哲学的数学原理》、英国物理学家托马斯·杨 1807 年出版的《自然哲学讲义》都是以此命名。直到 19 世纪，欧洲才逐渐开始普遍使用"science"（科学）一词。

1870 年，日本学者西周写作《百学连环》一书时，用日语汉字"科"和"学"创造了"科学"一词来翻译英语的"science"，其意为"分科之学"。在此之前，日本人多用"理学"来表达"科学"的范畴。我国在 19 世纪末 20 世纪初，将"科学"一词从日本引入。清代末年，我国也有"科学"一词，但所指的是"科举之学"，即如何报考科举的学问。中国古代有两个词来表示"科学"的范畴，即"穷理"和"格物致知"。"穷理"，追求事物的终极道理；"格物致知"语出《礼记·大学》，即推究事物的原理，从而获得知识。明代徐光启向意大利传教士利玛窦学习西方科学知识时，就将其翻译为"格物致知之学"。后来随着大量西方科学知识的传入，特别是废除科举、推行新的教育制度后，"科学"一词逐渐取代了"格物致知"之说。20世纪早期出现的一些杂志刊物，就多用"科学"命名来宣传近现代的科学知识，如《科学世界》（1903）、《科学一斑》（1907）、《科学》（1915）等。新文化运动大力提倡"科学""民主"，使"科学"在我国逐渐普及流行。

（二）技术

"技"，技能；"术"，方法。技术是指人类为了满足自身生产生活的需要，在改造和控制自然的实践活动中所创造的劳动手段、工艺方法和技能体系的总和。技术起源于人类寻找食物、与野兽搏斗的生存需要，可以说，技术的起源和人类的起源是同步的。"技术"一词，中国古代早已有之，《史记·货殖列传》记载有"医方诸食技术之人，焦神极能，为重糈也"，《汉书·艺文志》也有"汉兴有仓公，今其技术晻昧"之语。由此看出，秦汉时期的技术主要指的是医术、方术。唐代时，这个词传入日本，也是日本人西周在翻译西方书籍的时候，用来对译西方的"technology"一词，后又传回我国。

（三）科学与技术的关系

随着人类社会的发展，科学、技术两者关系日益密切，出现了科学技术化和技术科学化的趋势。日常生活中，人们也往往将科学、技术并称，或简称为"科技"，但实际上，科学和技术是两种不同的知识体系，它们既紧密联系，又区别甚大。

1. 科学与技术的起源不同　技术的产生与人类的起源一样久远，当类人猿用木棍挖掘食物、用石块打制石器时，技术就产生了；科学大约从公元前7世纪的古希腊时候开始，经历3000多年的发展历史，与300多万年的技术发展史相比，科学发展的历史相当短。

2. 人类从事科学与技术的目的不同　人类开展科学探索与技术发明的目的不同。人类从事科学活动的主要目的是探索未知领域、认识自然、了解自然，经常是出于对未知事物的好奇与探索之心；人类从事技术活动主要是为了自身的生存与发展，去改造自然、进行发明创造。因此，从本质上来说，科学和技术属于两个不同的领域。技术属于创造社会物质文化财富的实践领域，是劳动技能、生产经验和科学知识的物化形态；科学知识则是人类在认识客观世界的活动中所获得的一种精神产物。技术的历史反映着人类物质发展的历史，科学的历史则更多地反映人类精神、思想的发展。

3. 和社会诸因素之间的关系不同　科学技术发展在人类社会中进行，必然受到社会其他因素的影响和制约，比如社会政治、经济、哲学、宗教、思想、文化、民族传统、教育水平等因素对科学技术的发展都会有深刻的影响。技术更注重实践性和生产性，相对来说受其影响较小；科学属于人类的精神思想领域，与一定的历史条件、外部诸因素等的联系更紧密，所受影响也更大。比如欧洲中世纪宗教神学统治一切，人们的思想被束缚，科学发展在当时几乎停滞，甚至倒退。

4. 对二者成果的表述不同　科学的成果表现为新现象、新规律、新知识的被发现，技术表现为新工具、新方法、新工艺的发明。科学的研究成果常常被表述为"发现"（discovery），技术活动的成果则被表述为"发明"（invention）。"发现"，指的是自然界存在的事物、现象或者规律被人类首次认识。比如，能量守恒定律在自然界始终存在，科学家经过研究发现了能量守恒定律；"发明"，指的是自然界原本没有之物被人类首次创造出来。比如自然界原本并没有陶瓷，人类因为生活的物质需要而发明创造了陶器和瓷器。

当然，科学与技术的关系又十分密切。首先，科学与技术都具有自身的继承性，今天的科学技术是在过去的科学技术基础上发展而来的，经过一代又一代的科学技术叠加、累积，人类才能创造越来越丰富的物质文化，越来越发达的文明成果。相反，文学艺术就不具备这一特点。其次，科学与技术可以互相促进、互相影响，新科学理论的发现推动技术进步，而技术发明创造则促进发现更多的科学理论，二者互相促进、共同推动人类文明向前进步。尤其是近现代以来，科学和技术联系越发紧密，一项科学发现很快就会成为技术原理的基础而产生新技术的发明，而新的技术发明则可以直接导致新理论的诞生。如近代天文学的进步离不开天文望远镜的发明；近代生物学和医学的建立也离不开显微镜的发明；射电望远镜的发明与使用直接导致新的学科——射电天文学的诞生；相对论和核物理的发现，使人类制造出了原子弹和核电站。世界上最大的 500 米口径的大型射电望远镜——"中国天眼"，中国首个火星着陆巡视器——"祝融号"火星车，也都是在科学理论的指导之下才被创造出来的，而这些新发明的探索发现又可以推动形成新的科学成果。

二、科学技术史的研究内容

科学技术的历史是专门研究科学技术的产生发展历史过程及其客观规律的，是人类文明发展史的一个重要组成部分。它的主要研究内容包括古今中外科学技术发展的过程、成就、特点和规律，涉及科学技术发展史上重大的历史事件的起因、经过、影响、意义，以及为人类文明作出重要贡献的科学家和技术发明者的科研事迹、科学精神、学术地位及影响等。同时，科学技术还是一种复杂的社会现象，它的发展是在整个社会发展的历史背景之下，是在复杂的联系之中、影响之下实现的，所以还要探讨科学技术与整个社会诸种因素之间的辩证关系，如政治、经济、哲学、宗教等对科学技术发展的影响与作用，科学技术的发展对诸因素的作用、影响等。

总之，科学技术的历史就是人类认识自然、改造自然的历史。正是因为科学技术的不断进步，人类才创造出了丰富的生产生活资料，促进社会不断向前发展，人类慢慢地由石器时代进入青铜时代，再到铁器时代、蒸汽时代、电气时代，直至今天的信息时代，这就是科学技术的力量之所在。

三、科学技术史的发展历程

科学技术史，是研究科学技术发展及其规律的一门学科，它描述的是科学和技术从产生到发展的历史事实。世界上第一位科学史家是古希腊的数学家和天文学家欧得曼斯（公元前4世纪），他著有《算术史》《几何史》《天文学史》等著作。古希腊生物学家和物理学家得奥弗拉斯特（公元前372—公元前287）曾写过《物理学史》，说明早在古希腊时期就已经开始有了学科史的研究。中国科学史研究开始于清代，阮元（1764—1849）编写了《畴人传》，这是我国最早的科学家传记。

作为一门相对独立的学科，科学技术史是随着近代科技的发展而兴起的。18世纪中期，一些以各门学科为研究对象的科技史著作出现了，如英国约瑟夫·普利斯特列（1733—1804）的《电学的历史和现状》等。19世纪，科学史研究有了较大的发展。1837年，英国威廉·惠威尔（1794—1866）出版了《归纳科学的历史》，是世界上第一部综合性科技史专著；1892年，法兰西学院设置了科学史课程，这也是世界上最早开设的科学史课程。

20世纪初，科学技术史开始成为一门独立的学科。乔治·萨顿（1884—1956）是现代科技史学科的奠基人，1912年，萨顿创办第一本科学史刊物——Isis，次年正式出版，每年四期，外加一期索引，此刊物至今已出版100多年，为促进科学史的研究与学术交流发挥了巨大作用；1920年，萨顿在美国哈佛大学首次开设了系统的科学史课程；1924年，美国科学史学会成立，这是世界上第一个科学史学术组织；1929年，第一届国际科学史大会召开；1936年，在李约瑟（1900—1995）的积极倡导下，英国剑桥大学创立了科学史系。随后，美国、加拿大、阿根廷、丹麦、英国、俄罗斯、日本、澳大利亚等国的许多大学，如哈佛大学、麻省理工学院、普林斯顿大学、耶鲁大学、斯坦福大学、加利福尼亚大学伯克利分校、牛津大学等也都相继设立了科学史系或科学史专业，有的还设有专门科学史专业，如数学史系、化学史系等。由此，科学技术史进入全面发展时期。

我国的科技史研究到20世纪初才出现，前半个世纪基本是研究者个人的业余活动，主要进行的是专科史的研究。如1919年，陈邦贤完成了医学史著作的撰写并自费出版；1924年起，万国鼎开始从事农业史料的搜集和研究工作；1935年，中华医学会医史学会成立；1946年，北京大学医学院成立医史学科等。

新中国成立之初，科技史作为爱国主义教育的重要议题得到国家的重视。1957年，中国自然科学史研究室成立，标志着科技史学科在中国建制化的开端及研究队伍职业化的初创。该研究室在1958年创办国内第一个科技史期刊——《科学史集刊》，1975年扩建为中国科学院自然科学史研究所，是世界上三大科学技术史专门研究机构之一。1978年以后，科技史学科进入快速发展阶段。1978年，中国科学院自然科学史研究所和内蒙古师范大学开始招收数学史专业的硕士研究生；1980年10月，第一次全国科学技术史大会在北京召开并成立中国科学技术史学会；1981年，《科学史集刊》杂志复刊，次年更名为《自然科学史研究》，每年出版4期。20世纪90年代以来，中国高校的科技史学科不断调整，带来了新的机遇和挑战。1999年3月，上海交通大学成立中国国内的第一个科学史与科学哲学系；2017年，清华大学科学史系成立；2019年，北京大学成立科学技术与医学史系，国内很多大学也先后开设有科技史专业和科技史课程。据初步统计，目前国内有科技史博士点 15 个，硕士点 30 多个。同时，多种科技史学术期刊问世，国内外学术交流活跃，国际化进程加快。相关研究工作也从古代延伸到近现代，从中国扩展到世界，不断拓展新的研究领域，取得了一系列重要成果。

四、学习科学技术史的意义

1. 可认识现实、预见未来、以史为鉴，创造更加美好的未来　科学技术是推动社会前进的重要动力之一，人类正是凭借科学技术的不断进步，创造出丰富的生产和生活资料，促进社会不断向前发展。学习科学技术史能让我们了解人类科学探索的真实过程，了解科学技术发展的全貌，认识科学和技术发展的规律，不懂得科学技术的历史就不能真正理解人类社会发展的历史。科学史家萨顿认为"科技史是唯一可以反映人类进步的历史"。只有真正了解科技的发展历史，特别是当代科技发展的历史，才可能充分认识当今世界的科学技术的现状和未来发展的方向，也才可以使我们的理解更加丰富，创造更加美好的未来。

2. 可培养科学精神，增强克服困难的勇气和信心　科学是人类对未知领域的探索，技术发明更是人类最富有创造性的活动，它们所凝聚的科学精神是人类最伟大精神的具体体现，在人类社会进步中具有特别重要的意义。因此，科学技术史不仅是一部人类认识与改造自然的历史，更是一部人类求真求实、富有创造力的科学精神演化史。科学精神激励着一代又一代的人，不惧困难、不惧牺牲、勇于创新、百折不回，人类正是在这样的精神之下，才不停地、一步一步地探索和前进，取得巨大进步。学习科学技术史是对科学成就的致敬和对科学精神的思考，可以使学生深刻理解科学精神、科学思想和科学方法，提高学生创造、创新、创业的能力和动力。

3. 可培养人文情怀，增强社会责任感和历史使命感　科学技术史作为一门融合自然科学和人文学科的交叉学科，具有沟通文理、联结中西、接纳古今的功能，对学生的人文素质教育起着非常重要的作用。它将科学技术的主要思想、发展历程及其对社会的影响融入课程中，能让学生在掌握科学技术历史发展脉络的同时，了解人类精神、社会制度、思想文化等与科学技术发展之间的互动关系，从而受到生动、具体的人文教育，可以让学生对文化有深刻的认识、对创新有深入的理解。它能够为学生提供科学技术在社会功能上正、反两方面的经验和教训，使学生吸取历史上的经验教训，使学生有更加合理的判断和认识、更加全面广阔的视野、更加丰富的知识和心灵，培养学生的社会责任感和历史使命感，树立正确的世界观、人生观和价值观。

4. 可优化知识结构，提高人才素质　现今是"知识爆炸"的时代，科学技术发展迅速，知识呈指数级增长，因此，要求我们培养的人才，必须具有广博全面的知识结构。科学技术史内容丰富，它囊括了上至天文、下至地理，从无机界到有机界，从微观到宏观，从科学到技术，从历史到现实各个领域中的主要成果。学习科学技术史，可以开阔学生的视野、扩大知识面、优化和完善知识结构，从而提高科技素养、增长才干。学习科学技术史，可以了解和掌握现代科学技术提供的新知识、新思想、新方法，使学生在各学科的知识、能力和修养得到协调发展，使学生的知识结构和思维方式得到调整和更新，跟上时代发展的步伐，培养出符合社会需要的、具备高尚品德和崇高理想、全面发展的高素质创新型人才，从而能在将来担负起建设一个美好的高科技人文社会的重任。

5. 是国家和时代发展的需要　今天，科学技术已经成为驱动经济发展的第一要素，从根本上改变着人类社会生活，它不仅为人类带来丰富的物质财富，而且深刻地影响着人们的生产生活方式、行为思维方式。大力发展科学技术，努力提高科技和教育水平，提高全民族的科学文化素质，已经成为中国的基本国策。发展科技就必须普及科学知识，大力倡导和宣传科学思想、科学精神；学习科技就必须从总体上了解科学技术的性质和把握科技的特征，了解科学技术发展演变的历程，这是社会发展的必然要求，更是我们面临的一项重要而紧迫的任务。

【思考题】

1. 科学技术史的研究对象和内容是什么？
2. 如何理解科学和技术之间的关系？

第一章 科技文明的起源 ▷▷▷

一、技术的起源

人类在地球上已经生存了 300 多万年，自从人类第一次使用木棒、石块挖掘植物，和野兽搏斗的时候，技术就产生了。古代人类改造自然、征服自然，最具代表性的技术发明主要有打制石器、人工取火、创造文字等。就其所要改造的物质对象而言，主要是自然界中三类最基本的东西：材料、能量和信息。这表明人类在发明创造技术的初期就已经集中在材料技术、能源技术和信息技术三大领域，为今后的技术发展奠定了基础。

（一）打制石器

制造和使用工具意味着人类对自然进行改造的开始，人类的文明史，是从制造和使用工具开始的。人类最初制造的劳动工具就是石器，它标志着人类掌握了第一种最基本的材料加工技术，因此，也成为古代技术发明的第一个标志，人类由此也进入了石器时代。最初的石器主要是打制石器，现今已发现的最早的石器出土于非洲的肯尼亚，距今大约有 260 万年的历史了；中国云南元谋县也发现了 170 多万年前的石器，出土的 7 件石器均为刮削器。考古学家按照石器加工方法的不同，把石器时代分为旧石器时代和新石器时代。旧石器时代早期，人类在体质结构上还近似于猿，故称为猿人。这一时期猿人制造的石器是采用"以石击石"的办法敲打而成，最早制造出来的石器大概没有什么标准的样式，一种石器可以有多种用途，最典型的是用砾石打制的砍砸器，它们可以用来袭击野兽、挖掘植物，被当作万能的工具来使用。后来根据石器形状的不同，逐渐分为砍砸器、刮削器和尖状器等，砍砸器可以砍树木、做木棒等工具；刮削器和尖状器，可以用来加工猎物和进行挖掘；此外还有石球、石刀、石矛等各种石器。距今 4 万—5 万年前，人类进入旧石器时代晚期，这时人体形态已经进化到与现代人相似的程度，被称为智人，他们制造的石器更加精细，石器工具开始专门化；同时，他们学会给石斧和石刀装上木柄或骨柄，可以更方便使用。这种工具的出现，一方面标志着人类已学会利用杠杆等最简单的力学原理；另一方面也说明了工具已开始走向复合化了。经过长期经验的积累和科学知识的总结，后来人类又发明了更复杂的符合工具——弓箭，在中国山西距今约 2.8 万年的峙峪旧石器时代遗址中发现了石镞，说明那时期人们已经使用了弓箭。那时候的人们除了会打制石器，还学会了用磨制技术来加工骨器，这也为磨制石器的出现，提供了技术前提。在山顶洞人的文化遗存中，已经发现有磨制得相当精致的骨针和鹿角、钻孔的石珠、砺石、牙齿等。人类进入新石器时代大约在 1 万年前，石器制造技术有了很大进步，对石料的选择、切割、磨制、钻孔等有了一定的工序要求。首先是打制成石器的初步形状，然后把刃部或整个表面放在砺石上加水和沙子磨光，这就是磨制石器。与打制石器比，磨制石器的比例更加合理，类型、种类大大增多，用途更加专一，刃部更加锋利，因此，工具也能发挥更大的作用。同时，新石器时代人类开始进入了定居生活，发明了人工取火、纺织、制陶、渔猎、农耕、畜牧、筑屋等各种新技术，大大提高了人类的生活水平。

（二）人工取火

火的使用，是人类生产、生活的一个新起点，它在很大程度上为人类摆脱自然的控制创造了条件。原始人在劳动中逐渐认识到火的用途，他们由惧怕火到使用火，再到发明取火的方法，是一个很漫长的过程。早在旧石器时代早期，人类已开始用火。距今约170万年的云南元谋人和距今约80万年的陕西蓝田人的文化遗存中，都留下了用火的遗迹。距今40万—50万年的北京猿人居住的洞穴，从上到下共有13层堆积面。其中，4层面积较大，堆积着很厚的灰烬，灰烬里有较多烧过的石头、骨头，有的已经被烧得变了颜色，上有烧裂的裂纹，明显地堆积在一隅，这种情况表明，这些不是自然野火留下的痕迹，而是人类有意识地用火烧过某些物品的痕迹。这些丰富而确凿的用火遗迹，说明北京人已经学会了用火，有了保存火种的能力。

但是，人类最初利用的还是天然火，他们把从森林或草原野火中取得的火种，视为神圣的东西加以悉心保存。后来，人类终于在长期的劳动实践中掌握了人工取火技术。我国古代有燧人氏钻木取火的传说，古希腊则有普罗米修斯盗火的神话故事，都反映了这一史实。古人的生火方式主要有两种——摩擦式生火和火花式生火，也就是"钻木取火"或"击石取火"的方法。现代曾有专家对古代的生火方式做了复原实验，发现古人生火的时间远比现代人预料的要快得多。摩擦式生火可在10秒到40秒之内生火，火花式生火一般采用击打容易产生火苗的火石，如燧石、黄铁矿石等，配置干燥易燃的木绒，一般击打几下即可生起火来。实际生活中，像南非布须曼的土著人用捻钻的方式，一分钟内可以生火；新几内亚土著居民拉动一根缠绕在干树枝上的藤，30秒内就可以生火。

火的使用在人类发展历史上具有特别重要的意义。有了火，人类才能从"茹毛饮血"进步到熟食，食物的种类增多了、范围扩大了、营养丰富了，进而促进了人体特别是大脑的发育。有了火，人类可以用火防止野兽的侵袭，又能用火围攻猎取野兽。有了火，人类还能用火取暖、照明，从而扩大了活动的时空范围。有了火，人类不再恐惧黑暗和寒冷，从此得以挣脱气候、地域的限制，扩大了活动的领域。恩格斯在《家庭、私有制和国家的起源》一书中说："他们沿着河流和海岸，甚至在蒙昧状态中也可以散布在大部分地面上了。"有了火，人类学会了烧制陶器、冶炼金属，在火的利用过程中，积累了越来越多的化学知识。有了火，人类发明了一系列的治疗方法，如灸法、熨法等。有了火，人们也改变了获取生活资料的方式，开始由小规模的生活用火模式转变为人类控制下的大规模生产用火，"刀耕火种"成为人们的农业种植方式，提高了人们对自然界占有的程度。人工取火标志着人类掌握了热能的能量转化方式，毫不夸张地说，火的使用和人工取火的发明具有划时代的意义，没有火就不可能有文明世界的出现。所以，恩格斯对此给予了高度评价，他说"尽管蒸汽机在社会领域中实现了巨大的解放性变革……但是，毫无疑问，就世界性的解放作用而言，摩擦生火还是超过了蒸汽机"。因为"摩擦生火第一次使人支配了一种自然力，从而最终把人同动物分开"。

（三）创造文字

人类创造文字的主要原因在于随着社会的发展，在生产、生活中需要记忆的事情越来越多，如不同集团之间的协议和契约、重要的节日、祭日、某个重要的约定、收获品的计算分配等，仅靠个人的记忆很容易出现错误。最初古人发明了结绳记事、刻木为契等方式来帮助记忆，但这些都可能因为个人的记忆不同、不准确而产生分歧、错误，这就需要寻找一种更加客观和明确的方式来记录。

图画，形象生动，确定性更强；符号，简单方便，更加直观便捷。这样，人类结合两者的优点，通过对图画的简化和对记号的改造，逐渐创造出了文字。文字不仅可以用来记录事件、契约，还能用来表达人的思想感情。随着某一地区人们交往范围的扩大，规定的记号、符号的含义就被越来越多的人所接受，随后在这些人中也就越来越多地创造出一些新的大家所公认的记号和符号来。这样文字就逐渐产生和发展起来了。中国古代认为文字是仓颉发明的，传说黄帝的史官仓颉有双瞳四个眼睛，他因鸟兽的足迹受到启发而创造了文字。东汉许慎的《说文解字·叙》中有相关记载："及神农氏结绳为治而统其事，庶业其繁，饰伪萌生。黄帝之史仓颉，见鸟兽蹄迒之迹，知分理之可相别异也，初造书契。""仓颉之初作书，盖依类象形，故谓之文。其后形声相益，即谓之字。文者，物象之本；字者，言孳乳而浸多也。"实际上，今日汉字的源头可以追溯到半坡村彩陶上的刻画符号、二里头的刻画符号等，殷商时期的甲骨文已经是一种比较成熟的文字了。而西方文字最早可以追溯到古埃及的象形文字和古巴比伦的楔形文字，在两者的基础之上产生了腓尼基字母。

文字是人类进入文明社会的重要标志之一，标志着人类除了有声语言之外，又创造出一种可以跨越时间、空间的信息存储和传递手段。有了文字，人类开始有了文字记载的文明历史；有了文字，记述人类感情和命运的作品有了更好的记录和传播形式；有了文字，人类的生产经验和知识可以得到更好的交流、传播、继承和积累，为后世科学技术的建立和发展创造了必要条件。可以说，文字是人类发明的第一代信息技术，如果没有文字，人类文明甚至不会出现。

（四）制陶技术和纺织技术

进入新石器时代，还发明了制陶、纺织等其他对人类生产、生活产生重大影响的技术。

最初，人们发明火之后，为了使编织或者木制的容器更耐火，就在其外层涂上黏土，因此逐渐发明了陶器。早期陶器是在露天烧制，后来人们发明了陶窑，在中国西安半坡遗址中发现的陶窑已经有竖穴窑和横穴窑。新石器时代晚期，人类对火的掌握水平更高，烧制温度可达 1000℃ 左右，制陶业有了很大发展。陶器可以改变物体的性质，很容易塑造出易于携带、方便使用的新物体，在技术发展史上具有重大意义。它使人们处理食物的方法除了烧烤，还产生了蒸煮等新的方法；陶制容器的发明，也使人类更容易存放液体；陶制工具的发明，如陶制纺轮、陶刀之类的工具也在生产中发挥了重要作用，尤其对于定居下来的农耕民族意义巨大。新石器时代的遗址最常见的出土文物就是陶器，说明陶制器具在人类生活中发挥了重大作用。

原始的纺织技术，是在手工编织和结网技术的基础上发展起来的。当时用的纺织原料多半是野生麻类和其他野生植物的纤维。最初的结网和编织，是用完全手工的绞缠法编织而成。后来出现原始的机织技术，用原始的腰机和穿引纬线的骨针制作而成。中国在旧石器时代，就已经发明了结网技术，新石器时代出现了正式的纺织技术。河姆渡文化遗址中曾出土了管状骨针、木刀和小木棒，经考古专家鉴定，就是纺织使用的。新石器时代晚期，已经能生产出一定水平的纺织品，江苏吴县草鞋山出土了一块 6000 多年前的葛纤维织物。中国是世界上最早用蚕丝纺织的国家，新石器时代晚期，中国已经开始利用蚕丝纺织，在距今 5000 年前的浙江吴兴钱山漾遗址中，除了发现苎麻制作的布，还有一小段丝带和绢片。绢片坚密均匀，经纬密度均为每厘米 48 根，反映出当时丝织技术的水平。

（五）医疗技术

原始先民野外生存、爬山越岭、风餐露宿、与野兽搏斗，身体常常会受到各种外伤而感染化脓；或者出现因各种疾病引起身体的疼痛。当剧痛难忍时，他们偶然用锋利尖锐的石片切割脓肿或刺破身体某些部位，结果却让人意外，脓肿痊愈，病痛减轻或消除了。这样，最初的偶尔尝试逐渐成了一种经验总结，人们发现用石片刺激身体的一定部位，可以达到减轻或消除病痛的目的。这样，就逐渐形成了一种治疗方法。当时使用的治疗工具是砭石，是一种锐利的楔形石块，《说文解字》曰："砭，以石刺病也。"砭石的种类很多，也有不同的用途。用于熨法的砭石形状多为球形、扁圆形；用于按摩的砭石形状为卵圆形或扁圆形；用于穿刺或切割的砭石形状为刀形、剑形、针形、锥形、镰形等，或有锋，或有刃。一般认为用砭石治病起源于新石器时代，当时人们已经掌握了打制、磨制技术，能够制造较为精细的石器。考古也出土了许多相关文物，1963 年，内蒙古自治区多伦旗头道洼新石器时期遗址出土 1 枚经过加工的石针，针长 46mm，针身呈四方形，一头呈尖状，一头呈扁平的半圆状，有刃口，既可用来针刺，又可用于切割。随着这种砭石治疗法的广泛应用，人们又发明了骨针与竹针；当有能力烧制陶器时，又发明了陶针；随着冶金技术的出现，逐渐又创制出了铜针、金针、银针等，丰富了针的种类，扩大了针刺治疗的范围。山东平阴县朱家桥商周遗址出土了骨针，城子崖龙山文化遗址出土了灰黑陶针。在内蒙古自治区达拉特旗树林召镇，发现 1 枚青铜砭针，长 46mm，一端有锋，呈四棱锥形，另一端扁平有弧刃，刃部宽 4mm，可用于针刺和切割。

灸法是通过对人体某些部位进行温热刺激进而治疗疾病的方法。先民在用火过程中，偶有不慎被火灼伤，却意外地发现身体病痛减轻或痊愈了。久而久之，他们便主动以烧灼之法来治疗疾病，逐渐形成了火灸之法。中医认为灸法起源于北方，因为北方是天地间冬季闭藏之地，其地高陵居，风寒凛冽，人们容易受寒而生发各种疾病，在治疗上宜用温热的灸法。

人类社会早期，野兽伤害、意外摔伤碰伤等是最经常碰到的。在伤口疼痛、流血不止的情况下，先民本能地用手抚摸或者按压伤口，或者用树叶、草茎、泥灰涂敷在伤口上，于是发现某些植物具有止血、止痛作用，从而逐渐积累了药物外用的经验。用手按抚受伤部位的动作虽然简单，却可起到散瘀消肿、减轻疼痛的作用，也逐渐形成了原始的按摩法。在用火取暖的过程中，先民也渐渐学会了热熨法。随着生产工具的改进及与疾病作斗争经验的积累，先民已初步掌握用兽角、荆棘、甲壳、兽骨、鱼刺等作为工具实施去除异物、切割脓肿等简单的外科手术治疗，也包括对于骨折、脱臼的治疗。这些都是早期的创伤外治法。

二、科学知识的起源

人类早期文明中，已经有了科学知识的萌芽。人类生存，首先要认识周围环境，其中就蕴含着最初的地理知识；打制石器，要求人们掌握力学、矿物学、地质学知识；人工取火，以及因此而产生的制陶、冶炼、酿酒、染色技术，蕴含着最初的化学知识；制作弓箭，要求人们懂得木、竹、石、骨、角、筋、腱、皮革等多种材料的知识；采集狩猎，要求人们熟悉野生植物的生长环境、成熟时间和野生动物的生活习性、活动特点，以及这些野生动、植物的食用价值，还有一定的解剖知识；农耕和畜牧，要求人们了解并遵循动植物生长、生存和繁育等规律，还有观测天象、物候，确定天象、物候的变化周期；制陶、纺织、建筑、造车和造船，更需要了解和运用有关各种物料的属性及改变这些属性的知识。在维护自身和种族的健康过程中，也逐渐产生了医学和药物学知识。在所有这些知识中，事实上已经包含着后来形成物理学、化学、天文学、生物学、医药学等科学知识的萌芽。

人们利用天上日月星辰的运转周期，作为地上社会生活的节律，因此，天文学知识是人类较早掌握的知识之一。人类要靠日月星辰辨别方向，靠月亮圆缺、太阳影子长短等计算时间，以及人们对寒来暑往、日月交替、季节变换的极大关注，形成了对天文知识的积累。新石器时代以后，一些地区逐渐进入农耕生活，植物、动物的生长周期，自然界的种种循环都促进了天文观测的开展和历法的发明。世界上农业文明较早的地区，如古代埃及、中国、巴比伦、印度等都有比较发达的天文学，在原始社会，乃至整个古代，绝大多数民族的天文学是为制定历法服务的。历法除了确定四季循环，还确定宗教和世俗的节日。

数学的产生，源于生产、交换和天文计算的需要。最初的数学知识与古人认识"数"和"形"是分不开的。古人认识"数"是从"有"开始的，起初略知一二，以后在社会生产和社会实践中不断积累，知道的数目才逐渐增多。在抽象数字之前，计数是与具体事物相联系的。如屈指计算，或用一堆小石子计算。英文"计算"一词，来源于拉丁文 calculus，而它的意思就是小石子。人们对"形"的认识也很早，从新石器时代的陶器器形及纹饰上，发现那时的人们已经认识了圆形、椭圆、方形、三角形、五边形等不同图形并已经注意到图形的对称、圆弧的等分等问题。从原始人造出尖的骨针、圆的石球、弯的弓箭和背厚刃薄的石斧等形状各不相同的工具的时候，说明原始人对各种几何图形已经有了一定的认识和应用，而且为了制作不同形状的物体，还创造了绘制方、圆和直线的简单工具和方法。几何学据说是古希腊自然哲学家泰勒斯在古埃及丈量土地的基础上发明的。早期的科学知识促进了各种技术的发展，从而也促进了社会生产力的发展。在人类历史的早期，科学技术的发展是缓慢的。

【思考题】

1. 分析人工取火的出现对其他技术发明的影响。
2. 简述文字出现的意义。

第二章　中国古代的科学技术 ▷▷▷▷

第一节　中国古代科学技术的兴起与发展

一、先秦时期

中国是人类文明的主要发源地之一，是世界上最早使用火，发明弓箭、陶瓷器、纺织、农牧业，掌握天文、数学和医药知识的地区之一。早在七八千年前，中国的黄河流域和长江流域就已经进入农业社会，出现了"伏羲氏""燧人氏""有巢氏""神农氏"等早期技术的发明者。炎黄两帝是中华民族的人文始祖，传说中他们设立历法、发明文字、制作耒耜、炼制铜器、建造房子、制造陶器、养蚕植桑、治麻为布、首尝百草、建立市集、制作音律、发明数字、削木为弓、创建阵法等，开创了华夏民族的早期文明，为中华民族的发展作出了巨大贡献。从公元前 21 世纪开始，中国开始了从原始社会向奴隶社会的过渡。先秦时期，是中国科学技术发展的积累时期，为以后的天文学、数学、医药学及其他科学技术的发展奠定了基础，此时形成的"气""阴阳五行""天人合一"等哲学思想对科学技术发展产生了一定的影响。这一时期，农业、冶炼、陶瓷等技术有了很大提高，天文、数学、地理、医药等领域也有了很大发展。夏商周时期，中国已经开始大规模使用青铜器，进入了青铜时代。青铜器的使用和发展，是社会生产力发展到一个新阶段的标志。春秋战国时期，炼铁技术的发明和使用，特别是生铁冶铸、柔化技术、块炼铁渗碳钢技术的出现，开始并加速了铁制生产工具的出现。铁制生产工具的大规模使用，对社会生产力的发展，产生了深远影响。农业方面，中国传统的因地制宜的精耕细作种植方式已经初步形成，大规模水利工程的修建，不仅是建筑技术的进步，也有力地促进了农业和交通业的发展。数学成为"士"必须学习的"六艺"之一，十进位制和筹算制得到发展和完善，为中国独特数学体系的形成打下了基础。中国古代科学所具有的一些重要特点，均出现在这一时期。

这一时期代表性的科学技术著作有《考工记》和《墨子》。《考工记》是我国现存最早的手工艺专著，全书 7100 多字，记述了木工、金工、皮革、染色、刮磨、陶瓷等六大类 30 个工种的制造工艺和规范。其中，关于青铜冶炼"六齐"的记载大体上正确反映了合金配比规律，是世界上最早的合金配比的总结。书中还记有数学、力学、声学、地理学、建筑学等多方面的知识和经验总结。它是中国古代科学技术发展到一定阶段的产物，是手工业生产技术规范化的标志，反映出当时中国手工业的较高的技术和工艺水平。

《墨子》一书由墨翟（公元前478—公元前392）及其弟子所著，约完成于公元前338年。其中，《经》（《经上》《经下》）和《经说》（《经说上》《经说下》）两部分是对先秦科学成就的重要记录，主要集中在数学、光学、力学等领域。《墨子》中有8条论述了光学知识，阐述了小孔成像、平面镜、凹面镜、凸面镜成像的原理，还说明了焦距和物体成像的关系，比古希腊相关的光学记载早了100多年。在力学方面，该书对力的定义、杠杆、滑轮、轮轴、斜面及物体沉浮、平衡和重心都有论述，反映出春秋战国时期我国物理学的重大成就。一些几何概念，该书也有所涉及并加以抽象概括，作出了科学定义。该书还讨论了时间（"久"，即"宙"）和空间（"宇"）的概念及时空的辩证统一关系。先秦时期的科学技术成就大都依赖《墨子》得以流传。

二、秦汉时期

公元前221年，中国历史上第一个统一的、多民族中央集权的封建王朝——秦朝建立，其后的汉王朝沿袭秦制，重视农业生产，政权稳定，经济发展，对科学技术的发展交流产生重要的促进作用。中国的科学技术自萌芽以后，经过了长时间的积累，到这一时期形成了自己独特的、比较完备的科学技术体系，形成了农学、医药学、天文学、算学这四大优势学科及陶瓷、纺织和建筑三大领先技术。农业方面，在战国时期已经开始的轮作制、精耕细作的耕作技术，牛耕、铁农具的使用等先进技术到此时已基本普及推广。中医药学在这一时期由经验积累阶段进入理论总结阶段，中医药学的发展出现质的变化。《黄帝内经》《难经》的产生，标志着中医学基础理论的初步构建。《神农本草经》的成书，是中药学理论的第一次系统总结，标志着中药学理论体系的初步形成，对历代本草学和方剂学的发展有着深远的影响。《伤寒杂病论》确立了辨证论治原则，成为临床医学发展的基础。这一时期还出现了许多著名医家，如扁鹊、淳于意、郭玉、张仲景、华佗等。华佗用麻沸散施行手术，使得外科手术在这一时期大放异彩。随着中外经济、文化的发展，中国与其他国家也开始进行医药交流和往来。秦汉时期，中国的历法已基本定型，汉武帝时制定的《太初历》是中国第一部比较完备的历法，不仅确定了年、月和二十四节气，安排了闰月，还包含了对日食、月食和五大行星运行的推算。《九章算术》的出现标志着中国以算筹为计算工具，独具特色的数学体系的形成。《汉书·地理志》的出现，标志着中国传统地理学开始形成。就生产技术而言，中国古代的冶铁技术、纺织技术和农具制造技术在此时均已出现重大突破。这一时期发明并改进了造纸术。以长城、秦汉皇宫、驰道、栈道及大型水利工程为代表的建筑上的成就，表明中国建筑技术这一时期已经有了很高水平。所有这些科学技术的成就，都为后世科学技术的进一步发展奠定了基础，决定了方向。中国古代各学科体系的形成和许多技术都趋于成熟，中外科技文化的交流也开始有了很大的进展，是这一时期科学技术发展的特点。

这一时期也出现了一些著名的科学家和科技著作。东汉大科学家张衡（78—139），是中国古代科学家的一个杰出代表，他在地学、天文学方面都作出了卓越的贡献。地学方面，他发明了世界上第一台观测地震方位的仪器——地动仪。天文学方面，不仅发明了先进的天文观测仪器，而且著有《灵宪》《浑天仪图注》两部经典天文学著作。前者是早期天体物理学方面的著作，其认识水平领先世界 1500 年左右。后者是为制造浑天仪而写的说明，具有球面天文学性质，是中国古代宇宙论的标准模型——浑天说的代表作。117 年，张衡制成水运浑天仪，是用水做动力驱动天体模型运转的天文学仪器。他还计算出黄道、赤道的交角为 24°，解释了月食的成因，发展了"浑天说"，提出了宇宙无限的思想。这些都是无可比拟的天文学成就。

《论衡》是东汉的王充（27—97）所作，大约成书于东汉章和二年（88）。现存文章 85 篇，涉及天文、地理、数学、农学、生物、物理、化学等很多领域的科学知识和技术发明，如司南磁针效应、人工珠玉熔炼、阳燧向日取火等。此外，对潮汐成因、钱塘大潮、声音的波动性、雷电成因、云雨形成、太阳视径、昆虫的习性等，王充也进行了记载和解释。中国古代科技史上的许多重要成就，都因为《论衡》的记载而流传至今。

三、魏晋隋唐时期

从秦统一六国之后，经过巩固和发展，中国封建王朝至唐代达到了极盛时期。虽然也有南北对峙，战争频繁的"乱世"，但整体上政治相对稳定、经济发展、各地区各民族间互相交流融合都促进了科学技术不断发展，中国独特的科学技术体系得到逐步完善和发展。魏晋隋唐时期，科学技术在秦汉的基础上充实提高、继续发展。刘徽、祖冲之、祖暅之、僧一行等人在数学和天文学上作出了重要的贡献，发展并充实了中国的数学、天文学体系。贾思勰《齐民要术》的问世，标志着中国农学体系已经初步形成。农具制造、农田基本建设、水利灌溉等都在这一时期有了极大发展，江南地区农业生产在这一时期得到大规模的开发，这些为宋元时期农业生产的大发展奠定了基础。王叔和《脉经》、皇甫谧《针灸甲乙经》、唐代《新修本草》、孙思邈《备急千金要方》等医学著作从各个不同方面充实和丰富了中医药学体系。地学上，裴秀提出的制图六体，创立了中国古代地图学的基本理论。瓷器、冶炼、纺织、造船、建筑、雕版印刷、火药等各项技术的重大突破，马钧、葛洪等人在机械、炼丹方面的成就，这些都为隋唐高度发达的封建文明奠定了科学技术的基础，也为宋元时期科学技术高峰时期的到来奠定了充实的基础。

南北朝时期杰出的数学家、天文学家祖冲之（429—500）是这一时期科学家的代表，他的主要贡献在数学、天文历法和机械制造三方面。他在刘徽开创的计算圆周率的方法的基础上，首次将圆周率精确计算到小数后第七位，即在 3.1415926 和 3.1415927 之间，对数学发展有突出的贡献，比西方领先了 1000 多年，一直到 15 世纪，阿拉伯数学家阿尔·卡西才打破了这一纪录。祖冲之还计算出了密率和约率，他所撰写的《缀术》五卷，被收入唐代的"算经十书"中。天文学上，他区分了回归年和恒星年，最早将岁差引进历法，提出了用圭表测量正午太阳影长，以确定冬至时刻的方法；采用了 391 年加 144 个闰月的新闰周，推算出 1 个回归年为 365.24281481 的精确数值。由他编制的《大明历》是当时最科学、最进步的历法，对后世的天文研究，提供了正确的方法。机械制造方面，祖冲之设计制造过水碓磨和铜制机件传动的指南车、千里船、定时器等。

四、宋金元时期

中国是世界上最早进入封建社会的国家，中国的封建社会从经济基础到上层建筑所实行的一套制度是非常完备和稳定的。从秦统一中国到宋元时期，将近 1500 年，除少数年代处于分裂状态外，大部分时间是封建大一统的局面，从而在客观上有利于科学技术的发展，使中国在秦汉至宋元时期创造了远远高于西方的科学文化。960 年，赵匡胤结束了五代十国封建割据的局面，建立了高度中央集权的宋王朝。1271 年，忽必烈灭宋，统一南北而建立起来的元朝，是中国自汉唐以来所建立的规模最大的统一国家。宋金元时期社会经济的发展，使中国科学技术取得了突出成就，古代科学技术达到了自己的高峰时期，造纸、印刷、火药和指南针四大发明都在这一时期完全成熟，在 11—15 世纪经阿拉伯人传入欧洲，对近代科学的诞生和欧洲近代资产阶级革命都起了重要的推动作用，对世界文明作出了伟大的贡献。马克思曾指出："火药、指南针、印刷术这是预告资产阶级社会到来的三大发明，火药把骑士阶层炸得粉碎，指南针打开了世界市场，建立了殖民地，而印刷术变成了新教的工具，总的来说，变成了科学复兴的手段，变成了对精神发展创造必要前提的最强大的杠杆。"正如著名的科技史家李约瑟在《中国科学技术史》的序言中所言："中国的这些发明和发现往往远远超过同时代的欧洲，特别在 15 世纪之前更是如此。"

这一时期出现了著名科学家沈括（1031—1095），字存中，号梦溪丈人，钱塘（今浙江省杭州市）人，他是北宋著名政治家、科学家。沈括一生致志于科学研究，在天文、数学、医药、地理、物理、化学、冶金、水利等众多领域都有突出的贡献，被誉为"中国整部科学史中最卓越的人物"。代表作《梦溪笔谈》26 卷，内容丰富，是对当时及宋以前科学技术成就的珍贵记录，被称作"中国科学史上的里程碑"。如毕昇的活字印刷术，喻皓的《木经》，灌钢技术、水法炼铜等都是这本书记录的。沈括还记录了人工磁化的方法，用人工磁化针来做试验，对指南针进行深入研究，在世界历史上，沈括最早发现了磁偏角。这比哥伦布横渡大西洋时发现磁偏角现象早了 400 多年。书中还提出了许多有价值的地理知识，比如对流水侵蚀作用的认识，比英国人赫顿要早了 600 多年。他对太行山上的螺蚌壳、陕北地区竹子化石等的研究已经涉及海陆变迁、地球演变的内容。

五、明清时期

明清以后，中国科学技术继续缓慢发展，在医药学、农学、地学方面取得了突出的成就，如李时珍的《本草纲目》、徐光启的《农政全书》、郑和的七下西洋、徐霞客的《徐霞客游记》、宋应星的《天工开物》等，也出现了诸如李时珍、郭守敬、朱载堉、徐光启、徐霞客、宋应星等一些杰出的科学家和技术发明者。这一时期比较突出的成就主要在技术发明方面，主要记载在《天工开物》这本书中。《天工开物》的作者是明代的宋应星，江西奉新县人。全书共 18 卷，分上、中、下三部分，初刊于明崇祯十年（1637），书中全面、系统地记录了中国古代农业和手工业的生产技术，记录了农作物栽培、养蚕纺织、粮食加工、熬盐酿酒、烧瓷造纸等 130 多种生产技术和工具的名称、形状、工序、操作方法等。书中记录的许多生产技术，一直沿用到近代。此书在中国科学技术史上具有很高的价值，也是世界上第一部关于农业和手工业生产的综合性著作，被欧洲学者称为"技术的百科全书"。该书刊行后，很快流传到日本、法国、德国等，受到世界各国的重视。

明清时期科技发展的另一个重要事件是西方科技知识的传入。早期，只在我国上层社会知识分子中传播，因此传播的知识本身及影响都比较有限；后期，面对西方列强的侵略和国家民族的存亡，出现了一批要求向西方学习的人士，所以，这一时期西方的科学技术就比较迅速地传入中国，也对中国的科学技术发展造成了比较大的影响。

第二节　中国古代科学

一、天文学

中国天文学萌芽于新石器时期，是世界上天文学发展最早的国家之一。中国古代的天文学主要是为了"占候应气""颁历授时"，即为稳固政权、农业生产等服务，具有很强的实用性。因此，在"天人感应"和"天人合一"思想的支配下，经过先秦时期的积累，到战国秦汉时期形成了以历法和天象观测为中心的完整而富有特色的体系。历代王朝都设置专门的司天人员或天文机构，如太史局、司天监、司天局、钦天监等，配备数量庞大的专门人员，如唐代太史局曾有 1000 多人。从传说中的唐尧时期到清代末年始终传承不绝，这在世界历史上也是绝无仅有的。

（一）对天地的认识

中国古代对于天地宇宙进行了多种多样的探索，比如《楚辞·天问》中就提出许多关于天体的问题，主要集中在天地如何构成，天地如何形成和演化之类的思考上。秦汉时期，我国主要形成了"盖天说""浑天说""宣夜说"等宇宙结构思想。东汉时期蔡邕的《天文志》中有记载"言天体者有三家：一曰周脾（盖天），二曰宣夜，三曰浑天"。

"盖天说"产生时代较早，共工怒触不周山的神话传说就是在"盖天说"的基础上流传开来的。大约形成于公元前 1 世纪（战国时期），记载于《周髀算经》中，认为"天圆如张盖，地方如棋局"，后又发展为"天似盖笠，地法覆槃"。认为天在上，地在下，是两个中央凸起的平行平面；"天圆地方"，天如同盖子一样盖在地面上；天地分离，它们之间的距离是 8 万里。日月星辰围绕着北极星依附在天壳上运动，太阳在天壳上运行的轨道可分为七衡六间，每衡每间的距离都可以用立杆测影、运用勾股定理和其他数学方法推算出来。天地之间 8 万里的距离就是如此推算出来的。该学说能解释人们日常生活中见到的各种天象，能够预测日月星辰的运行，还能够编制历法，用七衡六间之说可以准确预测二十四节气，具有很强的实用价值。

"浑天"指的是天地都是圆形，浑然一体。"浑天说"是中国 2000 年历史上最具权威的天文学学说，形成于东汉时期。张衡在前人的基础上，对其进行了总结和发展，在其著作《浑天仪图注》中指出："浑天如鸡子，天体圆如弹丸，地如鸡中黄，孤居于内，天大而地小。天表里有水，天之包地，犹壳之裹黄。天地各乘气而立，载水而浮。"很形象地用鸡蛋结构来比喻天地，天是圆球形，像个鸡蛋；地也是圆球形，好像蛋黄。天大地小，天在外，地在内，天包着地，天靠气支撑，地浮在水上，半边天在地上，半边天在地下；日月星辰附在天壳上，随天旋转。后来，张衡为了避免解释天体要通过载地之水的困难，把地浮在水上改为地悬在气中。著名的浑天仪就是根据这个理论构建的。浑天说可以更好地解释天象，还可以用来计算天体的位置，是球面天文学的原始形式。

"宣夜说"记载在《晋书·天文志》中，"宣夜之书亡，惟汉秘书郎郄萌记先师相传云，天了无质，仰而瞻之，高远无极，眼瞀精绝，故苍苍然也。譬之旁望远道之黄山而皆青，俯察千仞之深谷而幽黑。夫青非真色，而黑非有体也。日月众星，自然浮生虚空之中，其行其止皆须气焉。是以七曜（指日、月及金、木、水、火、土五星）或逝或住，或顺或逆，伏见无常，进退不同，由乎无所根系，故各异也。故辰极常居其所，而北斗不与众星西没也；摄提、填星皆东行，日行一度，月行十三度。迟疾任情，其无所系著可知矣，若缀附天体，不得尔也。"

郄萌的"宣夜说"否认有像蛋壳一样的天，它认为天是无限的，日月星辰自由漂浮在无限的宇宙空间之中。彼此之间相互独立，没有联系，没有相互作用，因此也没有规律可循。"宣夜说"有两个主要观点：其一，宇宙无限。不论是中国古代的"盖天说""浑天说"，还是西方古代的地心说、哥白尼的日心说，都认为天有一个具体的球壳，日月星辰都附着在这个球壳上，随球壳一起运行，而"宣夜说"则认为，这个天壳（或者天球）不存在，因此，宇宙是无限的，各个天体的运行规律，由它们各自决定，从而否定了有形质、有大小的天，提出了无限宇宙思想；其二，首次提出来天体运动的动力问题，将气引入天文学，是其一大创举。"盖天说""浑天说"都只说明了日月星辰的运动情况，但都未涉及日月星辰运动的动力来自哪里，"宣夜说"则提出来，日月星辰自然浮生于虚空之中，是"气"控制着它们的运动。

（二）历法

历法是人类最古老的文化之一，中国古代天文学的成就，也表现在历法的不断改进和精确。人类进入农业社会以后，为了保证农业生产，古人对于历法就非常重视，中国早在唐尧时期，就已经有了初步的历法，《尚书·尧典》记载"乃命羲和，钦若昊天，历象日月星辰，敬授民时"。当时一年是 366 天，已经有了闰月。《夏小正》所描述的天象，大致反映了夏代的天文历法，它把天象与物候结合起来，构成我国天文历法与物候结合的传统，对后世影响极大。商周时期，中国已经有了春分、夏至、秋分、冬至的节气划分，战国时期发展为二十四节气，这是中国历法最鲜明的特色。《淮南子·天文训》

第一次列出了二十四节气的全部名称，其顺序和现今的完全一样。《左传》记载，春秋末年（公元前 5 世纪）中国已开始使用"古四分历"，能利用冬至、夏至的日影观测，比较准确地测定回归年的长短，即定 1 回归年为 365.25 日，采用 19 年 7 闰的置闰方法，比古希腊早了 100 多年。

中国古代的历法，主要是研究日月五星的运行规律，正确安排年、月、日等的时间次序。因此，一部完备的历法要包括以下 5 个方面：①太阳系内七大天体（日月、五星）的观测及其运行规律的研究；②恒星位置的观测；③日食、月食的计算、预报和观测；④二十四节气的推算；⑤测时、守时、授时系统的规定和各种技术的改进。汉代中国的历法已基本定型。汉武帝时期（公元前 104）由邓平、落下闳等创制的《太初历》，是中国最早的一部有详细记载的成型历法。不仅确定了年、月和二十四节气，安排了闰月，还包含了对日食、月食和五大行星运行的推算。以后的历法又进行了多次修订，进一步提高了精度。祖冲之的《大明历》测得一回归年为 365.2428148 日，和今天的数值仅差 46 秒。南宋时期的《统天历》（1199）、元太祖至元十七年（1280）颁布的《授时历》，都把一回归年定为 365.2425 天，和实际地球绕太阳一周的周期，只差 23 秒，和现行的《格里高利历》周期相同，但比它要早 300 多年。《授时历》所首创的推算日月五星运动的"创法五事"将古代天象预测推向了高峰。

中国的传统历法俗称农历或者阴历，大月 30 天，小月 29 天，3～4 年加 1 个闰月用以调节，使历法更符合季节，闰年 384 天。阴历本来是按月亮运动来制定历法的，而阳历却是按太阳运动来制定历法。中国传统的历法既考虑了太阳运动，也考虑了月亮运动，它实质是一种阴阳历合一的历法，为了同阳历区别，被简称为阴历。二十四节气分十二节、十二气，彼此相间，是中国历法的阳历成分，"朔"是阴历成分。用"闰月"来调整阴阳二历，构成了传统历法的特色。殷商的甲骨文中，已经记载了 13 个月的名称。甲骨文用数字顺序表示月份，1 月为正月，将闰月称之为闰某月。对日的记载采用了干支纪日法，从"甲子"开始到"癸亥"结束，再返回"甲子"，60 日一轮回。已经反映出中国古代采用的历法是太阳太阴历，中国阴阳合历的关键词"朔"，到西周晚期的《诗·小雅·十月》篇中才出现，"十月之交，朔日辛卯，日有食之"，不但记录了一次日食，而且表明那时以日月相合（朔）作为一个月的开始。公元前 4 世纪，中国开始采用 19 年 7 闰的方法来调整阴阳历，19 个回归年的时间长度和 235 个朔望月几乎完全相同，每 19 年加入 7 个闰月，就可以调和太阳历和太阴历。这比古希腊天文学家默冬公元前 432 年提出的默冬周期，早了 160 多年。

（三）天文观测

精确的历法是以长期的天文观测为基础的。中国是世界上天文观测记录持续时间最长的国家，也是保存天文记录资料最丰富的国家。文献记载的日食记录有 1000 多次，太阳黑子记录 100 多次，哈雷彗星记录 29 次，流星雨的记载有 180 次以上。《诗经》时代人们的天文知识已经相当普及，《周礼》已有明确的二十八星宿和十二星次的划分，《春秋》《左传》有大量的天文学资料记载。战国时期（公元前 4 世纪），魏国的石申著有《天文》8卷，齐国的甘德著有《天文星占》8卷。甘德的著作中有关于木星卫星的观察，比伽利略早了2000年。后人将这两本天文著作合为《甘石星经》。马王堆汉墓出土的29幅彗星图不仅有彗头、彗核和彗尾，还知道彗头和彗尾有不同的类型，表明汉初对彗星的观测已经非常细致。

历法推算，必须经受天象观测的检验，所谓"历之本在于验天"。日食、月食则是判断一部历法好坏的最重要的依据，而中国古代对于日月食的观测和记录就非常丰富。最早的可靠的日食观测发生于周幽王六年十月（公元前776），比西方的最早日食记录要早191年。《春秋》记载了37次日食，经后世验证，其中的33次是可靠的。从汉代起，在日食的观测记录中，已经有了日食的方位、初亏和复圆的时刻以及亏起的方向等，对日食和月食现象已经做出科学的解释。从汉初到1785年，中国共记录日食925次，月食574次，堪称世界之最。关于太阳黑子的观测，中国早在《汉书·五行志》中就记载了公元前28年的一次黑子现象，其文曰："日出黄，有黑气，大如钱，居日中央。"对黑子出现的时间、形象、大小、位置均做了很详细的描述。这是世界公认的最早的黑子记录，此后仅在二十四史中，中国就记载了100多次太阳黑子的文献。新星和超新星的明确记载也首次见载于汉代，公元前134年汉武帝时期记载的一颗新星，被世界上公认是第一次新星记载。185年记载的一颗超新星，被世界上公认是第一次超新星记载。北宋时期我国天文学成就突出，记录有1006年和1054年出现的超新星，到17世纪末，我国已经记载了大约90颗新星和超新星。这些记录为现代对天文学的研究提供了极为宝贵的资料，具有很高的科学价值。

星图或星表常常能够代表恒星观测的水平。星表是把测量的若干恒星坐标汇编而成。世界上最早的星表就出自石申《天文》8卷，被称为石氏星表，记载了120颗恒星的位置。星图是恒星观测的形象记录，就像地理学上的地图一样。14世纪以前的星图，世界上只有中国保存下来了。东汉张衡绘制的"灵宪图"，是中国最早的星图。敦煌石窟中发现的约8世纪的星图，是利用圆筒投影法绘制的，载有恒星1350颗。苏州石刻天文图是世界上现存最古老的根据实测绘制的全天石刻星图，上面刻有恒星1434颗。1247年所刻，一直保存至今。

为了观测天象，中国古代科学家还创造了许多精密的天文仪器。计算时间的漏壶，测量长度的仪器土圭，在春秋以前就已经被发明出来了。战国时期，已经有了简单的浑仪（测定天体方位的仪器）；汉武帝时，落下闳改进了浑仪。汉宣帝时，耿寿昌制成了用以演示天象的仪器——浑象，是中国天文仪器史上的一个创举。东汉时期科学家张衡在前人的基础上发明了世界上第一台自动天文仪——浑天仪，他还制造了世界上第一台观测地震方位的仪器——地动仪和世界上第一台观测气象的仪器——候风仪。中国古代传统的天文仪器——漏壶、圭表、浑仪、浑象等，到宋元时期都发展到了高峰。1031年，燕肃发明了莲花漏法，大大提高了漏壶计量时间的准确度。元代郭守敬发明的"高表""景符"，使得测影的精度大大提高，为回归年长度、黄赤交角等天文常数测量精度的提高创造了条件。11世纪，北宋的苏颂（1020—1101）等人制造了水运仪象台，它可以说是一台小型的天文观测台，由浑仪、浑象和计时报时装置三部分组成。最上部的活动屋顶是今天天文台活动圆顶的祖先，中间的浑象一昼夜自转一圈，其运行速度和天体视运动一致。不仅真实地再现了星辰起落等天象的变化，也是现代天文台的跟踪器械——转仪钟的祖先。下部的擒纵器机构是后世钟表的关键部件。水运仪象台标志着中国古代天文仪器制造史上的高峰，被誉为世界上最早的天文钟。北宋时期建造了五架大型观测仪器——浑仪，每架重量都在 10 吨左右。1010—1106 年约百年间，北宋至少进行过五次恒星位置观测，获得了宝贵的第一手天象资料，苏州石刻星图是按照1078—1085 年间第四次观测结果所绘制。元代郭守敬（1231—1316）对浑天仪进行了一次大的改造，制成了简仪，其设计和制造水平在世界上遥遥领先。他还创制了观测太阳位置、日食的仰仪、能同时测量地平经度和高度的"立运仪"、观测恒星位置的"星晷定时仪"、自动报时的"七宝灯漏"等 13 种天文仪器。郭守敬还主持了全国范围的天文观测工作，在北京、太原等 27 个地方设立观测所，测量当地纬度、夏至日日影长度、昼夜长短、冬至日太阳位置等，都取得了重要成果。

二、数学

中国古代的数学成果突出，在长期的发展过程中，形成了以计算为中心、以实用为目的、计算与数学理论密切联系的独特而完整的体系。它的发展大致可以划分为 6 个时期：原始社会到西周时期，是古代数学的兴起时期；春秋至东汉中期，是中国传统数学体系的确立时期；东汉末年至唐代中叶，是中国传统数学理论体系的完成时期；唐代中期至宋元时期，是中国传统数学的高峰时期；元代中期到明代末年，是传统数学主流的转变与珠算的发展时期；明代末年到清代末年，是西方数学的传入与中西数学的交融汇通时期。

中国古代数学应该起源于原始人对数的认识和计数方法的形成，考古发现中国新石器时代，陶器上已有圆形和其他规则的几何图形，也有若干数字符号。中国古史记载的是黄帝的臣子隶首发明了算数。殷商时期的甲骨文中已经出现了具体数字记录，包括从一到十，到百、千、万，最大的数字是三万。此时已经有了奇数、偶数和倍数的概念，已经采用了十进制。中国自有文字记载开始，计数法就是十进制，十进制的发明是中国对世界文明的一大贡献。科学史家李约瑟曾言"如果没有这种十进位制，就几乎不可能出现我们现在这个统一化的世界了"。春秋战国时期，各诸侯国相继完成了向封建制度的过渡，诸子林立，百家争鸣，百花齐放，为数学和科学技术的发展创造了良好的条件，人们通过田地及国土面积的测量，粮食的运输管理，物品的分配，城池的修建，水利工程的设计，天文历法的计算，赋税的计算，以及测高望远等生产、生活实践，积累了大量的数学知识。当时人们已经普遍使用了算筹这种先进的计算工具，熟悉九九乘法表、整数四则运算，使用了分数。数学也成为士学习的"六艺"之一（礼、乐、射、御、书、数）。据《汉书·律历志》记载，算筹是一种长六寸、直径一分的小圆竹棍，古人用它们的纵横组合表示数字。纵式表示个位、百位、万位等，横式表示十位、千位、十万位等，遇零空位。用这种方法可以摆出任意的自然数。筹算是以算筹为工具进行计算的一种数学方法，在阿拉伯数字产生之前，筹算是世界上最先进的计算体系。后来在筹算的基础上，发展出了珠算。秦汉是中国封建大一统王朝的建立时期，经济和文化均得到迅速发展，在春秋战国数学发展的基础上，秦汉时期出现了我国古代最早的一批数学专著，如《许商算数》《杜忠算数》《九章算术》等。古代的数学体系正是形成于这个时期，此时中国数学形成了一个以筹算为中心、与古希腊数学完全不同的具有独特风格的独立体系。魏晋南北朝时期，在《九章算术》的基础上，又出现了《周髀算经》《九章算术注》《孙子算经》《夏侯阳算经》《五曹算经》《张丘建算经》《五经算术》等大量数学著作。这些数学著作充实发展了数学体系的内容，记载了不少重大数学成果，比如《孙子算经》中的"孙子问题"（一次同余式问题），《张丘建算经》中的百鸡问题，都是世界数学史上的著名问题。隋唐时期，开始在科举制度中设立明算科，在国家教育体系中有"算学"这一教学机构，由算学博士两人进行教学；确定了以《九章算术》为首的 10 种书籍为教科书，称之为《算经十书》，即《周髀算经》《九章算术》《海岛算经》《孙子算经》《五曹算经》《张丘建算经》《夏侯阳算经》《五经算术》《缉古算经》《缀术》。宋元时期是中国数学发展的高峰时期，在许多方面都取得了极其辉煌的成就，远远超过了同时代的欧洲。比如高次方程的数值解法要比西方早 800 多年，多元高次方程组解早 500 多年，一次同余式的解法也要早 500 多年，高次有限差分法要早 400 多年，还出现了秦九韶（1202—1261）、李冶（1192—1279）、杨辉（约 13 世纪中叶）、朱世杰（约 13 世纪末 14 世纪初）等宋元数学四大家。元之后，中国的数学发展缓慢。明代，中国数学的计算方法，随着商业的发展和算法本身的发展，珠算逐渐取代了筹算并得到了普及。

中国古代著名的数学书籍，有以下几种：

1.《周髀算经》 原名《周髀》，约成书于公元前 1 世纪，是中国现存最早的数学和天文学著作。数学方面的成就，主要是阐述了勾股定理、分数运算和开平方法等及其应用；天文学上，主要记述了"盖天说"和"古四分历法"。

2.《九章算术》 成书于东汉时期，系统地总结了中国从先秦到东汉初年的数学成就，标志着中国古代数学体系的形成。全书九章，包括 246 个应用问题，九章即方田、粟米、衰分、少广、商功、均输、盈不足、方程、勾股。方田是关于田亩面积的计算和分数的各种运算；粟米讲的是按比例进行粮食交易时的计算方法，有二元一次的整数解法；衰分讲的是按比例分配的计算方法，主要用来进行税收分配；少广是已知田亩面积来计算周长边长，正确地提出开平方和开立方的方法；商功是有关各种工程（筑城、修渠、挖沟等）的体积的计算方法；均输讲的是按户口多少、路途远近、物价高低等合理摊派赋税和民工的问题；盈不足讲的是盈亏类问题的算法；方程讲的是求解三元一次、四元一次联立方程式的问题；勾股是利用勾股定理来进行计算的问题。该书充分显示了中国数学的实用特点，其中，多元一次方程组的解法，正负数的概念及其运算，比例问题的计算等在世界上都是最早的。书中的"盈不足"算法，在国外也被称为"中国算法"。《九章算术》很早就传到了朝鲜和日本，曾经被当作教科书来使用，在阿拉伯和欧洲也有广泛影响。

3.《九章算术注》 魏晋时期的杰出数学家刘徽所著，完成于 263 年，10 卷。该书对《九章算术》中的大部分算法给出了理论上的证明，对一些重要概念也作出了较严格的定义，提出了许多创新理论。刘徽的一个杰出贡献是创立了"割圆术"，"割圆术"就是用圆内接正多边形来近似代替圆，它包含初步的极限概念和直线曲线转化的思想，这在世界数学史上也是重大的成就。"割圆术"的出现也是中国圆周率研究的新纪元。圆周率是圆周长和直径的比值，简称 π 值。π 值是否精确，直接关系到天文历法、度量衡、水利工程和土木建筑等许多方面。刘徽利用割圆术，求出圆内接正 192 边形的面积，算出 π=3.1416。刘徽对数学的贡献是多方面的，对求弧田面积、圆锥体积、球体积、十进分数、解方程等都有相关研究，除《九章算术注》之外，他还著有《海岛算经》一卷。

4.《数书九章》 南宋秦九韶（1202—1261）所著，于 1247 年写成。全书 18 卷，分为大衍、天时、田域、测望、赋役、钱谷、营建、军旅、市易 9 大类，每类 9 个问题，共 81 个数学问题来阐述各种算法。最突出的成就是高次方程的解法，列出了 26 个二次和三次以上方程的解法。其中，最高为 10 次方程，这一解法比西方要早 500 年。

三、医药学

中国先民在长期的医疗实践中，形成了独具一格、博大精深的医药学体系。中国传统医药学体系以整体观念为主导思想，阴阳五行为哲学基础，辨证论治为临证模式，包括医学、药学、经脉学、针灸学、外科学和骨科学等一整套医学理论。涌现出一大批著名的医学家，如春秋战国时期的扁鹊，医术精湛，有"起死回生"之誉，是脉诊技术的发明者。汉魏之际的华佗是杰出的医药学家，医术全面，尤精于针灸和外科，代表了东汉末年中国医学的最高成就。他创造的全身麻醉术，比西方要早 1600 多年。张仲景写作《伤寒杂病论》，创立了中国传统医学的辨证论治原则，被后人尊为"医圣"。东汉末年董奉，医者仁心，杏林春暖，是中国医药学界高尚医德的代表。"药王"孙思邈（581—682），一生致力于医药研究，有 24 项成果开创了中国医药学史上的先河，他的《千金要方》和《千金翼方》被誉为中国最早的临床医学百科全书。

1.《黄帝内经》 包括《素问》《灵枢》两部分。原书各 9 卷，每卷 9 篇，各为 81 篇，合计 18 卷 162 篇。论述了脏腑、经络、腧穴、病因、病机、病证、诊法、针灸、治疗原则等中医基础理论的内容。该书全面总结秦汉以前的医学成就，标志着中医理论体系的初步建构。该书提出了中医的基本模式，后世几千年都是在这个模式上补充完善的，历代著名医家和有创见的医学流派，主要是在《黄帝内经》理论基础上发展起来的。该书历经魏晋隋唐医家的补充发挥，宋金医家的整理校正，也历经了两千年历史的反复验证，被证明确实能够反映人体生理活动的规律，以及疾病的发生、性质、转变的规律，直到今天，仍然有效地指导着中医理论的发展和临床实践。

2.《黄帝八十一难经》 简称《难经》或《八十一难》，是继《黄帝内经》之后的又一部中医理论著作。《难经》的基本内容包括脉诊、脏腑、阴阳、五行、病能、营卫、腧穴、针灸，以及三焦、命门、奇经八脉等理论疑难问题，以解释疑难的形式编撰而成，共讨论了 81 个问题，所以称"八十一难"。脉学方面，《难经》首次提出了"独取寸口"的诊脉方法。经络部分，着重讨论了经脉的长度和流注次序，阴阳各经气绝的症状和预后，十二经脉与别络的关系，以及奇经八脉等，丰富完善了中医的经络理论。该书还记载了五脏六腑的具体形态，描述了一些脏腑器官的周长、直径、长度、宽度及重量、容积等，首次记载了胰脏，发现了肾有左右两枚，补充了《黄帝内经》的解剖学知识。书中还完善了穴位理论和临床应用，内容丰富，辨析精微，对后世中医学的发展有重要的影响。

3.《神农本草经》 简称《本草经》或《本经》，是中国现存最早的药物学专著。中国古代大部分药物是植物药，所以"本草"成了药物的代名词，这部书也以此命名。全书分 3 卷，也有 4 卷本（序录单独成卷），载药 365 种。其中，植物药 252 种，动物药 67 种，矿物药 46 种。该书首创药物的三品分类法，这是中国药物学最早的分类法。提出七情和合的理论，论述了君臣佐使的组方原则。该书还规定了药物的剂型，较为详细地阐述了药物的功效与主治疾病，所治疗疾病达 170 多种，涉及内、外、妇、五官各科。《神农本草经》第一次从理论上阐述了药物学知识，全面总结了东汉以前的药物学成就，内容涉及药物的分类方法、配伍应用规律、方剂的君臣佐使组方原则、药物的性味及采集加工方法、药物的功效和主治、用药原则和服药方法等，构建了中药学的基本理论框架，标志着中药学理论体系的初步构建。

4.《伤寒杂病论》 作者张机，字仲景，南阳人，因其在医学上的卓越贡献，被后世称为"医圣"。张仲景生活的年代正值东汉末年，战乱频繁，疫病流行，民不聊生，死伤无数，张仲景家族在大疫中也去世了不少人，正是这种悲惨的遭遇，促使张仲景勤求古训，博采众方，发奋研究医学，撰写此书。

《伤寒杂病论》原书 16 卷，包括伤寒和杂病两部分。书问世后，由于社会动荡，不久原著失散。其中的伤寒部分，经晋代王叔和搜集整理而成《伤寒论》，后经宋代校正医书局校正整理，一直流传至今。杂病部分，经北宋林亿校订为《金匮要略方论》，是中国现存最早的一部诊治杂病的专著。《伤寒论》是描述外感疾病的，以风寒为主，全书 10 卷，22 篇，397 条，113 方（现存 112 方，禹余粮丸有方无药）。卷 1 为辨脉法、平脉法；卷 2 为伤寒例、痉暍湿病；卷 3 至卷 6 为太阳、阳明、少阳、太阴、少阴、厥阴等六经病；卷 7 为霍乱病、阴阳易、劳复、可发汗、不可发汗病；卷 8 至卷 10 为可吐、不可吐、可下、不可下、病后诸篇。《金匮要略方论》全书 25 篇，方 262 首，该书以病证分篇，所述病证以内科杂病为主，兼有部分外科、妇产科等 60 余种病证。《伤寒杂病论》是中国医学史上影响最大的著作之一，该书以六经论伤寒，以脏腑辨杂病，形成了一套理法方药齐备、理论与临床相结合的体系，建立了四诊、八纲、脏腑、经络、三因、八法等辨证论治的基本理论，标志着中医临床辨证论治体系的确立。该书自问世以来就长期指导着后世医家的临床实践，甚至连处方也沿用原方。唐宋以来，《伤寒杂病论》的影响还远播海外，日本、朝鲜等国都将该书奉为医学经典加以深入研究。

5.《本草纲目》 作者李时珍，于 1578 年写成，1593 年刊行。全书 52 卷，192 万字，收载药物 1892 种，以药类方，载方 11096 首，附药图 1160 幅。该书结构宏大，内容丰富，纠正了以往本草书中的许多错误，系统地整理、总结了 16 世纪之前中国医药学发展的成就，是药物学史上的重要里程碑。李时珍以"物以类聚，目随纲举"为宗旨，创立了"从微至巨，从贱至贵"的分类方法，把收录的全部药物按照自然属性分为水、火、土、金石、草等十六部，以此为纲，每部再分六十类目，纲举目张，非常清晰。如在动物学上，按动物由低级向高级进化的顺序排列起来；在矿物方面，按照从无机到有机的顺序排列，基本符合进化论的观点，因而是当时世界上最先进的分类法。达尔文在《物种起源》中就引用了《本草纲目》的9个条目，称《本草纲目》为"中国的百科全书"。

【知识拓展】

李时珍

　　李时珍（1518—1593），字东璧，晚号濒湖山人，蕲州（今湖北蕲春县）人，明代著名医药学家。李时珍幼年时身体羸弱，少年时开始阅读一些医书，14岁考取秀才后，三次参加乡试都未中举。从此之后，他走上从医之路。他刻苦钻研医理，在短短几年之中成为一方名医。因医术高超、医德高尚被楚王府聘为"奉祠正"，并掌管"良医所"事务。后又被举荐到北京太医院任"院判"，去世后被明代廷敕封为"文林郎"。李时珍在行医过程中，有感于本草书中错误太多，立志修纂一部新的本草学著作。嘉靖三十一年（1552），他34岁的时候，着手《本草纲目》的编撰。写作过程中，他不仅认真总结前人经验教训，博览群书，参阅了800多种医学文献，记录了上千万字札记，而且非常注重实地考察，获取第一手本草资料，他先后到武当山、庐山、茅山、牛首山及湖广、安徽、河南、河北等地收集药物标本和处方，并拜渔人、樵夫、农民、车夫、药工、捕蛇者为师，弄清了许多书上记载不清的疑难问题，历经27个寒暑，三易其稿，于万历六年（1578）完成了192万字的巨著《本草纲目》。此外，他对脉学也有深入研究，著有《奇经八脉考》《濒湖脉学》等。

四、地理学

　　中国古代地理历史悠久，有黄帝之臣史皇作地形物象之图、禹铸九鼎、河图洛书的记载，说明很早就已经有了初步的地理知识。商代的势力范围已达长江以南，仅甲骨文记载的地名就大约在500个以上。《诗经》时代，已经对地形地貌有了初步分类，如山、岗、丘、陵、原、隰、洲、渚等。春秋战国时期，各国疆土更加广大，人们的地理视野更加开阔，地理学知识更加丰富了，也出现了一些地理学著作。《山海经》是中国最早的地理、地质专著，由"山经""海经"和"大荒经"三部分组成。"山经"是首次对黄河、长江流域之外的广大地区自然环境方面的综合概括。书中记载了70多种矿物，170多处金属产地，还记载了一些山脉和河流的位置、水文、动植物和矿物特产等情况。《禹贡》以"导山""导水"统领全篇，开中国地理学分区分部研究之先河，所提出的"九州"之说成为一种超时代的地理区划。该书还是一部具有系统地理观念的著作，所创立的九州区划、水道体系、山岳关联、田土区别、物产分布等各种地理概念，是中国乃至世界地理学著作中最早的。《管子·地员》篇记述了不同土壤和肥料对植物生长的影响，被认为是中国最早的植物地理学；《度地》篇则记述了河流的侵蚀作用及河曲地貌的形成过程；《地图》篇是最早的记述地图的专篇。

以《山海经》《禹贡》为代表的先秦地理学，有着注重自然地理的传统，但汉武帝"罢黜百家，独尊儒术"后，地理学的政治实用功能加强，转而以疆域、政区的建制和沿革为主，把山川等自然知识作为附庸，从而形成中国传统地理学以沿革考证、服务政治为中心的"经世致用"传统。这种传统也成为民族凝聚、版图完整、国家统一的精神力量源泉。《史记·货殖列传》和《汉书·地理志》的出现，标志着中国传统地理学的形成。《汉书·地理志》是中国历史上第一部正式以"地理"命名的作品，该书为东汉班固（32—92）所作，书中以疆域政区为纲，依次叙述了 103 个郡、1587 个县的建置沿革和山川、水利、经济、户口、物产、庙宇、地矿等情况，是中国第一部疆域地理志，为地理学著述开创了一种新的体制。北魏地理学家郦道元（466—527）以《水经》为蓝本，著述《水经注》40 卷。全书 30 多万字，所引用书籍达 430 种之多，记述了1252 条河流的源头、河道、支流及流域的水文、地形、气候、土壤、物产、地理沿革等，尤其对于河流分布、水利灌溉、城市的变迁记述最为详细，是中国地学发展的一个重要阶段，标志中国传统地理学的成熟。唐代李吉甫（758—841）著《元和郡县图志》54 卷，记述了当时全国 10 道所属州县的历史沿革、道路交通、山川水利、户口贡赋、古迹物产等，是现存最早的全国性地理书，对后世地志的编撰影响很大。

到了明代，中国地理学发展到新的水平。明代的徐弘祖，字霞客（1586—1641），明代南直隶江阴（今江苏江阴市）人。徐霞客一生志在四方，足迹遍及今 21 个省、市、自治区，对地理现象进行了深入的考察，做了大量的笔记，他去世后，后人根据他的笔记整理出版了《徐霞客游记》，成为我国古代地理学名著。徐霞客对地理学贡献很多，最突出的是他对岩溶地貌的考察。徐霞客在湖南、广西、贵州和云南做了详细的考察，对各地不同的岩溶地貌做了详细的描述、记载和研究，对溶洞、钟乳石、石笋的成因做出了科学的解释，他是世界上最早对岩溶地貌进行系统考察的地理学家。其次是论证了金沙江是长江的源头，纠正了《禹贡》中"岷山导江"的说法。此外，他对火山、温泉等地热现象也都有考察研究，对因地势高度、纬度不同而产生的气候差异和对动植物生态与分布的影响都做了认真的描述和考察。科学史家李约瑟称："他的游记读来并不像是 17 世纪的学者所写的东西，倒像是一位 20 世纪的野外勘测家所写的考察记录。"明代航海家郑和（1371—1435），在将近 30 年的时间七下西洋，访问过亚洲、非洲的几十个国家和地区，首创了中国人横渡印度洋的记录。绘制了《郑和航海图》，为中国地理学竖起一块新的里程碑。郑和及其随从人员每到一地都详细记录了该地的地理、气候、物产、宗教信仰、风俗习惯等，丰富了中国人对南洋、红海、非洲东海岸的地理知识，把中国人的视野向西扩展到了非洲东海岸。《郑和航海图》记载了沿途 30 多个国家和地区的方位、海上暗礁、浅滩等，图文并茂，记载准确，具有很高的使用价值，是世界上现存最早的航海图集。

战国时期，中国的地图绘制技术已经达到较高水平，已有方位、距离和比例尺的制定。楚汉相争，刘邦因得到秦代地图，掌握全国地形地貌人口强弱，才能最终取胜，也充分说明当时地图绘制水平之高。1973 年，长沙马王堆出土的 3 幅西汉初年的地图，分别是"地形图""驻军图""城邑图"。"地形图"描绘了湖南中部至广东珠江口一带的地域，主要有山脉、河流、居民点、道路等，已经包括了现代地形图的基本要求，比例为 1∶18000，精度准确。该地图是中国现存最早的实地图，原无图名，由于包含了山川、道路、城镇等，故被取名"地形图"，在绘制方面已经具备了初步的"制图原则"。"驻军图"是世界最早的彩绘军事地图。"城邑图"是一个县城的平面图，绘有城垣和房屋，是后世城市平面图的先声。三幅地图不仅反映了汉初地图测绘技术的发展，而且反映着中国地理学在政治军事上的实用目的。晋代裴秀（223—271）在总结前人经验的基础上，绘制了《禹贡地域图》18 篇，是中国见于记载的最早地图集。在编制地图的过程中，裴秀第一次明确建立了中国古代地图的绘制理论，提出"制图六体"原则，即分率、准望、道里、高下、方邪、迂直，它们彼此联系，互为制约。"制图六体"为中国古代地图学奠定了理论基础，一直指导中国传统制图学 1700 多年。元代的朱思本（1273—1337）于 1320 年根据实地调查绘成《舆地图》，这是一部大型的全国地图，绘制精度大为提高，在制图方面取得不少成就，成为明清两代地图的范本。明代 1561 年，罗洪先（1504—1564）对《舆地图》加以增补，制成了地图册。清代康熙年间曾历时 11 年进行全国性的测量，测得经纬点 641 个，在此基础上绘制成《皇舆全览图》，这是当时世界绘制最好、绘制实际面积最大的地图。

第三节　中国古代技术

一、农业技术

考古发掘证明，中国农业已有上万年的历史。新石器时代遗址出土的考古资料显示，中国的原始农业不是起源于一地，而是多中心发展，黄河流域和长江流域是最主要的两大起源发展中心。黄河流域的原始农业以种植粟为代表，长江流域以水稻为代表。西安半坡遗址出土的陶罐中有保存完好的粟粒，浙江余姚河姆渡遗址发现有大量稻谷、稻壳，经鉴定，都是经过相当长期的人工栽培的品种。这是六七千年前黄河流域、长江流域种植粟和水稻的见证，两者在传播发展中不断交融。新石器时代晚期，大麻、花生、芝麻、葫芦、菱角和一些豆类植物在我国也已经开始种植了。夏商周时期，农业已经成为社会中具有决定性的生产部门，甲骨文中已经出现了不少和农作物相关的文字。当时的农业生产已经积累了很多经验，懂得拔除杂草，采用深耕、宽垄等各种生产方式，还创造了轮流休耕的"三圃制"。西周推行"井田制"，田间有发达的排水沟洫系统，甲骨文的"田"字，就是农田分割为沟洫的样子，因此这一时期的农业也被称为沟洫农业。黄河流域的农作物仍以粟为主，但《诗经》中已经提到了禾、谷、粱、麦、稻、菽、麻等，说明这一时期农作物品种之丰富。也出现了园和圃之分，也就是已经栽培了各种果树和蔬菜。

　　中国自古就是一个以农业为主体的社会，进入封建社会以后，历代统治者更加重视农业生产，因此中国古代农业技术成熟较早，发展水平较高。春秋战国时期，中国农业生产有了巨大发展，突出标志是铁制农具和牛耕的出现，因此这一时期也成为中国农业发展史上的一个重要转折点。《吕氏春秋》中《上农》《任地》《辩土》《审时》等篇，《管子》中《地员》《牧民》等篇都反映中国先秦时期已经开始了精耕细作的农业传统。农业生产工具的发明推广，耕作和栽培技术的改进提高，大规模兴修农田水利的巨大成就，都促进农业生产力大大提高。两汉时期，农业生产继续发展，由于汉代冶铁业的发达，铁制农具已经基本普及，出现了许多新型农具，特别是铁犁的使用推广，极大地促进了农业产量的提高。战国时期已出现了牛耕，两汉时期牛耕得到了大面积推广，最初采用的是两牛三人的"耦犁"。由于双辕犁和犁铧形式的改进，西汉晚期出现了一牛一人的犁耕法。使用牛耕，是中国农业技术史上农用动力的一次革命。汉代农业器具种类完备，从整地、播种、中耕除草、灌溉、收获脱粒到农产品加工，有30种之多，其中不少是汉代发明的新农具，如赵过发明的三脚耧播种机、风车、水碓等，都是非常先进的农业用具。汉代推广"代田法""区田法"，这是一种精耕细作的农业生产方式，对农作物的防旱保墒、提高农业产量有明显作用。在农作物方面，小麦地位进一步上升，与粟并驾齐驱。还发明了用温室栽培葱、韭菜的方法。汉之后，农业生产技术继续发展，三国时期马钧改进的龙骨水车，晋代杜豫、崔亮发明的碾，晋代刘景宣发明的牛转连磨等。唐代发明了新的灌溉工具——筒车，还有曲辕犁，是自汉代之后农具改革的又一次突破，它的出现标志着中国传统步犁的基本定型。这些农业器具在英国产业革命之前，是世界上最先进的，世界上还没有其他器具可以与之相比。宋金元时期，农业生产和技术的发展，特别是南方地区，达到了一个新的水平。南方水田地区的耕作栽培技术经晋唐时期的发展，到宋代已经积累了丰富的经验，被陈旉总结在他写的《农书》中。这一时期农作物的分布有很大变化，水稻生产上升为全国粮食作物的第一位，不但在南方广为种植，还大力向北方推广。政府还从国外引进优良的水稻品种。如从越南引进成熟早、抗旱性强、对土壤肥力要求不高的"占城稻"；从朝鲜引进籽粒饱满的"黄粒稻"。元代，仅江浙地区就负担了全国租赋的7/10。明清时期，"一岁数收"耕作技术的进一步发展是这一阶段农业技术发展的主要特点之一。它是人们在对各种农作物充分了解的基础上，综合运用各项生产要素，通过间作、套作、混作、轮作等各种技术手段，合理安排种植，使一年的收获次数由一次增加到两次、三次，乃至更多。清代关中地区，用了此项技术后，有的地区可达到"一年三收"。这一时期另一个突出的成就是新作物的引进，主要有玉米、甘薯和烟草。最先引进的美洲农作物是玉米，大约在16世纪初，由海路传入中国沿海和近海各省。明末，中国至少有12个省种植了玉米。18世纪，玉米栽培已经遍及全国。甘薯是在万历二十一年（1593），福建人陈振龙由菲律宾设法带回薯藤试种成功的。不久，传到浙江、河南、山东等省，在全国推广。明中叶以后，烟草由菲律宾传入中国，崇祯年间，已经得到大面积种植。

　　中国古代农业技术成熟较早，发展水平较高。在总结农业生产经验的基础上，形成了多种多样、内容丰富的农业专著，最有代表性的有《氾胜之书》《齐民要术》《王祯农书》和《农政全书》，被称为中国古代的四大农书。

《氾胜之书》是西汉晚期氾胜之汇录的一部农学著作。该书共 18 篇，总结了当时黄河流域劳动人民的农业生产经验，主要内容包括耕作的基本原则、播种日期的选择、种子处理，以及作物的栽培、收获、留种和贮藏技术等。该书是中国最早的一部农书。"代田法""区田法"两种耕作方法就记载在此书中。

《齐民要术》为北魏贾思勰所著，约成书于 533—534 年间。全书 10 卷 92 篇，11 万多字，书中分别论述了各种农作物、蔬菜、果树、竹木的栽培，家畜、家禽的饲养，疾病防治，农副产品加工、酿造等技术，是中国保存最早、最完整的一部农书，系统总结了 6 世纪以前黄河中下游地区劳动人民农业生产经验和农业科学技术，对后世农学影响极大。

《王祯农书》为元代王祯所著。全书共 22 卷，约 30 万字，分为三个部分：第一部分为"农桑通诀"，是总论性质，主要阐述农业生产发展的历史，以及农、林、牧、副、渔五业的生产经验。第二部分为"百谷谱"，专论各种农作物、蔬菜、水果、竹木、药材的栽培和收藏、利用技术。第三部分为"农器图谱"，篇幅最多，是全书的重点，占全书的 80%，介绍了许多农业生产和手工业生产的工具，如东汉杜诗制造的鼓风炼铁器械——"水排"、晋代刘景宣制造的用一头牛转动八台石磨的器械——"牛转连磨"、32 锭的水力大纺车、4 头牛拉的元代大农具、黄道婆制造的各种纺织工具等，还有他自己设计的器械如水转翻车、水转连磨等，附有 306 幅实物图片。

《农政全书》由明末政治家兼科学家徐光启（1562—1633）所著，1609 年完成。该书共 60 卷，50 多万字，引用文献 229 种，内容丰富，分为农本、田制、农事、水利、农器、树艺、蚕桑、广类、种植、牧养、制造、荒政 12 个门类。除了大量记录不同的农业生产技术，该书还注重农业生产措施、农业生产管理和技术政策，更加全面。

二、纺织和陶瓷技术

（一）纺织技术

中国是世界上最早饲养家蚕和织造丝绸的国家，对人类的物质文明作出了重要贡献。山西省西阴村出土了新石器时代的蚕茧化石。《夏小正》《诗经》中有多处提到了蚕和桑，商周时期开始设有专门管理织造的官员，周代出现官办的丝织业，规模很大。先秦时期的纺织业，以麻纺、丝纺为主。麻纺织技术有了明显的进步，麻布是当时大多数人的衣服原料，人们可以根据不同的用途，制作粗细不同的各种麻布。丝织技术的提高，首先表现在丝织品品种的大量增加上，见于文献记载的有缯、帛、素、练、纨、缟、纱、绢、縠、罗、锦、绮等。这些丝织品既有生织、熟织，也有素织、色织。秦汉时期各种纺织品的数量和质量都比以前更高，突出表现是长沙马王堆汉墓出土的大量精美丝织品。其中的一件素纱禅衣，长 160cm，两袖通长 190cm，领口、袖口都用绢缘，总重量只有 48g，真可谓"薄如蝉翼"，反映了当时纺织技术的水平之高。出土的绢织品经线密度大都在每厘米 80 ～ 100 根，最密的达 164 根，纬线密度大多在经线密度的

1/3 到 2/3 之间，说明当时已经有了相当先进的织机。唐代纺织品的产量和花色品种都有非常明显的增长，丝织品以绫、锦最为突出。唐绫不仅产量高，而且纺织技术高超，织出的花纹大而复杂，交织点少，手感、美感、光泽度都非常好，很受人们喜爱。唐代印花工艺也比较突出，出现了绞缬、夹缬、蜡缬和介质印花等数种。宋金元时期在纺织技术上最重要的成就，是纱罗锦缎等织物的织造方法和提花工艺，以及新品种的大量涌现。宋代的纱均以 2 根或者 3 根经线为一组起绞而成，称为"绞纱"，裁制出来的衣物飘逸轻薄，非常美丽。宋代的织锦技术也有很大的发展，品种已有 40 多种，著名的苏州宋锦、南京云锦都是在宋代出现的。宋代棉花种植得到推广，出现了轧棉工具——搅车，棉纺织也逐步发展。元末明初，松江地区成为全国最大的棉纺织中心，有"衣被天下"之誉。

在纺织机械方面，早在春秋战国时期中国已出现手摇纺车和脚踏织机，两汉时期脚踏提花机和梭子已被普遍使用。提花机是由一般布机发展而来，是织机中结构最复杂，最能体现织花生产技术水平的一种机械。两汉时的提花机已经能够织制任何复杂变化的花纹了。三国时期马钧对它做了改进，使其生产效率大大提高。提花技术，是中国古代在纺织技术上的一个非常重要的发明，先后在公元 7、8 世纪和 12 世纪两次传到欧洲，对于世界纺织技术也有很大影响。中国古代的提花机，经过汉唐的长期发展后，到宋代已经定型化了。为了提高纺纱的速度和质量，东晋时出现了三锭纺车，南宋时出现了32 个锭子的水力纺车。这种纺车可以安装 32 个锭子，利用水利或者畜力发动。宋末元初，黄道婆对纺织技术进行了革新，使棉纺织技术在江南一带得到了广泛的推广。

（二）陶瓷技术

陶瓷技术的发明，是中国对人类文明的又一重要贡献。商代的制陶业已经有专门的作坊，内部有固定的分工。除生产一般的红陶、黑陶、灰陶之外，还能烧制技术要求更高的釉陶和白陶。制瓷技术是在制陶技术的基础上发展起来的，商周时期已经可以烧制"原始青瓷"，经过 1600 多年的发展，到东汉后期已经基本成熟。经三国两晋到南北朝，进入了更成熟的阶段。瓷器的制造已经成为手工业生产中的一个重要部门，形成了南方以青瓷为主，北方以白瓷为主的特点。

瓷器的烧制和工艺过程不同于制陶技术，它要求用较纯的瓷土和高温窑，烧成温度必须高于 1100℃，配备各种釉料，瓷器的颜色主要由釉中所含的金属元素决定，特别是铁元素的含量。比如青瓷，瓷土中氧化亚铁的含量就要求在 0.8% ~ 5%。如果超过 5%，含铁量大，瓷器的颜色就成暗褐色或者黑色。在没有化学理论和现代测试仪器的古代，烧制精美的瓷器完全靠制瓷工人的手艺与经验，可见中国古代制瓷技术之高超。

南北朝时期的青瓷，胎质坚实，通体施釉，呈青绿色。唐代烧制技术在此基础上又发展到一个崭新的阶段，特别是浙江绍兴、余姚一带的越窑盛产青瓷，古人曾用"九秋风露越窑开，夺得千峰翠色来"的诗句赞美它。五代时期的柴窑出产的青瓷更加精美，被人赞为"雨过天晴""青如天、明如镜、薄如纸、声如磬"。白瓷的呈色剂主要是氧化钙，还要求釉中铁的含量大大减少，否则会影响白瓷的白度。因此，从呈色原理来说，从烧制青瓷到白瓷是一次技术上的飞跃。到了唐代，白瓷的烧制已经达到成熟阶段。唐代邢窑烧制的白瓷有"类雪"之誉，闻名中外。江西的吕南镇（宋代改称景德镇）生产的白瓷白度已在 70 度以上，与现代水平接近。此外，黑釉、黄釉瓷器也在南北朝出现，为唐代彩瓷的发展打下了基础。

宋代是古代瓷器发展的成熟时期，形成了有影响的八大窑系：北方的定窑、磁州窑、钧窑、耀州窑；南方的景德镇窑、越窑、龙泉窑和建窑。这时瓷器的重大发展还是青瓷和白瓷。宋代青瓷技术十分精湛，成为青瓷发展的高峰。南方以龙泉窑为代表，北方以汝窑为代表。北宋白瓷以定窑最为有名，色白而滋润，质薄而有光。南宋以后，则以景德镇为主，以白度和透光度之高被推为宋瓷的代表之一。这时还出现了五光十色的色瓷，是制瓷技术的又一次突破。

明代和清代是中国古代瓷器发展的黄金时代。全国有近半数省份能烧制瓷器，江西的景德镇已成为全国的制瓷业中心，这里仅官窑就有 300 多座，而且还出现了具有资本主义萌芽的民窑。明末清初时，官、民窑总计已达 3000 座，每年烧制的瓷器达几十万件。明清时期生产的青花瓷、一道釉瓷、彩瓷的烧制技术和工艺水平已经远远超过了宋元时期。青花瓷在宋代已经出现，元代渐趋成熟，明代青花瓷最为有名，质地优良，精美绝伦。这时的生产技术已能严格地掌握火焰的性质和配制釉药的准确性，同时还能很好地掌握瓷土的物理性能，是制瓷工艺成熟的标志。清代康熙、雍正、乾隆三个时期在色釉上有许多新的创造，制造出了各种各样、精美无比的瓷器。

三、建筑技术和水利工程

（一）建筑技术

中国古代建筑历史悠久、规模宏大，在世界建筑史上独具一格，是人类文化遗产的重要组成部分。

中国古代文献记载，黄帝发明宫室，夏代已开始建筑城池。商代的建筑已经有较成熟的营造设计，安阳附近小屯村殷墟遗址为商代晚期的都城。这里发现的宫殿建筑群遗址采用东、西、南、北屋两两相对，中为广庭的四合院布局。西周发明的瓦、铺地砖，战国出现的空心砖和小条砖，它们的发明与应用，开辟了新的建筑材料和应用的新领域，对于建筑质量的提高有着重要意义。战国时期已经盛行高台建筑，秦汉时期仍是宫殿建筑的主要形式。西汉时期还出现了多层建筑，东汉时得到迅速发展。从出土的陶器和画像砖上，用木架构成的多层楼阁和一些门楼、望楼等，就是这一建筑形式的生动说明。这种在梁柱上再加梁柱的迭架技术的应用，表明了中国传统木结构技术的重大发展，奠定了后世木结构高层建筑的基础。中国古代建筑特有的"斗拱"结构（"斗"是斜方形垫木，"拱"是弯长形拱木）在战国时期已经出现，到汉代又有很大发展，形式多样，有直拱、人字拱、单层拱、多层拱等。四川乐山汉代崖墓的斗拱就有六七种之多。"斗拱"结构的出现，说明当时的工匠已经有了合力、分力等力学知识。建筑屋顶在汉代也出现了多种样式，如四坡顶、歇山顶、悬山顶、卷棚顶、四角攒尖顶等，具有丰富而生动的造型。

在长期的实践中，中国形成了以木结构为主体的建筑体系，由于气候水土不同，大体可以分为南北两个系统，北方由穴居野处逐步演变为土石、砖石建筑体系，代表建筑有城墙、石桥、砖塔等。南方地势低下，雨水较多，由最初的巢居演变为亭台楼榭等木结构体系，代表建筑有宫室、庙宇、道观等。这一体系发展到宋元时期，无论是城市建设的变化，还是木结构建筑的发展，还是桥梁建筑技术都达到了高峰时期，出现了专门的土木建筑工程著作——《营造法式》。

【知识拓展】

《营造法式》

《营造法式》为北宋李诫编修，1100 年写成，1103 年刊行。全书共 36 卷，分释名、制度、功限、料例和图样等五部分，对历代工匠流传的经验以及当时的生产技术成就做了全面系统的总结，反映了中国古代建筑的高超技艺水平。该书强调的古代建筑技术规范与施工标准，在当时的建筑中产生了重要作用，是宋代建筑技术向标准化和定型化发展的标志，对当时及以后的中国建筑影响深远。

中国古代的建筑造型多样，技术和艺术高度和谐，是古代劳动人民的聪明才智和血汗的结晶。这些建筑有宏伟壮丽的、金碧辉煌的皇宫，如明清的北京故宫；有规模宏大、精心设计的都城，比如汉唐长安城、洛阳城；有堪称世界建筑史上奇迹的万里长城；有庄严肃穆的皇陵、陵园，如秦始皇陵、乾陵霸陵等；有因地制宜、结构多样的桥梁，如河北的赵州桥、北京的卢沟桥、福建的万安桥；有崇高的佛塔，幽静的寺庙；还有独具匠心、风景秀丽的各种园林建筑等，这些都是中国灿烂文化的重要组成部分。

（二）水利工程

水利是交通和农业的命脉，中国从原始社会末期开始出现水利设施，相传共工氏曾治洪水，采用以土雍水的方法，大禹时代开始用疏导的方法治水。为了促进农业和交通的发展，从春秋战国起，中国出现了修建水利的高潮，修建了许多大型水利工程。如楚相孙叔敖在淮河流域修筑芍陂，李冰父子在四川修建都江堰，秦国在关中地区开凿郑国渠，吴国修建了沟通长江与淮河的邗沟，魏国修建了沟通黄河与淮河的鸿沟。汉武帝时，在关中地区开凿了六辅渠和白渠。唐代时，在黄河、长江流域开凿一系列灌溉渠，设专职官员管理水利事业。宋元时期，水利事业得到了较大的发展。宋代王安石变法期间，也在各地兴修水利工程，整个 11 世纪，北宋修建的水利工程有 10000 多处，灌溉田地 3660 多亩。

1. 都江堰　公元前 250 年，秦代太守李冰父子领导人民所修建，是中国历史上著名的水利工程。都江堰由分水工程、开凿工程和闸坝工程 3 部分组成，在江心洲建分水鱼嘴，岷江一分为二，起到防洪和灌溉的作用。开凿工程是在前人修建工程的基础上，使有足够的内江水通过宝瓶口流入成都平原进行农田浇灌。飞沙堰可以起到调节入渠水量的作用，和其他闸坝设施一起构成闸坝工程。都江堰设计合理，有灌溉、防洪、泄洪的作用。它的兴建，使成都平原成为旱涝保收的"天府之国"。

2. 黄河千里大堤 是中国古代巨大的水利工程，古来堤防工程，一向以黄河为重。春秋时期，黄河下游已经在多处建有堤防，秦始皇时代对黄河大堤进行统一治理。在长期治理黄河的过程中，出现了一大批像张戎、王景、贾鲁、潘季驯、靳辅等的著名水利专家。其中，明代潘季驯曾四度负责治理黄河，提出"筑堤束水，以水治沙"的理论，建造堤岸 1500 多公里，是治黄工程上的伟大创举。

3. 京杭大运河 605 年，隋炀帝动用 200 万民工，在春秋时候的邗沟，汉代汴渠、南北朝丹徒水道的基础上，用 6 年时间开通了以洛阳为中心，东北通向北京，东南到达杭州的大运河，全长 2700 公里，高度差达 40 余米，沟通了海河、黄河、淮河、长江和钱塘江五大水系。元代在隋代大运河的基础上，截弯取直，开济州河、会通河与江苏的运河河道相连，建成京杭大运河。它是中国南北交通的大动脉，随着大运河的开凿和使用，杭州、镇江、扬州、淮安、济南等城市也得到了迅速发展。京杭大运河是世界上开凿最早、规模最大、里程最长的航运运河。

四、冶金技术

从夏、商、周到春秋战国时期，中国古代青铜冶炼和铸造技术达到很高水平，不仅有青铜农具等生产工具，还有大量的礼器和兵器。那时已制造出一大批世上少见的精致美观的青铜祭品，有的小巧精美，有的硕大无朋。1939 年，河南安阳武官村出土的商代青铜器"后母戊鼎"，是世界上最大的青铜器，采用的是分铸法。战国时期的《考工记》对铜锡合金的配方所制定的"六齐"，体现了当时青铜冶炼制造技术的高超。"六齐"即六种不同比例的铜锡合金，铜锡比例为六比一时，最适合制造钟鼎；五比一时，造斧头最合适；四比一时，造戈戟；三比一时，造刀剑；五比二时，造箭头；二比一时，制造的铜镜最好。这是世界上最早的关于合金成分的经验总结。1965 年，在湖北省江陵县楚墓中出土的战国时期越王勾践的两把宝剑是这一时期冶铜技术的代表。

中国古代用铁的历史可以追溯到商代。1972 年，河北藁城出土了一件以陨铁为原料打造的商代铁刃铜钺。中国人工铸铁技术发明于何时还不得而知，但最晚在春秋战国之际或者战国早期，制铁技术已经有了重大进展，出现了生铁冶炼技术，炼钢技术和铸铁柔化技术。生铁的冶炼在冶金史上是一件划时代的事件，欧洲大约到 14 世纪才使用铸铁。铸铁柔化技术使得铁器种类繁多，数量激增，可以广泛用于社会生活的方方面面。如辽宁抚顺燕国遗址出土的铁农具，在全部农具中占到 85% 以上。铁农具在农业生产中已经占据主导地位，也促进了农业的产生。欧洲到 18 世纪才发现铸铁柔化技术，在古代铸铁技术的发展上，中国要远远领先欧洲 2000 年。战国中后期，冶铁业在中国广大地区都普遍建立，成为最重要的手工业部门之一，出现了著名的冶铁中心，如河南南阳、河南孟县（今孟州市）、河北邯郸、山东临淄等。两汉时期钢铁冶炼技术已经成熟，在冶炼程序和技术的改进，以及炼炉、鼓风技术、耐火材料等技术上都有较大改进和完善。冶炼中的鼓风技术，在此时有了重大进步。东汉早期杜诗发明的水力鼓风器械——水排，"用力少，见工多"，是我国科技史上的一个重大发明，比西方早了1000多年。考古发现表明，西汉初年，铁制农具、工具已经普遍取代了铜器、骨器、木器、石器等工具。西汉中后期以后，铁兵器也逐步占据了主要地位。汉代冶铁业规模巨大，冶铁作坊遍布全国，考古发现，有的冶铁作坊面积达到数十万平方米，有炼炉10多座。再加上精湛的钢铁技术，成为汉代工农业进一步发展，国力强盛的物质基础。隋唐时期，在冶炼技术上，炼炉和鼓风技术都有很大进步，最突出的是大型铸件的铸造。隋代曾在晋阳（今山西太原）铸成高达70尺的铸铁佛像。武则天在洛阳铸造"天枢"，高达105尺，用铜铁1000吨。现存的五代时期铸造的沧州大铁狮，高5.3米，长6.8米，宽约3米，重量估计在50吨以上。这些特大型的铸件，是使用多块泥范组合铸成，反映了当时造范和合铸的技术非常高超。唐代金银器造型优美，工艺精巧，说明当时炼金、冶银技术的先进。唐代发明了一项炼银技术——灰吹法，提高了冶炼过程中银的纯度和回收率，是古代比较先进的技术。中国是世界上最早使用煤炭炼铁的国家，到北宋时期，已经很多铁矿使用煤炼铁。欧洲到18世纪，才开始采用煤来炼铁。直到明末以前，中国的冶金技术，在采矿、冶铁、制铜、炼钢、铸造等方面一直处于世界前进水平。明代的冶金生产，主要是铁、铜、锡、金、银、铅、锌等，产量和规模都较宋元时期有所增长。中国还是用火法炼锌的最早国家，欧洲在16世纪才知道锌是一种金属。18世纪前半叶，中国的炼锌法传入欧洲，欧洲才开始有了炼锌技术。

中国古代炼钢技术在世界上也处于领先地位。战国晚期发明了渗碳钢，西汉后期又发明了炒钢技术，是炼钢史上一项重大的技术突破，它能使冶铁业向社会提供大量廉价优质熟铁或者钢，满足生产和军事的需要。东汉时期，铁兵器完全取代铜兵器，锻制农具和钢工具显著增多，正是与这项新技术的发明与推广有密切关系。欧洲人直到18世纪才掌握这一技术，比中国要晚约1900多年。南北朝时期，在汉代炒钢和百炼钢的基础上，中国炼钢技术又有了新的突破，发明了灌钢技术。灌钢是用生铁和熟铁合炼成钢，据说，用此技术制得的宿铁刀极其锋利，能够"斩甲过三十札"。唐代灌钢法得到普及推广，在宋代进一步得到改进。据沈括《梦溪笔谈》记载，先将熟铁条盘卷起来，夹放适量生铁，用泥封裹以防止加热时氧化脱碳，然后烧炼，生铁先熔化成铁汁，渗入熟铁中，再加以锻打，使碳成分分布均匀，就能得到硬度高，性能好的钢。明代的灌钢和炒钢技术都得到了进一步发展，炒钢技术的重要成就是发明了使生熟铁连续生产的工艺，可以免去生铁再熔化过程，提高了生产效率，也减少了消耗。

【思考题】

1. 简述中国古代天文学的成就和意义。

2. 简要分析中国古代科技的发展和传统文化的关系。

3. 试分析中国古代科技发展的特点。

4. 如何理解"李约瑟难题"？

第三章 古代其他文明古国的科学技术 ▷▷▷▷

随着社会生产的发展，古人从狩猎采集经济过渡到农业经济。一些土壤肥沃、水利资源丰富的地区，如尼罗河流域、底格里斯河和幼发拉底河流域、印度河和恒河流域，率先出现了农业文明，也创造出了早期的科学技术。

第一节　古代两河流域的科学技术

一、古代两河流域的地理、历史

西亚地区的底格里斯河和幼发拉底河流经的地区，被称为两河流域，史称美索不达米亚，大致在当今的伊拉克境内。这里土地肥沃，水利丰富，非常适宜发展农业，是世界上文明发源最早的地区之一。公元前3500年以前，苏美尔人在两河流域下游地区建立了奴隶制国家。大约在公元前30世纪初期，来自西方的闪米特人侵入两河流域，在现今的巴格达城附近建立了阿卡德城邦国。大约公元前20世纪初，位于幼发拉底河中游东岸的巴比伦城兴盛起来了，建立了古巴比伦王国。在第六代国王汉谟拉比（公元前1792—公元前1750）领导下，统一了两河流域，建立起强大的中央集权制国家。为了强化统治，汉谟拉比制订了世界上第一部比较完备的成文法典——《汉谟拉比法典》。公元前13世纪末，亚述帝国崛起，两河流域进入其称霸时期。公元前612年，亚述帝国被两河流域南部的迦勒底人打败，在它的废墟上建立起一个新巴比伦王国。公元前538年，新巴比伦王国被波斯帝国所征服。公元前330年，亚历山大大帝征服了两河流域，其将领塞琉古建立的塞琉古王朝统治该地区，直到公元前1世纪。

二、古代两河流域的天文学、数学和医学

（一）天文学

公元前4000年左右，苏美尔人就根据月亮的盈亏制定了太阴历，把一年定为12个月，大小月相间，大月30天，小月29天，1年共354日，由于这个数值比1回归年实际天数少，所以，每隔几年就要加上1个闰月，开始是8年3闰，后来是27年10闰，最后在公元前383年确定了19年7闰的置闰法。每月4周，每周7天，这就是星期的来源。用太阳、月亮和水、火、木、金、土五大行星的名字命名星期，这一称呼用了几千年，日本至今还是这种称呼。他们把1天分为12小时，每小时60分钟，每分钟60秒。

在对宇宙结构的认识方面，古巴比伦人认为宇宙是大个箱子，箱子的底板是大地，底板中央有冰雪覆盖的高山，幼发拉底河就发源在这里。大地四周围绕有水，水外有天山支撑天穹。

占星术最早出现在两河流域，除生产生活需要之外，也与古巴比伦的地理环境、宗教观念有一定的关系。底格里斯河和幼发拉底河河水流经两河流域不像尼罗河水那样有规律，它不定期的泛滥给当地的人们带来了许多灾难，加之两河流域战争频繁，人们感到人生无常，命运多变，自己不能掌握自己的命运，因此，古巴比伦人认为人的命运受制于天上的各种星神，于是他们以观测天象的变化来预测人间祸福，这就是占星术。僧侣祭司每晚观察天空的星象，对行星、恒星、彗星、流星、日食和月食等天文现象做了系统的记录，积累了大量的天文资料，客观上促进了古巴比伦天文学的发展。公元前2000 年，古巴比伦人就注意到金星运动的周期性。公元前 6 世纪，古巴比伦人已经能够预测日食、月食。太阳在恒星背景下所走的路径，天文学上叫黄道。古代两河流域已经知道了黄道，把黄道划分为 12 个星座。每月对应 1 个星座，每个星座按照神话中的神或者动物命名，用 1 个特殊符号表示。这套符号沿用至今，就是所谓的"黄道十二宫"。

（二）数学

两河流域有着丰富的数学知识，大约公元前 1800 年，巴比伦人已经发明了 60 进制的计数系统，有进位制的概念，但没有 0 符号。巴比伦人会做加减乘除四则运算，其中，除法是通过将除数化成倒数来完成的，还编制了乘法、倒数、平方、平方根、立方、立方根等数学表，能解一元一次方程和简单的多元一次方程、一元二次方程、特殊的一元三次方程和四次方程。在几何方面，已经知道计算直角三角形、等腰三角形和梯形面积的正确公式，正方形的对角线为边长的 $\sqrt{2}$ 倍，把圆周分为 360°，1° 为 60′，1′ 为60″，确定圆周率为 π=3 或 π=3.125。

（三）医学

医学在两河流域已经有了一定的发展，根据出土的泥板文献记载，古巴比伦人已经按身体部位对疾病进行分类。文献记载了一些常见疾病，如风湿病、心脏病、肿瘤、脓肿、皮肤病、性病等，以及所服药物及其禁忌等。药物已经有了丸剂、粉剂和灌肠剂之分，甚至还有阴道栓剂和肛门栓剂。文献记载医生常常把装有药物、绷带和医疗工具的箱子带在身边，以方便应诊。当时的医生已经开始做一些外科手术，在古城尼尼微出土了 1 套用于穿颅术的手术器械和导管等。在整个西亚地区，巴比伦的医学比较发达。公元前 13 世纪，巴比伦王曾派御医为赫梯王哈图西利斯三世治病。《汉谟拉比法典》中也记载了和医学相关的条文 40 多条，有的规定非常详细，比如对于医师的报酬和处罚。法典记载如果医师用青铜刀给贵族治疗重度创伤而得痊愈，或用铜刀割开眼部脓肿，同时能保有其视力时，可收费十个银币。给平民做同样的治疗，则收费五银币。给奴隶治疗同样疾病，则由奴隶主人付两银币。但如果医师治疗贵族创伤而使其死亡，或切开眼部脓肿而使之失明，医生就会受到断手的处罚。治疗奴隶致死则赔偿一个奴隶，使奴隶眼睛失明，则赔偿奴隶身价之半。此外，法典中还记述了割舌、挖眼、割乳、断指、断骨等一些惩罚措施，可以大致反映当时医学发展的情况，以及外科技术发展的一些方面。

占星术是两河流域医学的重要内容。苏美尔人相信，星相昭示了人一生的命运，人体的构造符合天体的运行规律，巴比伦人把人体比喻为小宇宙，所以，一切自然现象对人体会发生重大影响，星际运行与季节更替和人类身体的疾病产生有着密不可分的联系。古巴比伦人认为肝脏是所有重要器官的中心，是血液中心和生命之所在，是灵魂的居所，因此盛行"肝卜"。医师要求患者对羊的鼻孔吐气后，将羊剖开，将肝脏取出，仔细观察上面的纹理是否正常，以此来占卜病情。

在巴比伦、尼尼微等城市的考古发掘中发现了巨大的石板排水沟，这可能是城市排污系统的一部分。当时的法律中有麻风等传染病患者必须远离城市的规定，说明两河流域已经开始重视公共卫生。

三、古代两河流域的技术

（一）文字

1.楔形文字　早在公元前 4000 年，苏美尔人就创造了一种图形文字。但是，图形文字不能表达抽象的概念，苏美尔人就用各种字形的结合作为语言意义的记号，逐渐发展出表意文字。随后又出现了谐声文字，即同声的字词往往用同一个符号来表示。苏美尔人的文字最初刻在石头上，但两河流域地势平坦，缺少石头，于是他们就用削成三角尖头的芦苇秆、木棒或骨棒当"笔"，把文字写在软泥板上，然后把它烘干。这样写出来的文字是楔形体，所以被称为楔形文字，也被称为"钉头文字"。英语的 cuneiform 源于拉丁语，是 cuneus（楔子）和 forma（形状）两个单词构成的复合词。公元前 2800 年左右，楔形文字已基本成形，发展过程中，字形结构逐渐简化和抽象化，文字数目由青铜时代早期的约 1000 个，减至青铜时代后期的大约 400 个。在 2000 年间，楔形文字一直是两河流域唯一的文字体系。到公元前 500 年左右，这种文字甚至成了西亚大部分地区通用的文字。用泥板写出的"书"很笨重，只能"摆着读"，而不可能"捧着读"，但是这种泥板书晒干或烤干后变得坚硬，不易变形，能长久保存，近现代人正是通过这种泥板书了解古巴比伦文明的。已被发现的楔形文字多写于泥板上，少数写于石头、金属或蜡板上，19 世纪以来被陆续译解，从而形成一门研究古史的学科——亚述学。

2.腓尼基字母　腓尼基人居住于地中海东岸（现在的叙利亚地区），他们善于经商和航海，经常坐着船到各地去做买卖。在做买卖记账时，觉得当时流行的楔形文字太繁难，需要有一种简便的文字作为记录和交往的工具。公元前 13 世纪前后，腓尼基人在苏美尔楔形文字和埃及象形文字的基础上，创造出了世界上第一批字母文字，对人类的文明作出了重大贡献。腓尼基字母用 22 个辅音字母来表示，没有代表元音的字母或符号，字的读音须由上下文推断。古代希腊人在腓尼基字母的基础上增加了元音字母，制定出更为完整的希腊字母系统，而希腊字母是现代欧洲各国字母的源头。腓尼基字母还是希伯来字母、阿拉伯字母的祖先。古代西亚各族人民在公元前后就使用了腓尼基字母，印度在公元前不久也接受了腓尼基的字母，由此可见，腓尼基字母在历史上的重要价值。

（二）冶金技术

冶炼技术较早地在两河流域被发明并使用，早在公元前 4000 年就出现了青铜铸件。巴比伦时期，青铜器已被大量用于刀、剑、犁、斧等工具的制造。在两河流域一些富有铁矿的地区，人们发现一些砌炉灶的石头经过长期焙烧，可以炼出铁来，经过多次实验和总结，大约在公元前 2000 年前后，西亚地区发明了炼铁技术。公元前 12 世纪，两河流域北部的亚述人开始使用铁器。亚述人建立强大帝国也正是凭借手中的铁制武器。铁器在农业上的广泛使用，极大地推动了社会生产力的发展，促使人类从青铜时代进入铁器时代，给希腊文化高潮的到来，奠定了物质基础。

（三）建筑技术

古巴比伦的城市建筑十分宏伟，据历史学家希罗多德记载，新巴比伦王国都城呈正方形，边长 22.5 公里，有 100 座城门，城门高达 12 米，城门的门框和横梁都是铸铜造的。幼发拉底河穿城而过，河上有吊桥，河下有隧道。都城有三道城墙，城墙上每隔 44 米建一座塔楼，共有 300 多座塔楼。城内宽敞的道路用石板铺成，王宫中的空中花园在公元前 6 世纪由巴比伦王国的尼布甲尼撒二世为其患思乡病的王妃修建。花园建在人工堆起的小山上，一层层种着各种植物和花草，还有灌溉用的水道，远远望去，像悬浮在空中一样，所以被称为空中花园，也被人们称为世界七大奇迹之一。

此外，两河流域是世界上农业文明发展最早的地区之一，古巴比伦人充分利用两河流域的水利资源进行农业灌溉，他们专门设立了管理水利的官员，用国家法律的形式保障水利设施的合理使用，这些措施显著促进了农业生产的发展。

第二节　古代埃及的科学技术

一、古代埃及的地理、历史

埃及位于欧亚非三大洲的交汇地带，尼罗河中下游的一个狭长地带，东部是平均海拔 800 米的阿拉伯沙漠高原，南部是山地，西部是难以穿越的撒哈拉大沙漠，北部是地中海。尼罗河穿越其中，每年 7 月中旬开始泛滥，差不多到 11 月以后，河水才开始退却。河水退却的时候，大量的腐烂水草和富含矿物质的淤泥留了下来，因此，尼罗河流域的土地十分肥沃，适宜农耕，庄稼可以一年三熟，正是这样优越的自然条件孕育了古埃及的农业文明。古希腊历史学家希罗多德有一句名言"埃及是尼罗河的赠礼"，很形象地说明了尼罗河对于古埃及文明的重要性。

古埃及文明形成于 6000 年前左右，居民主要是由北非的土著居民和来自西亚的塞姆人融合形成的。公元前 4000 年左右，古埃及就已进入农耕社会，是世界上农业文明发展最早的地区之一。公元前 4000 年后半期，逐渐形成了国家，大约在公元前 3500 年尼罗河三角洲地区形成一个王国，人称下埃及；孟菲斯以南的河谷地带形成另一个王国，人称上埃及。大约在公元前 3100 年美尼斯统一了上下埃及，建立了古埃及王国第一王朝，古埃及的 31 个王朝由此开始。至公元前 332 年为止，共经历了前王朝、早王朝、古王国、第一中间期、中王国、第二中间期、新王国、第三中间期、后王朝等 9 个时期 31 个王朝的统治。从第 1 到第 4 时期，是埃及奴隶制国家形成和统一王朝出现的时期，第 5 至第 7 时期是统一王国重建和帝国时期，第 8 至第 9 时期是埃及奴隶制国家衰落和陷于外族统治下的时期。其中，古埃及在 18 王朝时（公元前 15 世纪）达到鼎盛时期，公元前 525 年，埃及亡于波斯帝国。公元前 332 年，马其顿王亚历山大打败波斯，占领埃及，在尼罗河口附近建立了亚历山大城，成为希腊化世界的经济文化中心。

古埃及有自己的文字系统，完善的政治体系和多神信仰的宗教系统，其统治者被称为法老，因此，古埃及又被称为法老埃及。由于其特殊的地理位置，在文化交流上有着特殊意义，对东西方均产生过深远的影响。

二、古代埃及的天文学、数学和医学

（一）天文学

和古代两河流域人类相似，古埃及人有了对宇宙的初步认识，他们认为宇宙是一个长方形的大盒子，盒底是大地，盒盖是天，大地四角有四座大山撑住了天。环绕大地周围的是宇宙之河，尼罗河是宇宙之河分出来的一条支流，流经大地的中央，河上有两只船，一只是夜舟，一只是日舟。太阳神乘着船每天在宇宙之河上经过一次，这就是日出和日落。

埃及人在公元前 2781 年采用了人类历史上最早的太阳历，根据这个历法，每当天狼星和太阳共同升起的那一天（公历 7 月），就是尼罗河水开始泛滥的时候，也是一年的开始。他们把季节分为泛滥季节、播种季节和收获季节，共 12 个月，每月 30 天，再加上年终五天宗教节日，一年共有 365 天。古埃及人通过观察天狼星的起落来确定一天的时间，一天 24 小时，从黄昏到黎明为 12 小时，相应地从黎明到黄昏也是 12 小时。后来又进一步把 1 小时分为 60 分钟。对小时的计算是用水钟来掌握的。古埃及人已经认识到行星和恒星的区别，也观察到不同星体在天空的位置，如在公元前 1500 年古埃及陵墓的壁画上，大熊星座和小熊星座被画在北部天空，南部天空则画着猎户星座和天狼星座。

（二）数学

对古埃及数学的了解，主要是依据留存至今的一些纸草文献。古埃及数学的基本特点是实用，是古埃及人在解决日常生活中的实际问题中产生、发展的，如土地测量、谷物的计算和分配、建筑中的施工和测量等。纸草文献中的例题，大多是具体实物，很少有抽象数字。它们构成了古埃及数学的全部内容，这既是古埃及数学的起源，也是他们的归宿。公元前 30 世纪中叶，埃及已经使用十进制计数法，但不是十位制。比如 111，不是将 1 重复 3 次，而是用特殊的符号表示。他们用特别的符号表示一、十、百、千、万、十万甚至百万。埃及人的计算主要是加减法，乘除也化成加减法进行计算，因此，比较麻烦。由于尼罗河每次泛滥后都要重新丈量土地，划分地界，埃及人逐渐积累了丰富的几何学知识；在建筑金字塔和神庙的过程中，也要应用几何学知识，进一步促进这些知识的发展。他们已经知道如何计算长方形、三角形、梯形、圆形的面积，还掌握了计算立方体、柱体、截棱锥体等体积的公式，得出圆周率 $\pi=3.1605$。

（三）医药学

古埃及的医学较为发达，相关记载主要保存于古代的医学纸草书。最有名的一种叫《艾德温·史密斯纸草文献》（Edwin Smith），因发现者史密斯而得名。该书可能抄写于公元前 1700 年，被称为世界上第一部外科学著作。书中记载了 48 种外伤的诊断与治疗方法，每种外科手术，均按很严谨的步骤进行，包括初步诊断、详细查验、症状讨论、再诊断、判定病情、治疗等 6 个步骤。该书表明古埃及人对人体的解剖、生理、病理知识已有了一定的认识，认为切脉可知道病人心脏的情况，还认识到很多关于腹部、眼睛的疾病及心绞痛、膀胱功能失调和多种脓肿病。古埃及人所使用的药物有植物药、动物药、矿物药和人体分泌物，药物制剂有内服药、嗅药、涂抹剂和熏蒸药。最令人吃惊的是，写作者曾以极肯定的语气说："控制下肢之器官，不在下肢而在脑部。"几千年前，古埃及人能有这种医学认识，实在令人吃惊。另一部著名的医学书是《埃伯斯医学纸草文献》，是 1873 年由埃伯斯在卢克索发现的，因此，被命名为埃伯斯纸草文献。该书约完成于第 18 王朝，记载了 700 种病症的医疗方法，包括内科、妇科、眼科、解剖、生理、病理等很多方面的知识，载有 877 个药方。除此，还有《柏林纸草文献》《伦敦纸草文献》《康氏纸草文献》《赫尔斯特纸草文献》等，也都有古埃及医学的记载。

古埃及人相信灵魂不死，人有来生，因此，医学与宗教之间有着密切的联系，几乎所有医生同时也是僧侣祭司。为了保存好尸体以待来生，古埃及人有制作木乃伊的传统。大约在公元前 30 世纪以后，古埃及人发现了可以保存尸体的特殊方法，他们把内脏取出，用盐液、树脂、香料等多种药物对尸体加以处理以防止腐烂，尸体干后即成木乃伊。为了制作木乃伊，他们需要学习和掌握解剖学、药物学方面的知识。在埃及的象形文字中，有 100 多个解剖学名词。埃及人把心脏看成人体最重要的器官，是人的生命和智慧之源，他们已经认识到心脏和血液循环的关系，认为从心脏发出的 22 根脉管通到全身各部位，也认识到大脑对人的重要性。《埃伯斯纸草》里，有专门记述人类心脏运动的内容。古埃及的医生研究出了 800 多种医疗手术程序，包括按压伤口止血及骨头脱臼处理等，可以进行摘除肿块和囊肿之类的外科手术。

埃及人是"尼罗河的儿女"。由于尼罗河每年定期发洪水，在对尼罗河的长期观察中，他们注意到自然界河水的涨落，与人体脉管与呼吸之间的关系。因此，他们认为人体是由固体成分（土）与体液（水）组成。脉管相当于"沟渠"，人体温度是火，呼吸是气，体液与气在脉管中流动，产生脉搏相当于河水涨落。来自空气中的灵气赋予人活力，灵气与血液流注的管道称"气动脉"。灵气与血液失去平衡则发生疾病，这种灵气与原始体液病理说，对以后的希腊医学影响极大。在这种认识之下，古埃及人认为呼吸是最重要的生命功能。人死的时候，呼吸先于血液停止，这是埃及医学的特征。从现存文献中，可知古埃及有较为先进的诊断疾病的方法，不仅知道诊脉、触诊和望诊，似乎还知道听诊。他们能区别各种胸腹疾病、心脏病、月经不调、扁桃体病、肿瘤、各种眼病，特别是对于肝和脾的疾病，能依据不同的症状进行区分。埃及人的药物知识也很丰富，这在医学纸草文献中都有反映。他们最常用的药物是蜂蜜、各种麦酒、酵母、油、枣、葱、蒜、茴香等，其次为没药、芦荟、红花等；也常用动物的脏器，包括海马、鳄鱼、羚羊、虫、鸟等；矿物药有锰、铝、锑、铜、碳酸钠。药物的制作方法也多种多样，如丸剂、栓剂、吐剂、灌肠剂和软膏等，常用作通便和缓解疼痛。埃及人还把栓剂插入阴道治疗妇科疾病，此外，还有将金属器械烧红以止血的方法。苏联医史学家彼得罗夫在他的《医学史》一书中，说在荷马史诗《伊利亚特》第十一篇中还谈到一个埃及妇女波丽旦娜，曾把许多草药的用法教给了希腊妇女叶列娜，说明古埃及的医学对古希腊产生过影响。

三、古代埃及的技术

（一）文字

古埃及人创造的最初文字是图形文字，时间大约在公元前 3500 年，他们用 3 条波形横线表示"水"字，太阳用一个圆圈中间加一点来表示。后来又发明人类最早的标音字母——24 个辅音字母，对腓尼基字母的发明有重要影响。在第 1 王朝和第 2 王朝时期，古埃及形成了以表形符号、表意符号和表声符号相结合的象形文字，这种文字被保存在他们的神庙、墓室的壁画上。古埃及人的书写材料是一种长在尼罗河下游的植物——莎草，它类似于芦苇，把它剖开、压平、粘连之后就成了纸草，用纸草写成的书为纸草书。我们现在对于古埃及的了解，很大一部分就来自这些纸草书。

（二）建筑技术

金字塔、亚历山大灯塔、阿蒙神庙等建筑体现了埃及人高超的建筑技术。金字塔是法老的陵墓，底座为四方形，每面是三角形，外形看起来好像中文的"金"字，故被称作"金字塔"。现今知道的金字塔有 80 多座，最有名的是胡夫金字塔，建于公元前 2690 年左右，是第 4 王朝的法老胡夫所建。该座金字塔规模巨大，技术高超，在巴黎埃菲尔铁塔建筑之前，它一直是世界上最高的建筑。胡夫金字塔塔底为正方形，每边长 240 米，高 146.5 米，用 230 万块巨石砌成，每块大约重 2.5 吨，这些石头经过精细磨平后，一块叠在另一块石头上面，角度精确，砌缝严密，每块石头之间没有任何黏着物，却很难插入一把锋利的刀，这不能不说是建筑史上的奇迹。金字塔的角度、面积和体积都有严格要求，必须经过周密的计算才能建成，这反映了当时的数学和力学已经达到了相当高的水平。古埃及的另一惊人建筑是神庙，其中，建于公元前 14 世纪，位于尼罗河畔卡纳克的一座神庙壮观雄伟，令人惊叹。它的主殿占地约 5000 平方米，矗立着 134 根巨大的圆形石柱。其中，最大的 12 根直径为 3.6 米，高 21 米，不能不让人赞叹古埃及人高超的建筑技术。

第三节　古代印度的科学技术

一、古代印度的地理、历史

印度半岛北依喜马拉雅山、南临印度洋、东接孟加拉湾、西濒阿拉伯海，在地理学上，这一地区又被称为南亚次大陆或印度次大陆。古印度与现在的印度次大陆相当，包括尼泊尔、印度、巴基斯坦、孟加拉国等国。这种"一面围山，三面环海"的地理位置成为古印度的天然屏障，使其处于相对封闭的状态。除海上交通外，几乎只有西北部兴都库什山脉有一些较低的山口可与外界相通。历史上，这些山口具有十分重要的军事意义。例如，在公元前 1500 年左右，来自中亚的雅利安人就是通过这些山口进入南亚次大陆的；马其顿国王亚历山大大帝、突厥人帖木儿及莫卧儿开国皇帝巴卑尔，也是通过这些山口进入印度的。发源于中国境内冈底斯山脉的印度河，从东北向西南方向穿越巴基斯坦注入阿拉伯海。东部的恒河发源于喜马拉雅山，在孟加拉国境内注入孟加拉湾。

古印度也是世界上最早实行农耕的地区之一，大约在公元前 3000 年中期，已形成了相当发达的农业文明。其文化遗存首先发现于巴基斯坦旁遮普省蒙哥马利县的哈拉帕，所以，也被称为"哈拉帕文化"。由达罗毗荼人所创造，处于青铜时代，主要城市有哈拉帕和摩亨佐·达罗。其文明一直延续到公元前 1500 年，来自中亚的雅利安人南下进入印度河和恒河流域，通过战争征服了当地居民。之后，古印度开始由青铜时代逐渐进入铁器时代。雅利安人入侵印度，将这一时段的史料记载在其宗教文献——《吠陀》及两部史诗中（《摩诃婆罗多》和《罗摩衍那》），因此，这个时期的古印度，也被称为吠陀时代。吠陀时代，分前期和后期，前期即梨俱吠陀时代，在公元前 1800—公元前 1000 年；后期在公元前 1000—公元前 600 年。前期文献很少提到家庭，社会组织仍是部落性质；后期部落社会分解为 4 个瓦尔纳，其中，首陀罗为最底层，吠舍为中层，刹帝利和婆罗门为上层。雅利安人的宗教是婆罗门教，自认为出身高贵，而低鼻梁、浅黑皮肤的当地居民是奴隶。婆罗门教宣传梵天用口造婆罗门，用手造刹帝利，用双腿造吠舍，用双脚造首陀罗，为他们规定了社会职业，永世不可改变。各族间不可通婚，下一等级的人不允许从事上一等级人从事的职业。这就是古印度存在等级森严的种姓制度的起源。婆罗门主要掌管宗教祭祀，充任不同层级的祭司，其中一些人参与政治，享有很大的政治权力；刹帝利掌握军事和政治大权；吠舍是平民，主要从事农业、牧业和商业；首陀罗从事农、牧、渔、猎及当时被认为低贱的各职业，其中有人失去生产资料，沦为雇工，甚至沦为奴隶。种姓制度主要存在于印度教中，对伊斯兰教和锡克教也都有不同程度的影响。

大约在公元前 500 年，古印度进入列国时代，次大陆上有大约 20 个的奴隶制国家，国家之间征战不断，其间分裂与统一频繁。如公元前 4 世纪到公元前 2 世纪的孔雀王朝、1 世纪到 3 世纪的贵霜帝国、4 世纪的笈多王朝都是这一时期比较著名的王朝。列国时代古印度最重要的事情是佛教的创立，创立者为迦毗罗卫国的王子乔达摩·悉达多（公元前 566—公元前 486）。他被后人称为释迦牟尼，"佛"是彻底觉悟的人。佛教主张通过修行来灭欲，从而摆脱人生的苦难。佛教打破了婆罗门教的精神等级制度，各个阶层的人们在佛面前是平等的。列国时代，又发生了多次外族人入侵古印度的事件，如波斯帝国、亚历山大帝国等。13 世纪到 16 世纪初，先后有突厥人在古印度建立德里苏丹国、蒙古人后裔在印度建立莫卧儿帝国。1849 年英国殖民主义者占领印度全境，此后，印度次大陆沦为英国的殖民地，印度结束了古代的历史。

二、古代印度的天文学、数学和医学

（一）天文学

古印度的天文和宗教、历法紧密联系在一起。和古埃及、古巴比伦人一样，古印度人也有对于宇宙的构想。他们认为，天像一口大锅一样扣在大地上，由须弥山支撑着，日月星辰均围绕着它运行，太阳绕山一周为一昼夜的时间。大地由四只大象驮着，四只大象则站立在一只浮在水面的乌龟背上。早在吠陀时代，古印度人就把一年分为 12 个月，一年 360 天，采用 19 年 7 闰的置闰方法。现存最早的古印度天文学著作是《太阳悉檀多》，书中记载了日食、月食，还有时间的测定方法等。505 年，古印度人综合天文历法的成果，编辑了一部综合性的天文著作——《五大历书》。

（二）数学

古印度的数学成果比较突出，大约在哈拉帕文化时期，古印度人就采取了十进制计数法。公元前 3 世纪前后，出现了数字符号。9 世纪，有了"0"的概念和符号，创立了用 1、2、3、4、5、6、7、8、9 等记数的十进制记数法，后来经阿拉伯人传入欧洲，就是今天通用的阿拉伯记数法。古印度最早的数学著作是《准绳经》，大约完成于公元前 400—公元前 300 年。书中记载有勾股定理和世界上最早的正弦三角函数表，记载圆周率 π=3.09。印度著名的天文学家圣使写有《圣使集》，据说书中有 66 条数学知识，如乘方、开方的运算方法，两个无理数相加的方法，以及一些代数学、几何学的计算规则。还计算出圆周率 π=3.1416。古印度的数学高峰时期在 7—13 世纪，著名的数学家有大雄、梵藏、室利驮罗、作明等，也有许多数学著作传世，如《计算精华》《算法概要》《因数算法章》《历数全书头珠》等。

（三）医学

古代印度作为文明古国，它的医学起源也很早，有据可考的就可以追溯到公元前 2000 年的吠陀时代。梵语"吠陀"（Veda）就是知识或者求知的意思。公元前 1 世纪出现了最早的一部医学著作《阿柔吠陀》，其意为长寿的知识。在这部书中，古印度基本的医学理论已经出现，他们认为，自然界中的地、水、火、风、空五大元素与人体的躯干、体液、胆汁、气、体腔一一对应，如果比较活泼的水、火、风三大元素失调，人就会生病。书中还记有对内科、外科、儿科等疾病的认识及其治疗方法和药物，该书的出现表明古代印度医学理论已经取代了巫术，为古印度的医学奠定了理论基础。

古印度最著名的两部医学书籍是《妙闻集》和《阇罗迦集》，它们的出现是古印度医学知识体系成熟的标志。

1.《妙闻集》　妙闻，大约生于公元前 5 世纪，是古印度著名的医生，他的著述被辑录为《妙闻集》，是印度吠陀时代医学外科的代表著作，书中列举了 120 多种外科器具，有拔除白内障、除疝气、治疗膀胱结石、剖宫产、肛瘘和颈部肿块手术、扁桃体切除术、脓肿切除术及截肢术等手术方法，在外科手术上有相当高的水平。古印度人在整容外科上，曾领先数个世纪，鼻成形术在当时是非常普遍的手术，而促进该技术发展的原因却是对通奸者割鼻惩罚，这种整容术的发明试图帮受惩罚的人恢复原貌，妙闻在其著作中详细介绍了手术的过程。18 世纪英国人从印度学到了这种技术。《妙闻集》内容比较广泛，除外科之外，还研究了内科、妇产科和儿科病症达 1120 种，所记药物多达 760 种，内用药主要有泻药、灌肠剂、催吐剂、吸入剂、催嚏剂等。该书也强调了医德问题，要求"医生要有一切必要的知识，要洁身自好，要使患者信赖，尽一切力量为患者服务，甚至牺牲自己的生命亦在所不惜"，称"正确的知识、广博的经验、敏锐的知觉及对患者的同情，是医者的四德"。

2.《阇罗迦集》　阇罗迦，古印度内科医学的奠基人，大约生于 1 世纪，传说他是印度迦月贰色迦王的御医。他所写作的《阇罗迦集》是古印度最重要的医学著作之一，被誉为古印度的医学百科全书。全书 8 篇，119 章，包括通论 30 章、解剖 8 章、病理 8 章、药物 12 章、治疗术 30 章、论感觉 11 章、治法 12 章等。它进一步阐发了古印度的医学理论，提出了营养、睡眠和节食的摄生规则；对病因、病理作了进一步研究，尤其是对热病、癫痫、肿瘤等的研究最为深入，书中记叙了一套诊断和治疗方法。阇罗迦也强调医生应具有医德，主张医生对待患者应该有四德，即待患者要有知识；愿为患者服务；爱护及关心患者；清洁。

三、古代印度的技术

（一）棉纺技术

哈拉帕文化时期古印度的农牧业已经非常发达，人们已经开始种植大麦、小麦、水稻、豌豆和棉花，饲养水牛、山羊、绵羊、猪、狗、象等动物。古印度人是最早的棉花种植者，也是世界上最早的棉纺技术的发明者。考古发现，在哈拉帕文化时期的遗址中有一些棉花残片经过染色，说明古印度人此时已经掌握了棉纺技术。孔雀王朝（公元前 4 世纪）时期，古印度的棉纺技术已达到相当高的水平，很多城市都以棉纺业发达而著称，产量很大，品质精美，主要是为了对外出售。

（二）建筑技术

古印度最早使用烧制过的砖建造房屋，这也是建筑史上的一件重大发明。考古发现，哈拉帕文化时期的建筑已采用砖木结构。哈拉帕和摩亨佐·达罗占地面积 200～300 公顷，是那个时期最大的两座城市。摩亨佐·达罗城市建筑约 85 万平方米，保存比较完整，估计人口有 3.5 万人，由卫城和下城两部分组成。卫城的四周有防御塔楼，城内有许多公共建筑，其中心为一个大浴池。浴池长 12 米，宽 7 米，深 2.4 米，建筑面积 1800 平方米。底部和壁部的砖缝都灌了浆，还有隔水层，以防渗漏。一般认为，这个浴池是为了履行某种宗教仪式用的，比如祭祀之前例行沐浴的庙宇等。还有一座 1200 平方米的大谷仓，一座 600 平方米的会议厅等。下城是居民区和工商区，建有许多住宅，街道交错，且都是笔直的东西向或南北向而直角相交、定位准确。在宽 10 米的主要大街上，每隔一段距离有一个灯柱，供夜间照明使用。这些大街把城市划分为一个个小的街区，每个街区内有很多纵横交错的小巷。和古代西亚、古代埃及文明的建筑相比，古代印度河流域的居民建筑十分突出。房屋大都用红色烧砖建筑，有只有两间屋的小住宅，也有占地广阔的大寓所甚至两层的楼房，这些差异似乎透露着贫富不均的迹象。更重要的是，城市有着完整、发达的排水网，每户的污水都可以通过水沟排到街巷底下的下水道里。而下水道连着巨大的涵洞，使污水最后排入河流。可以看出，城市是经过周密规划和设计后开始修建的。

（三）冶炼技术

哈拉帕文化时期古印度已进入青铜时代，在印度河流域城市遗址中发现的青铜器有刀、斧、镰、锯、矛和剑，表明当时人们已经掌握了青铜冶炼的锻打、铸造和焊接技术。古印度的冶铁技术可能是由外传入的，大约在公元前 9—公元前 8 世纪，古印度人开始使用铁器。据史料记载，在公元前 4 世纪的时候，古印度人已经掌握了炼制钢铁的技术。笈多王朝（4 世纪）时期制造的一根大铁柱，高 7.25 米，重 6.5 吨，造型巨大，且几乎没有锈蚀，可见当时冶铁技术之高超。

【思考题】
1. 简要分析古代两河流域的地理环境对其科学和技术发展的影响。
2. 简述古代埃及天文学的成就。
3. 比较分析古代埃及和印度医学成就的异同。

第四章　古希腊罗马的科学和技术 ▷▷▷▷

　　公元前 7 世纪后在古希腊形成的自然哲学，是欧洲近代自然科学的源头。古希腊人擅长思辨，深信自然界存在本原与规律，从自然自身存在去认识自然、解释自然的精神，形成了古希腊的科学传统与哲学思维模式，其成果对后世产生了深远的影响。其后的罗马则以其成熟的政治理念和众多的技术成果丰富了人类文明。

第一节　古希腊的科学技术

　　作为欧洲最早的文明古国，古希腊最早的奴隶制国家诞生于克里特岛，在公元前17—公元前 16 世纪达到其鼎盛时期。后来，克里特文化逐渐被发展了青铜文化的迈锡尼文化所取代。公元前 13—公元前 12 世纪，迈锡尼文化衰落，处在小亚细亚半岛的特洛伊兴起。公元前 12 世纪，爆发了希腊人入侵特洛伊的战争，战争最终以希腊人的胜利告终，随后希腊进入到"荷马时代"（公元前 1100—公元前 900）。后来，在公元前 8世纪之后的 200 年，雅典、斯巴达、柯林斯、米利都等希腊城邦国纷纷建立。在波斯人入侵希腊（公元前 492—公元前 449）的战争中，雅典的霸权地位逐渐上升，很快又爆发了雅典和斯巴达争夺霸权地位的"伯罗奔尼撒"战争。战争使得雅典开始衰落，同一时期北方的马其顿王国兴起。公元前 338 年，马其顿国王腓力二世控制了希腊各城邦国，宣布向波斯进军，随后被暗杀。公元前 334 年，腓力二世之子亚历山大领导马其顿向波斯进军，历时 4 年，使波斯灭亡，随后建立了横跨亚非欧的大马其顿王国。亚历山大大帝去世后，王国逐渐分裂为托勒密、塞流古、大夏等几个独立的王国。公元前 30年，托勒密王国被古罗马灭亡。

　　古希腊文明，主要是指包括希腊半岛本土、爱琴海东岸的爱奥尼亚地区、南部的克里特岛和南意大利地区在内的由诸多希腊殖民城邦所构成的区域。从公元前 8—公元前6 世纪，古希腊人相继在该地区建立了一系列的奴隶制城邦，他们在吸收古巴比伦、古埃及的科学和技术的基础上不断发展，创造了璀璨的文明，成为当时欧洲的文化中心和近代科学尤其是科学精神的发源地。

一、希腊古典时代的科学

　　希腊的古典时代主要是指从第一个自然哲学家泰勒斯开始，到马其顿王亚历山大大帝征服希腊为止的两百余年，按照时期和地区，主要可以分为 3 个阶段，分别是爱奥尼亚阶段、南意大利阶段和雅典阶段。产生于爱琴海东岸的爱奥尼亚自然哲学学派是古希腊的第一个思想学派，在这里诞生了最早的哲学家泰勒斯。在其后不久的意大利南部又形成了以毕达哥拉斯为代表的重视数的哲学的南意大利学派。后来，这两个学派相继随着地区的衰落而衰落，雅典逐渐成为希腊科学发展的主要活动舞台，著名的哲学家苏格拉底、柏拉图和亚里士多德就活跃在雅典民主时期的学术讲坛上。到公元前 4 世纪，先后经历了反抗波斯帝国扩张的希波战争和伯罗奔尼撒战争后，古希腊元气大伤，最终在政治上屈服于马其顿的统治，结束了古典时代。

（一）自然哲学

哲学是研究事物背后一般、普遍规律的，古希腊人把自然界作为一个整体对象来研究，所谓"自然哲学"就是对宇宙、自然、生物等各个方面本源的思考，以期得到世界（自然）的普适性、固定不变的规律和本质，这既是希腊人对自然界的哲学思考，同时也是早期自然科学的一种特殊形态。在此之前，无论是两河流域的文明还是古埃及文明，为了解释神秘未知的自然，大都是去创造各种神和神话故事，从神灵的角度去解释自然，而希腊人从这个时候开始逐渐有了抛弃神话、鬼神的想法，从自然界本身去寻求对自然界的解释，运用理性去探究自然界的本质和规律，这就给当时包罗万象的哲学打上了科学的印记，虽然很多解释在今天看来具有一定的猜测性和思辨性，但这种解释的方法却体现了早期的人类企图从自然本身寻求答案的朴素唯物主义和辩证法思想，其中也包含了大量近现代科学的萌芽。希腊古典时期的自然哲学学派主要包括米力都学派、毕达哥拉斯学派和德谟克利特学派。

1. 第一个自然哲学家泰勒斯和米利都学派 诞生于爱奥尼亚地区希腊殖民城邦米利都的泰勒斯（约公元前 624—公元前 546）是西方历史上第一个哲学家和科学家。他最早提出了"宇宙是自然的"这样一种假设，认识到了运用知识和理性，而非神灵，去研究和解释宇宙的可能性，在他的学生阿那克西曼德和阿那克西米尼的继承下，开创了西方哲学史上第一个学派——米利都学派。

泰勒斯在年轻的时候曾经游历过巴比伦和埃及，学习到了当时先进的天文学理论和几何学知识。他可以利用巴比伦人的天文学知识预言日食，把埃及的测地术发展为比较一般性的几何学。作为第一个自然哲学家，泰勒斯发现一切生命都不能离开水，大地浮在水上，水蒸发的湿气循环往复地滋养着地上的万物，最后又变成天空中的水气，万物起源于水，又复归于水，因此，他在思考自然的本质时为我们留下了一句名言"万物源于水"。虽然在表面看来并不正确，但其科学地思考自然和用自然本身而非神灵去说明自然成为自然科学的伟大传统，对后世哲学和科学的发展有很深的引导作用。

阿那克西曼德（约公元前 610—公元前 546）是泰勒斯的学生，他是第一个把已知世界地图绘制出来的希腊人，也是第一个发现天空围绕着北极星旋转的人。通过这一发现，他提出天空中可见的部分是一个半球，地球的位置在这个球体的球心，这也是希腊球面天文学的开始。在思考万物的本源时，他认为其实质为"无限者"，不具有固定的形式和性质，"无限者"在不断地运动中分裂出冷、热、干、湿等对立面，进一步产生万物。

阿那克西米尼（约公元前540—公元前480）改进了他的老师阿那克西曼德的宇宙模型，认为宇宙是个半球，像毡帽一样罩在大地上面，大地则像一个盘，浮在气上。阿那克西米尼认为，气是万物的根基，万物都由气组成，空气稀薄的时候变成火，浓厚的时候变成风，进一步又变成云、水、土、石头等，气的浓密和稀散造成了不同的物体。

赫拉克利特（约公元前610—公元前546）也是米利都学派的哲学家，他主张一切自然现象的物质基础都是"火"，火产生一切，一切又复归于火，"正像货物换成黄金，黄金换成货物一样"。

2. 毕达哥拉斯学派　毕达哥拉斯（约公元前580—公元前500）是一位在西方历史上影响深远的数学家和哲学家。他从"量"的角度出发，认为数是万物的本源，从数学关系的角度解释自然现象，也就是数本主义哲学。毕达哥拉斯最早通过演绎法证明了"直角三角形两个直角边的平方和等于斜边平方"，所以，我们所熟知的"勾股定理"实际上在西方一直被称为"毕达哥拉斯定理"，据说他还举行了一次盛大的"百牛宴"来庆祝这一发现。除此之外，毕达哥拉斯还提出三角形三个内角之和等于两个直角，区别偶数、奇数、质数的方法，用数来研究音阶乐律。

以他为首的毕达哥拉斯学派的主要贡献也在数学方面，他们认为数是万物的本原，万物的本原是一，从一产生二，产生各种数目；从数产生点、线、面、体；产生水、火、土、气四种元素，它们的相互转化创造出有生命的、精神的、球形的世界。所以，毕达哥拉斯学派的一个特点是他们研究数学的目的并不在于使用，而是为了探索自然的奥秘。虽然"万物皆数"的看法表面上看来是不正确的，但事物遵循着数学的规律则是值得肯定的。正因为科学发展的历史上很多重大的突破都是建立在发现新的数学规律的基础上，所以，毕达哥拉斯学派及其数理传统也成为自然科学中最富生命力的思想传统之一。

在天文学领域，毕达哥拉斯学派奠定了希腊天文学的基础。毕达哥拉斯首先提出了"地球"概念。在他之前人们普遍只有大地的概念，球形的地球的概念是从毕达哥拉斯开始才有的。他还认为整个宇宙也是一个球体，由一系列半径越来越小的同心球组成，每个球都是一个行星的运行轨道，行星被镶嵌在自己的天球上运动。在毕达哥拉斯学派看来，神圣高贵的天体的运动是和谐的匀速圆周运动，因为球形和圆形是他们认为的最完善、最理想的几何体。

3. 德谟克利特学派　德谟克利特学派，又被称作原子论学派，代表人物是留基伯和德谟克利特。留基伯（约公元前500—公元前440）首先提出了原子和虚空的学说，认为原子是不可以再分的物质粒子。

留基伯的学生德谟克利特（约公元前460—公元前370）继承并发展了老师的观点，认为宇宙中万事万物都是由"原子和虚空"组成的，原子是组成世界的基本元素，世界上各种事物表面看起来各有不同的原因，主要是组成他们的原子在形状、数量、大小上各有不同，而原子是人的肉眼无法察觉的，也不能用感性的方法去把握的，但原子必须在虚空中活动，虚空或空间是不存在什么东西的，它是原子活动的场所。原子论把外在的质的区别还原成量的差异，用数学去描述统一自然界的可能性。和今天原子论的物理学概念不同，在古希腊，原子论还是一个思辨的产物，是一种哲学理论，这种思想对近代原子论的复兴产生了深远的影响。

（二）从原子论者到亚里士多德

原子论是古希腊科学的第一个巅峰，不过在其之后出现了一定时间的停顿甚至倒退。雅典崛起成为民主城邦之后，大部分人的注意力从自然转到了辞藻和政治上，以至于"哲学家们纷纷转去研究经济学和伦理学，数学和自然科学就无人过问了"。后来学术界逐渐产生了对于原子论的反对声音。原子论者认为世界是物质的，其实不在于心灵而在于物质，而反对者认为虽然感官传达的信息值得怀疑，但感觉的存在是毋庸置疑的，因此感觉才是唯一的存在。苏格拉底就成为这种批判精神的集大成者，认为灵魂和内心生活才是真正的自我，心灵才是值得研究的对象，而非肉体实质。在他的影响之下，哲学家们逐渐把注意力从对自然界的考察转向了其他方向。苏格拉底的这种观点，其实是对爱奥尼亚自然哲学的唯物主义态度的反对，对待科学的态度也有某种程度上的误解和敌视，不过亚里士多德认为，苏格拉底在一些归纳推理和普遍定义方面还是卓有成就的。

作为苏格拉底最好的学生，柏拉图（公元前 409—公元前 347）将雅典的学术系统地进一步发展。在看到老师苏格拉底因为诸多荒唐的罪状被雅典的民主体制判处死刑后，柏拉图决意离开雅典，周游世界，在埃及和南意大利认真研究了古希腊自然哲学，特别是毕达哥拉斯学派的理论。大约在公元前 387 年，柏拉图又重回雅典，在雅典的西北郊区开设了柏拉图学园，在此讲学。柏拉图的思想受毕达哥拉斯学派影响很大，他本人十分重视数学，据说柏拉图还专门叫人在学院的门口立下"不懂数学者不得入内"的告示。在天文学方面，柏拉图继承了毕达哥拉斯学派的观点，认为宇宙当中最完美的形状是圆和球体，所以，神圣且高贵的天体一定是按照完美的匀速圆周运动的方式运行。然而随着更多的天文观测发现，天上有些星星，不是按照匀速圆周运动的方式运行。柏拉图对这种观测结果不以为然，认为这是人类在用肉眼观察时产生的错觉，他相信天体一定在遵循着某种完美的路径在运行。于是，柏拉图给他的学生们提出了一个任务，即研究行星的运动是由怎样的匀速圆周运动轨迹叠加而成，以此来"拯救"这些看起来像迷途羔羊的行星，这也就是著名的"拯救现象"。后来，柏拉图的学生欧多克斯（公元前 409—公元前 356）在当时的观测基础之上，通过建立同心球的宇宙几何模型解决了这一难题。欧多克斯的宇宙模型中，地球是整个宇宙的中心，恒星、行星分别附在同心球的壳层上，在壳层运动的带动下，围绕着地球做匀速圆周旋转。而之所以在地面上看有些行星的运动轨迹会出现偏差，原因是行星的运动是由大小不等的同心球的复合运动叠加而成的。欧多克斯认为，整个宇宙一共有 27 个同心球，通过适当地选取球的旋转速度、半径和轴，就可以比较准确地和当时的观测结果相符合。

柏拉图的学园培养了许多优秀的学者，亚里士多德（公元前 384—公元前 322）就是其中的佼佼者。亚里士多德被誉为古代希腊的集大成者、百科全书式的学者和希腊最伟大的思想家、哲学家和科学家。亚里士多德的父亲是马其顿国王的御医，不幸的是在他幼年时期父母双亡，由亲戚抚养长大，在 17 岁的时候就来到雅典的柏拉图学园跟随柏拉图学习，一直到柏拉图去世，亚里士多德才离开学园。柏拉图很器重亚里士多德，但亚里士多德在柏拉图去世后，没有留在学园里继承老师的"衣钵"，原因是在哲学上亚里士多德并不认同柏拉图的理念论，著名的"吾爱吾师，吾更爱真理"就出自亚里士多德之口。离开学园后，亚里士多德曾担任过亚历山大大帝的老师。亚历山大大帝执政之后，亚里士多德来到雅典创办了自己的学园——吕克昂学园。该学院一直持续了 860 多年，后来成为欧洲中世纪的一所重要的传授知识的学园。

在亚里士多德之前，古希腊的科学家和哲学家更偏向于从宏观角度提出一个完整的世界体系去解释自然现象，亚里士多德也是其中之一。不过，他又是最先从经验、实验来考查一些具体问题的人，这也让他成为古希腊科学承前启后的重要一环。作为一名百科全书式的学者，亚里士多德的成就是多方面的。他不仅研究哲学、逻辑学、政治学、伦理学、史学和美学，还在物理学、数学、天文学、植物学和动物学领域均有所建树。哲学方面，亚里士多德有第一哲学著作《形而上学》，他并不同意柏拉图的理念论，认为把握自然必须重视感性的经验，因为事物的本质在于事物本身而非外在的超越的"理念世界"。在逻辑学方面，亚里士多德创立了形式逻辑，逻辑思维自始至终贯穿他的研究、统计和思考。在研究方法上，他习惯于对过去和同时代的理论持批判态度，提出并探讨理论上的盲点，使用演绎法推理，用三段论的形式论证。在天文学方面，亚里士多德继承了柏拉图和欧多克斯的天文学观念，将天球增加到了 56 个，使得新的天球体系成为一个有物理联系的整体。在物理学方面，亚里士多德著有世界上最早的物理学专著《物理学》，反对原子论，不承认虚空的存在。亚里士多德认为，天和地是不同的，所有涉及地上物体的，均在物理学的研究范畴之内。他认为，地上的物体由气、火、水、土四种不同的元素构成，气和火本质上是轻性的，轻性趋上；水和土本质上是重性的，重性趋下。重性越多，下落的速度越快，所以他认为重的物体下落得比轻的物体快。亚里士多德还认为，在事物的运动方面存在着天然运动和受迫运动，受迫运动是推动者施加于被推动者的，而这一施加的因素一旦停止，运动就会停止。在生物学方面，亚里士多德著有《动物学》《动物的历史》，记载了 540 多种动物的机体结构和习性，探讨了生物形态的变化和对生命现象做出了解释。他对书中记载的动物进行了系统的分类，是将生物学分门别类的第一人。亚里士多德还动手解剖过 50 多种动物，指出鲸鱼是胎生的，考察了小鸡胚胎的发育过程，研究了生物和非生物的区别。

今天看来，虽然亚里士多德的一些观点是错误的，诸如地球的静止不动、物体越重下落得越快等，但这并不妨碍亚里士多德成为古代希腊一位伟大的学者。他的研究方法已经超出自然哲学的范畴，逐渐显现出近代自然科学研究的雏形了。亚里士多德的许多观点在后来被伊斯兰教和基督教所吸收，成为欧洲中世纪基督教神学世界观的理论基础。

（三）医学

作为在当时高度发达的文明，古希腊不仅有医生和医药，在当时还形成了自己系统的医学体系。在较早时期，希腊产生了诸如柯斯学派和克尼多斯学派等医学学派。柯斯学派认为疾病是健康正常身体的错乱，在治疗上主要依靠自然疗法；克尼多斯学派主要是对各种疾病进行研究，试图对症治疗。

希波克拉底（约公元前460—公元前377）的出现，使古希腊的医学达到了巅峰。身为古希腊最有名的医生，希波克拉底被西方称为"医学之父"，他不仅具有丰富的临床经验，同时在医学理论方面也卓有建树，提出了"体液说"医学理论，把医学从原始巫术当中拯救出来。他认为，人体内有红色血液、白色黏液、黄色胆汁和黑色胆汁，这四种体液之间协调，人则健康，失调则产生疾病。他还根据四种体液在人体内的混合比例不同，把人分为四种气质类型，即多血质、黏液质、胆汁质和忧郁质，不同气质的人有不同的性格特征，这种气质类型的划分在西方医学中广为流传，就像中医的阴阳五行学说一样，成为西医的理论基础之一，被沿用至今。希波克拉底不单具备精湛的医术，同时还有高尚的医德，所以追随者众多，形成了希波克拉底医学学派。他提出了著名的希波克拉底誓言，对医生的职业道德提出要求，让每一个想当医生的人以此宣誓，成为后世的医德典范。

二、希腊化时期的科学

所谓"希腊化时期"，历史上主要指的是从亚历山大大帝即位（公元前336）到托勒密王朝最后一位法老克里奥帕特拉自杀（公元前30）、托勒密王朝被罗马军队灭亡的这300多年。因为在这一时期，希腊文明随着亚历山大的远征传播到了更为广泛的地区，而这一时期内最具有代表性的文明中心就是亚历山大大帝在埃及建立的以自己名字命名的城市亚历山大里亚，所以，这一历史时期也被称为"亚历山大里亚时期"。

受到老师亚里士多德的影响，亚历山大大帝和托勒密都十分崇尚科学和哲学，在亚历山大里亚建立了学术机构"缪塞昂"（museum），是一所集博物馆、动植物园、天文台和实验室的综合科研教育机构。另外，亚历山大里亚还建有藏书70万卷之多的当时世界上最大的图书馆。希腊科学、文化和技术在这一历史时期得到了广泛的传播，在数学、物理学、天文学和医学等学科方面取得了诸多新的进展，达到了空前繁荣的新高度。

（一）数学

古希腊时期的数学集大成者是伟大的数学家欧几里得（公元前330—公元前275）。欧几里得深受毕达哥拉斯和柏拉图的影响，系统总结了自泰勒斯以来的几何学成果，写成13卷巨著《几何原本》。第1卷，叙述了几何学中的重要定义、公理、定理等；第2卷，研究面积和体积的求法；第3～4卷，研究圆和其内接、外接多边形；第5卷，是比例论；第6卷，用比例论讨论相似形；第7～10卷，研究数论；第11～13卷，研究立体几何。书中，欧几里得从10个公理出发，按严格的逻辑证明推出465个命题，构建了数学史上的第一个宏达完备的演绎系统，对后世数学的发展起到了不可估量的推动作用。《几何原本》也是一本出色的教科书，书中的内容几乎涵盖了今天初等几何课程的所有内容，在历史上被毫无变动地使用了 2000 多年的时间，对整个自然科学的发展产生了十分深远的影响，牛顿的《自然哲学的数学原理》就是仿效欧几里得《几何原本》体裁和推理方法写成的。

与欧几里得并称为"希腊三大数学家"的，还有阿波罗尼和阿基米德。阿波罗尼（公元前 247—公元前 205）主要是对圆锥曲线进行研究，著有 8 卷本的《圆锥曲线论》。书中，阿波罗尼对从不同面切割圆锥时得到的抛物线、双曲线和椭圆进行了定义和研究。

（二）物理学

在物理学方面，希腊化时期取得巨大成就的是出生于西西里岛叙拉古王国的科学巨匠阿基米德（公元前 287—公元前 212）。阿基米德被誉为"古代世界首位也是最伟大的近代型物理学家"，是科学史上最早把观察和实验同数学演绎相结合的杰出代表，著有《论浮体》《论杠杆》《论重心》《论平板的平衡》等。

阿基米德最为有名的发现当属杠杆原理和浮力定律。他通过对杠杆的研究，发现杠杆上的两个重物在达到平衡时离支点的距离与重量成反比，还提出了"重心"的概念。名言"给我支点，我可以撬动地球"就出自阿基米德之口。阿基米德发现浮力定律的传说，也是一个脍炙人口的故事。叙拉古的国王希罗命令工匠用黄金为他制作一个皇冠，皇冠做好之后，国王担心工匠在里面掺假，于是就让阿基米德为他检验一下。阿基米德苦思冥想，终于在洗澡的时候发现，他排出水的容量就等同于他的体积，用这样的方法就可以测出来皇冠的比重。沿袭这一灵感，阿基米德提出了浮力定律，后来他又根据液体的基本观念，使用数学方法推演了这个原理。

在数学方面，阿基米德也取得了突出的成就。首先，是在求面积和体积方面作出了贡献，阿基米德发现了圆柱体的内切球的表面积和体积都是圆柱体表面积和体积的三分之二。他十分重视这一发现，据说按照阿基米德的遗嘱，这个发现还被刻在了他的墓碑上。其次，阿基米德还提出抛物线所围成的面积和弓形面积的计算方法，证明了圆面积等于以周长为底、半径为高的正三角形的面积，由此求出圆周率 π 的值近似为 3.14。此外，他还用圆锥曲线的方法解出了一元三次方程，创造了一套记大数的方法。

阿基米德还将自己的物理学和数学理论运用于实际，有很多成功的发明，如轮滑组、水利天象仪和用来抽水的阿基米德螺旋泵等。他运用杠杆原理发明的抛石机，把罗马军队阻止在叙拉古城外达 3 年之久。罗马军队攻陷叙拉古城之后，公元前 212 年，正在沙盘上专心演算几何图形的阿基米德不幸被闯进的罗马士兵杀害。

阿基米德与雅典时期的科学家有显著不同，其特点在于以下几个方面：首先，他非常重视实验，会亲自动手制作各种仪器和机械；其次，他还十分注重解决某些具有实际价值的问题，而不再是力图提出一个完整的宇宙模型；另外，阿基米德还是一个理论和实验结合的典范，在西方历史上第一次把实验的经验研究方法和数学的演绎推理形式相结合。他常常首先通过观察和实验获得一种认识，然后再通过严格的逻辑推理为这种认识提供论证，这些都对后来文艺复兴时期的科学研究方法产生了重要影响。

（三）天文学

欧多克斯提出的同心球模型可以看作是以地球为静止参考系，太阳和其他行星围绕地球运动的"地心说"。与之相对，希腊化时期亚历山大城的天文学家阿利斯塔克（约公元前 315—公元前 230）在历史上第一次提出了一整套的日心说理论。阿利斯塔克认为，地球是运动的，太阳和恒星是不动的，地球和其他行星以太阳为中心进行圆周运动，地球还同时绕着自身的轴在不断自转，而月亮则是绕着地球做圆周运动。阿利斯塔克还指出，地球绕太阳的运动周期是 1 年，月球绕地球的运动周期为 1 个月，地球的自转周期是 1 天。今天看来，阿利斯塔克的这些观点相较于地心说是有所进步的，但是因为他的理论在当时和已经被人们广泛接受的亚里士多德的物理学理论相矛盾，并且受限于当时的观测条件，对于恒星位置变化不能够给出很好的解释，所以并没有受到当时人们的重视。今天我们了解阿利斯塔克的日心说观点主要是从阿基米德的转述中得知。除了提出日心说外，阿利斯塔克还在其著作《论日月大小和距离》中采用几何学方法首次测量了太阳、月亮和地球之间的距离及三者的相对大小，认识到了太阳比地球大得多这一事实。

后来，天文学家希帕克（约公元前 190—约公元前 120）进一步改进了阿利斯塔克对太阳、地球和月亮之间距离的计算，设计出了一套结构复杂的算法。他通过计算，算出月地距离和地球半径之比为 67.74，这和现代计算的数值只差 10% 左右。希帕克还自制了许多天文观测仪器，通过这些仪器观察到了地球自转受到太阳和月球引力影响的"岁差现象"。与阿利斯塔克不同的是，希帕克支持地心说。他继承并发展了天文学家阿波罗尼的本轮－均轮体系，很好地解决了传统的同心球模型不能解释行星亮度变化的问题。希帕克认为，每个行星大致在一个大的天球上绕着地球转动，这个大的天球叫"均轮"；但行星实际上并不是完全在均轮之上，而是在另一个叫"本轮"的小天球上转动，本轮的中心在均轮上。希帕克的天文学理论对后来的托勒密天文学体系产生了很大的影响。

此外，希腊化时期亚历山大城的博物馆馆长埃拉托色尼（约公元前 275—公元前 194）利用天文学和几何学方法计算了地球的周长和半径。他相信地球是一个球体，同一时间不同地方的太阳光线和地球的夹角不一样。根据这个原理，他算出地球的周长约为 38700 千米，地球和太阳的距离是 14800 万千米，和今天计算的数字十分接近。

（四）医学

因为希腊化时期对死囚的解剖是合法的，所以，当时的医学尤其是解剖和人体生理学方面取得了不少进展。赫罗菲拉斯（公元前 4—公元前 3 世纪）和埃拉西斯特拉塔（约公元前 310—公元前 250）是那个时期最负盛名的医生和解剖学家。

赫罗菲拉斯被后人称为"解剖学之祖"，他发现了静脉血管和动脉血管的区别，提出动脉血管的血管壁比静脉的厚；研究了神经系统，区分了感觉神经和运动神经，指出神经中枢不是心脏而是大脑，还对脑、肝脏和生殖器进行了解剖学研究；发明水钟计测脉搏的方法，发现了患者脉搏的强弱和节律的变化；提出身体功能的维持在于营养、保温、思考、感觉 4 个力的作用。

埃拉西斯特拉塔则通过解剖对心脏结构进行了研究，发现了心脏瓣膜并揭示了其防止血液逆流的作用；区分了大脑和小脑，比较了人脑与其他动物脑的区别；否认了当时流传的疾病的产生是由于体内各体液失衡的"体液说"，提出了由于体内器官硬化或软化造成的"固体病理说"；认为空气由肺部吸入后，进入心脏变成"生命精气"，营养物质是通过动脉而输送给全身的，进入脑的"生命精气"在这里变成"精神精气"，经神经而支配全身的运动。

总而言之，正如科学史家丹皮尔所言，"产生于古代世界的所有知识的分支都汇聚到希腊，然后在欧洲大陆上那些最早从蒙昧时期走出来的种族中出现的伟大天才对这些知识取其精华并逐渐运用到了能够起到更大作用的全新领域里面"。2000 多年前的古希腊文明成为整个西方文明最重要和直接的渊源。

三、古希腊的技术

除理论科学之外，古希腊在技术方面也取得了不少的成就。

（一）建筑与造船技术

1. 建筑技术　古希腊最具有代表性的建筑当属古典时期雅典的建筑。当时的雅典成为希腊各个城邦的盟主，所有城邦国都要给雅典贡献大量的财富，这也使得当时的雅典有能力建造一些伟大的建筑工程。雅典卫城是古希腊最杰出的建筑群，其位于雅典市中心的卫城山丘上，始建于公元前 580 年。卫城中最负盛名的建筑当属举世闻名的古代七大奇观之一——帕特农神庙。帕特农神庙堪称古希腊艺术和技术的完美结合，始建于公元前 480 年，后来因为波希战争而受损，再建于公元前 447 年，是一座柱式建筑，高大华丽的列柱是其特有的风格。这种建筑风格也对整个西方的建筑发展产生了重要的影响。除此之外，具有代表性的还有希腊化时期托勒密王朝的首都亚历山大城。这是一座长 5 公里，宽 1.6 公里的长方形城，中间有一条宽 90 米的中央大道，城市的港口处建有一座高达 120 米的装有金属反射镜的巨型灯塔，60 公里外的船舶都可以清楚地看见灯塔的反射光。

2. 造船技术　古希腊三面环海，水上交通便利，贸易兴旺，因此，古希腊的造船业也相当发达。公元前 5 世纪，古希腊就能制造 250 吨的商用大帆船和桨帆并用的战舰，强大的造船能力，也使得古希腊的舰队一度在地中海称雄。

（二）冶金与手工业技术

1. 冶金技术　古希腊的冶金技术也发展较快。古希腊人大约在公元前 4000 年已开始使用铜器，公元前 1900 年左右开始使用青铜器，米诺王朝时期已开始掌握铸造技术。公元前 16 世纪左右有了铁器，到公元前 9 世纪，冶铁业已经成为一个重要的手工业部门。希腊人居住和活动的地区铜矿不够丰富，但银矿和铁矿是丰富的。山地和丘陵的耕作、手工制造业和兵器制造等需要作为工具和材料，这使他们迅速地采用了铁器。

2. 手工业技术　除冶金技术外，古希腊人还创造了制陶、制革、家具、榨油、酿酒、食品等手工业。工匠们的分工也很细，有铁匠、石匠、金匠、青铜匠、纺织工、制鞋工等。有些手工技术精湛、高超，如制陶业，不仅陶器品种繁多，制作精美，而且常饰以彩绘，画面生动；制作金银饰物技艺精湛，纯度很高，银币的含银量达98%。另外，古希腊还有一些技术发明，如克达希布斯曾制出柱塞式手压水泵、水风琴、水钟等；希腊人还促进了向高地提水这种繁重劳动的机械化，他们制成一些精致的机械，如水库轮、提水轮及阿基米德螺旋提水器等。

第二节　古罗马的科学技术

罗马人的祖先大约和希腊人的祖先于同一时期进入地中海区域。公元前6世纪末，在希腊人正处在其古典文化的繁荣时期时，罗马进入了为期100多年的王政时代。公元前510年，最后一个国王被起义者推翻，罗马进入共和国时期。罗马主要是一个农业民族，同时又是一个崇尚武力的民族，为了替不断增加的人口找到适合耕种的土地，罗马不断向外征服。大约在公元前265年，罗马人征服了意大利半岛。后来为了进一步争夺海上霸权，罗马和北非的迦太基帝国进行了3次大规模的战役，史称"布匿战争"。布匿战争最终以罗马的胜利和迦太基的灭亡而告终，在后来不到半个世纪的时间里，罗马实际上控制了整个地中海地区，广大的希腊化地区被划归到罗马的版图。公元前45年，凯撒成为罗马的独裁者。公元前44年，凯撒被杀，其外甥屋大维于公元前27年称帝，宣告罗马进入帝国时代。3世纪开始，罗马帝国逐渐衰落。395年，罗马帝国分裂为东西罗马，后来随着西罗马帝国都城罗马被攻陷，西罗马末代皇帝被废黜，宣告了罗马帝国的灭亡，也意味着欧洲中世纪的开始。

罗马在军事技术和国家治理方面取得了卓越的成就，作为以农为本的罗马人，他们讲求实际而不关注对自然本质的探讨。他们注重弓箭的制造而不会关注为什么箭离弦会飞的问题。罗马人多次为扩大地盘而征战，注重的是政治、军事和土木建筑等技术方面，所以，希腊的许多与生产、生活有关的科学成果在罗马得到很好的应用。

一、古罗马时期的科学

（一）自然哲学

卢克莱修（公元前99—公元前55）是古罗马时期自然哲学家的代表，是古希腊原子论的继承者和发展者，同时也是古罗马时代最伟大的思想家和诗人。卢克莱修的代表著作《物性论》是古代原子论流传下来的唯一文献。卢克莱修认为，世界由原子组成，是无限的、变化的、不断发展的，最终的结局是走向灭亡。他认为，原子处在不断的运动当中，而正因为原子是运动的，所以，由原子构成的物质也是在不断地运动中。又因为原子不能无中生有，也不能被消灭，所以，由其构成的物质也不能无中生有和被消灭，卢克莱修的这一观点，隐约代表了物质和运动的守恒性。除原子论的哲学立场之外，卢克莱修还提出了某些新颖的观点，例如生物进化的思想。

相较于自然科学，罗马人更为关注政治、军事和实际的技术问题，这也使得他们的自然哲学成就与希腊不可同日而语。古希腊的自然哲学到古罗马时代的卢克莱修也就此终结，之后再也没有什么闪光的思想可言了。

（二）天文学

站在古罗马科学成就尤其是天文学成果巅峰的是托勒密（90—168）。他的代表著作，13卷的《天文学大成》在传入阿拉伯之后，被誉为"伟大之至"，因此，又得名《至大论》（Almagest）。托勒密系统综合了古希腊的天文学成就，把古代的地心思想发展为系统的地心思想，构建了相当完备的地心说体系。在这个体系中，地球是整个宇宙的中心，太阳、月亮和水星、金星、火星、木星、土星镶嵌在各自的天球上，围绕着地球做圆周运动。这样，自下而上，由近及远，形成了所谓的月亮天、水星天、金星天、太阳天、火星天、木星天和土星天，再远处是恒星天，在恒星天之外就是最高天，最高天也叫原动天，为诸神之所在。所有的天层都是在原动天的推动下，绕地球旋转。另外，书中还讨论了描绘这个体系所必需的数学工具，如球面三角和球面几何；论述了太阳、月球的运动；讨论了日地距离、月地距离的计算方法；描述了恒星和岁差现象，制备了相较前人更为详细的星图。托勒密的天文体系代表了当时天文学的最高水平，因为这一体系在后来又与基督教的教义不谋而合，所以，到中世纪时为基督教所接受，前后统治了西方天文学界1000多年。

（三）地理学

除天文学成就之外，托勒密还撰写了8卷《地理学指南》，记录了罗马军团征服世界各地的情况，依照这些数据制备了更新的世界地图。在书中，托勒密已经知道了中国和马来半岛，计算了地球的大小。不过，托勒密计算的地球大小比埃拉托色尼的计算结果要小了不少，虽然埃拉托色尼的计算结果和实际值更为接近，但当时的人们并不太相信地球有着那么惊人的尺寸和那样广袤的海洋，所以，当时的人们普遍更相信托勒密计算出的小数值，某种程度上也对后来哥伦布的航行产生了一定影响。

（四）医学

医学作为一门实用科学，在古罗马得到了充分的重视和发展。在这一时期出现了底奥斯可里底斯（约60—97）的《论药材》和塞尔苏斯（14—37）的《论医学》等医药学专著，对各种植物草药的治疗价值和一些常见病、急性病的症状和治法作出了详细的介绍。

古罗马医学的集大成者是盖仑（129—200）。盖仑出生于小亚细亚的佩尔加蒙，早期受到了良好的教育，先后到位于今土耳其的士麦那、希腊的科林斯和埃及的亚历山大里亚学习医学。27岁时回到故乡，被任命为斗技场的外科医生。39岁被征召为罗马皇帝的御医，定居罗马，开始著书立说，他的医学著作据说有 131 部，被视为医学和生理学的金科玉律，现存的有 83 部。作为希腊医学的继承者和古罗马最具成就的医学家，盖仑系统总结了希腊医学自希波克拉底以来的医学成就，建立了自成体系的医学理论。在当时不允许人体解剖的情况下，他继承了希波克拉底等人重视观察和实验的传统，通过对哺乳类、鸟类和爬行类动物的解剖，进行形态观察和生理学实验。他通过观察比较确定了人体结构，研究了神经系统，认为"感觉神经起于大脑，运动神经起于脊髓"；还观察了心脏的作用，在解剖学、生理学、病理学方面发现了许多新的事实，特别在医疗方法上有很大的贡献。

当然，盖仑的医学理论存在不少谬误。比如，他认为动物和人体的构造是上帝有目的地造就的，像上帝用男人的肋骨创出女人，所以，男人肋骨应当比女人要多；认为人体由不同等级的器官、体液和灵气组成，第一级是肝脏、静脉血、自然灵气，第二级是心脏、动脉血、活力灵气，第三级是脑髓、神经液、动物性灵气，级别不同的血液各自流动，但不能产生循环，肝脏产生的血液进入右心室，再通过心脏中间壁上的小孔流到左心室，后来流经全身并消耗掉。盖仑在医学中的地位，就像托勒密在天文学中的地位一样，其医学理论在中世纪时被教会奉为信条，占统治地位达 1000 多年，直到维萨里和哈维在解剖和生理方面的观点创建之后，其错误的观点才被打破。

此外，罗马人比较注重公共卫生事业，希腊医学是罗马人学习得最好的一门科学。罗马政府在每个行省都设有医疗中心。城市有医院，还有医学院，由政府给医学教师发薪水。只是到了罗马帝国后期，骄奢淫逸的罗马人逐渐淡化医生职业的神圣性。一些医生通常也不再亲自动手，而是让奴隶们去为病人做手术，自己则在一旁监督。这样一来，医学的发展就逐渐停滞了。

二、古罗马时期的技术

虽然罗马人不擅长理论科学，其理论科学更多的是对希腊知识的转述，但在其更为关心的实用技术和公益事业方面，罗马人则有着颇为杰出的创造和伟大的业绩。

（一）农业

古罗马以农立国，早在罗马帝国建立之前，其农业就已相当发达，牛耕和铁制农具已得到普及，采用了"二圃制"的耕种方法，懂得让田地休耕以恢复地力。古罗马的许多行政长官都有自己的农学专著。如公元前 180 年，罗马首席执政官加图（公元前 234—公元前 149）著有《论农业》，总结了当时的农业生产知识和各种农耕技术。后来，大法官瓦罗（公元前 116—公元前 27）在加图的基础上，又重写了一部内容更加齐全的《论农业》。

（二）建筑业与交通业

1. 建筑业　建筑是古罗马人的主要技术成就。公元前 1 世纪，古罗马著名的建筑师维特鲁维奥撰写的《论建筑》，被称为世界第一部建筑学著作。书中论及的建筑有王宫、教堂、高架引水桥、公共设施（戏院、竞技场、公共浴池等）、民房及多类军事工具（攻城梯、投石机、破城槌）等。维特鲁维奥还亲自参与了罗马城的引水、供水工程和军用机械的设计。古罗马的引水道工程堪称世界建筑史上的丰碑，从公元前 4 世纪起，古罗马人为供应城市用水，逐步修筑了 9 条总长 90 公里的水道工程。在帝国时期，水道工程扩展到其他区域，用于灌溉，引水渠通过洼地的时候，以石块砌成高架拱槽，在法国和叙利亚境内的引水槽有的高达 50～60 米。

古罗马最著名的建筑，当属罗马斗兽场和万神庙。罗马斗兽场是古罗马最大的建筑。72 年，古罗马皇帝为庆祝征服耶路撒冷的胜利，强迫 8 万名犹太俘虏修建，历时 8 年，于 80 年落成。斗兽场形状为椭圆形，以石砌筑，长径 185 米，短径 156 米，四周为看台，外墙高 48.5 米，可容纳 5 万～8 万名观众。万神庙是罗马皇帝哈德良于 120 年—124 年建造的，是一座直径为 43.5 米的圆形建筑物，其造型奇巧、气势宏伟，是古罗马人的杰作，至今尚存。

2. 交通业　公路建设方面，罗马人以首都为中心，建立了四通八达的公路网，其总长达 8 万公里。这些公路的主要街道多数用石子铺就，遇河架桥，遇山开洞，在沿途立有里程碑，展现了超高的工程技术水平。许多罗马大路的残迹今天依然可见，"条条大路通罗马"正是当时的写照。

（三）手工业与机械制造业

1. 手工业　古罗马的手工业种类颇多，冶金、制陶、制革、铸造、毛纺、木工都很发达，产品也很精美。帝国建立后，应用东方技术，再加上辽阔的帝国里丰富的矿藏，原来的民族壁垒被打破，交通和贸易更加便利，手工业大大繁荣起来，在整个帝国境内持续发展了两个世纪。79 年被火山灰埋葬的庞贝城内有许多呢绒、香料、珠宝、玻璃、铁器、磨面和面包作坊，仅面包作坊就有 40 多所。罗马、亚历山大等大城市的铜铁制造业、毛纺织、制陶、榨油、酿酒、玻璃和装饰品手工业规模更为可观。

2. 机械制造业　公元 1 世纪，古罗马亚里山大城的著名工程师赫伦曾有许多技术发明。他创造了复杂的滑轮系统、鼓风机、计程器、虹吸管、测准仪等多种机械器具。其中最惊人的发明是蒸汽反冲球，这个发明是第一次把热能转换成机械能的技术设计，已经走到发明蒸汽机的边缘，它所包含的原理实际上已延伸到了近代和现代。

【思考题】
1. 简述古希腊自然哲学的成就及其意义。
2. 简要分析古代希腊和罗马科技成就的特点。
3. 简述古代希腊和罗马医学的成就及其对后世的影响。
4. 简要分析古代中西方科学发展的特点及原因。

第五章　欧洲中世纪与阿拉伯世界的科学技术 ▷▷▷▷

从 5 世纪开始，由希腊罗马人创造出的古典文化的光辉逐渐消失，整个欧洲进入暗淡无光的黑暗时期——中世纪。但在东方则呈现出不同的光景，阿拉伯人继承了希腊罗马人的科技遗产，成为科学火种的保存者和传承者；中国的四大发明给欧洲的文艺复兴创造了条件。近代世界早期的科学，正是以阿拉伯人保留的希腊学术作为发端，这一时期东方的科学技术和西方的科学技术形成了鲜明的对比。

第一节　欧洲中世纪的科学技术

一、古典文化的衰落

（一）基督教的兴起

大概在公元前 1200 年，生活在巴勒斯坦地区的犹太人，又称希伯来人或以色列人，从两河流域搬迁到埃及定居。后来，因为不堪忍受埃及人的奴役，传说在领袖摩西的带领下来到如今巴勒斯坦的南部建立自己的国家，定都耶路撒冷。公元前 1 世纪左右，希伯来国家被并入罗马帝国的版图中。在罗马帝国的统治下，元年，犹太人中出现了一位影响世界的历史人物——耶稣基督。耶稣反对罗马的奴隶制度和对偶像的崇拜，倡导禁欲、忏悔和对唯一的主——上帝的颂扬。耶稣的离经叛道激起了犹太教的不满，他们怕耶稣的传道会激怒罗马人，于是将他抓起来交给罗马。30 年，耶稣被钉死在十字架上。20 多年后，基督教的另一位重要创始人保罗继承了耶稣的事业，他强调耶稣是全人类的救世主，因为耶稣的受难是为了人类赎罪，唯有对全能的上帝的信仰，才能使人类最终得救。起初，基督教主要在民间尤其是在贫民中广为流传，处在饥荒、战争、动荡中的底层人民通过信仰基督教看到对未来的希望，而罗马帝国则是对新兴的基督教极尽压迫。后来，因为信教的民众数量如雨后春笋般成长，以至于到君士坦丁当政时代，罗马帝国不得不承认基督教的合法性。325 年，君士坦丁主持了基督教世界的第一次全体会议；380 年，罗马帝国将基督教定为国教。到 9 世纪初，几乎整个欧洲全部都皈依了基督教。

基督教的兴起，代表着古典文化的衰落和新型文化的出现。从科学发展的角度来讲，在基督教文化所支配的中世纪，原来人们心中对自然现象和事物探索的兴趣被宗教信仰所取代，希腊文化被视为异端。所以，虽然修道院为黑暗时期的欧洲保留了些许医学和农学知识，但整个欧洲的自然科学在这一时期并没有得到进一步系统全面的发展。

（二）欧洲中世纪的到来

在经济繁荣、拥有完善的法律和完备的城市结构的罗马文明的北方，一直存在着一些处于野蛮时期的游牧民族。这些游牧民族虽然文明程度远不及罗马，但长年的部落流窜和民族征战使得他们骁勇善战、劫掠成性。在公元前后，与汉朝长年征战的匈奴不敌汉朝被迫西迁，激起了罗马北方蛮族的动荡。他们为了躲避匈奴，在近 200 年的时间中南下占据了罗马大部分的领土。而老迈的罗马帝国根本对付不了他们，只好采取怀柔政策，允许他们进入境内并担负防务工作。罗马帝国西部的蛮族化，于是越来越严重，军队几乎全由蛮族组成，蛮族首领进入统治阶层。为了加强对帝国全境的控制，330 年，君士坦丁大帝将罗马帝国的首都迁到了黑海和地中海连接处的城市拜占庭（今土耳其伊斯坦布尔），将其改名为君士坦丁堡。但是迁都之后，罗马帝国对于西部的控制日益削弱，西部蛮族越来越强劲。395 年，皇帝狄奥多修去世，他的两个儿子分别继承了帝国的东部和西部，罗马正式分成了东罗马帝国和西罗马帝国两部分。476 年，西罗马在北方众多蛮族的入侵中灭亡，分裂为若干个小国，近代欧洲各民族、各国家开始形成，拉丁语被修改和地方化。相较于西罗马，同一时期的东罗马因为地理位置上远离众多蛮族的蜂拥，社会较为稳定，成为文明的避难所。610 年，东罗马皇帝赫拉克流开启了帝国的希腊化时代，东罗马帝国改称拜占庭帝国，希腊语成为国语。希腊化的文明在这里得以延续，日后发展出了拜占庭文化。后来，基辅大公爵弗拉基米尔皈依基督教，到 9 世纪初，几乎整个欧洲全部皈依基督教。

欧洲的中世纪时期，指的就是从西罗马灭亡（476）到东罗马灭亡（1453）这近 1000 年的时间。汉朝时期匈奴的西迁使得原本居住于莱茵河、多瑙河流域的日耳曼人南下，导致了西罗马的灭亡。唐朝时期西迁的西突厥部落中的一支，在 1299 年创建奥斯曼土耳其帝国，在 1453 年将东罗马帝国灭亡。由此看来，亚洲游牧民族的大迁徙，对欧洲中世纪的开始和结束造成了很大的影响。

二、中世纪后期欧洲学术的复兴

（一）十字军东征与欧洲学术复兴的基础

公元 638 年，信奉伊斯兰教的穆斯林占领了原属于罗马天主教圣地的耶路撒冷。后来，罗马天主教为了收复失地，从 11 世纪开始，进行多次东征行动，因为每个参加出征的人胸前和臂上都佩戴十字架标记，所以被称为"十字军东征"。这场征战在诸多因素的支配下延续了 200 多年，对欧洲历史产生了极大的影响。它促成了拜占庭帝国所保存的希腊文明、阿拉伯文明及通过阿拉伯人传播到欧洲的中国文明与欧洲人所继承的罗马文明之间的交流和融合，也推动了欧洲文明的一次新的革命。

东征的十字军从东方带回了中国人的四大发明、阿拉伯人先进的科学技术和被拜占庭帝国保存的希腊文献。为了更好地了解东方，从12世纪开始，以距离阿拉伯和希腊文化地区最近的意大利和西班牙为中心，欧洲掀起了翻译阿拉伯文献的热潮，包括亚里士多德和柏拉图的哲学著作、欧几里得和托勒密的科学著作在内的璀璨的古希腊文明被欧洲人重新发现。在这场翻译运动中最具有代表性的人物是杰拉德（约1114—1187）。他出生于意大利，但一生大部分时间都在西班牙的托莱多度过。杰拉德翻译了托勒密的《至大论》全书，以及亚里士多德、希波克拉底和盖伦的部分著作。据说，他一人所译的阿拉伯文著作达92部之多。通过大翻译运动，当时已知的希腊科学与哲学文献都被译成欧洲学术界通用的拉丁文，为欧洲的学术复兴奠定了基础。到1270年，亚里士多德的著作全部被译成拉丁文，为日后亚里士多德学说在基督教世界的统治地位奠定了基础。

（二）经院哲学

在中世纪，基督教成为各国的国教。起初，相信一切自然现象都是上帝所为的基督教对那些企图探讨自然规律和本质的古希腊自然哲学不以为然，甚至嗤之以鼻，把那些企图探讨自然的人视为异端。392年，罗马皇帝下令拆毁希腊神庙，当时的基督徒又焚毁了藏有30多万卷希腊文手稿的塞拉皮斯神庙。529年，东罗马帝国关闭了包括柏拉图学园在内的所有的雅典学校。

大翻译运动时期，亚里士多德的思想又传回了欧洲。像起初对待希腊文化一样，教会对百科全书般的亚里士多德思想的传播百般阻挠，他们曾在1210年、1219年和1230年三次发布禁令，禁止讲授亚里士多德的学说。但那时开始从蒙昧中苏醒的人们认识到了这位博学者所讲授的知识的价值，渴望读到亚里士多德的著作。因为屡禁不止，后来教会中的一些人开始尝试把基督教的教义和亚里士多德的学说相结合。最先在这一领域中作出重要贡献的是大阿尔伯特（约1200—1280），他曾在意大利的帕多瓦大学学习，后来到巴黎讲学，1260年被任命为雷根斯堡主教。大阿尔伯特最先把亚里士多德的学说和基督教教义相协调，花费大约20年的时间完成《物理学》这部巨著，内容包含自然科学、逻辑学、修辞学、数学、天文学、伦理学、经济学、政治学和玄学等。大阿尔伯特的工作被他的学生托马斯·阿奎那继承并推向一个划时代的巅峰。

托马斯·阿奎那（1225—1274）出生于意大利南部的阿奎那家族的领地，因此他的名字的意思应当是"阿奎那地区的托马斯"。1245年，托马斯·阿奎那来到巴黎跟随大阿尔伯特学习亚里士多德的理论，在后来因为对亚里士多德作品的注释而声名远扬。托马斯·阿奎那最具有代表性的著作当属其巨著《神学大全》，在这部作品中，他成功地将亚里士多德的思想与天主教神学相结合，确立了天主教教义的哲学基础。他的思想代表了经院哲学的最高成果，在哲学史中有着极为重要的地位，也让他成为天主教历史上公认的最伟大的神学家之一。虽然现代科学和亚里士多德理论、宗教显得格格不入，但在当时托马斯实际上将理性带入宗教统治的世界，把希腊精神的火种传承到了近代。而希腊精神中的思辨、理性和逻辑思维无疑又为近代科学的诞生准备了条件。所以，正如怀特海评论说："在现代科学理论发展之前，人们相信科学可能成立的信念，是不知不觉地从中世纪神学中导引出来的。"

（三）大学的出现

在中世纪，对近代欧洲科学发展产生积极影响的另一个事件是大学的出现。11 世纪之前，欧洲的教育主要集中在教会设立的修道院，其主要职能是为教会培养神父和教士，所以最主要的教科书就是《圣经》。后来，随着城市的兴起，也出现了一些世俗的城市学校，但它们的规模和课程设置都很有局限性，比如 11 世纪末，在南意大利的萨莱诺，有各地的学生到这里来学习阿拉伯医学；12 世纪初，在北意大利的博洛尼亚开始集中学习法学，在法国巴黎集中学习神学。最早期的大学就诞生在这种有组织的集中学习中，"大学（university）"一词就是源于教师和学生自由集结而形成的行会（universitas）。相较于教会的修道院，早期的大学（行会）自主管理，课程自行设置，代表了更加自由和开放的近代精神。

1088 年，欧洲最早的大学——博洛尼亚大学建立。博洛尼亚大学的前身是一个以讲授罗马法而著名的讲学中心，后来由学生和教师组成大学，获得了政府颁发的特许状和某些世俗的特权，很快成为欧洲的法学教育和研究中心，于 13 世纪初增设医学部和哲学部，14 世纪设神学部。

仿照博洛尼亚大学的模式，欧洲各地先后出现了巴黎大学（1160）、牛津大学（1167）、剑桥大学（1209）、帕多瓦大学（1222）、那不勒斯大学（1224）、阿雷佐大学（1209）、里斯本大学（1290）等。这些先后成立的大学，不仅有学生组织的所谓公立大学（如帕多瓦大学），也有教会开办的教会大学（如巴黎大学、牛津大学）和国王创办的国立大学（如那不勒斯大学）。

因为只有城市才能容纳日益增多的学生数量，所以这些大学几乎都是在城市中发展起来的，例如 1200 年左右的巴黎有 5 万人口，其中十分之一是大学生。大学自此也成为欧洲学术活动的中心场所。13 世纪的许多大学主要设置 4 个学院，即神学院、法学院、医学院和文学院。其中，文学院是预科和通识教育的学院，主要学习文法、修辞、辩证和音乐、算术、几何、天文学等"自由七科"。有些大学已设专事科研的教师职务，形成了学术答辩的学位获取方式。同时，在牛津和巴黎大学已形成光学和数学的研究中心。1300 年左右，意大利的博洛尼亚大学开设了人体解剖课。1396 年，法国国会授予蒙彼利埃大学人体解剖权。

三、欧洲中世纪的技术

虽然中世纪的理论科学整体上来说较为匮乏，甚至出现较为明显的倒退，但与生活息息相关的技术却在缓慢地积累和进步。奴隶制的解体客观上促进了欧洲人的技术革新；东西方的交流给欧洲带来了前所未有的农业生产技术；中国的四大发明在欧洲亦被发扬光大；欧洲北部的贸易发展也带来了航海技术的革新。中世纪中后期，欧洲人在农业、交通、工场手工业及计时方面都取得了许多进展，成为其古代与近代之间过渡的一个重要环节。

（一）农业技术

欧洲中世纪主要的经济活动是农业，农民在自己有限的土地上耕种的同时，还要到领主的大片土地上无偿地为领主耕种。为了保持土壤肥力，将农田分为条状，在9世纪前采取烧田法和休耕法，9世纪后开始采取"三圃制"耕作法。这在农田施肥技术尚不发达的中世纪，对提高农作物收成起了重要作用。另外，为了提高作物收成，在中世纪，一些地方的人们已经认识到肥料对作物生长的作用，开始大量使用植物和动物肥料。在耕种工具方面，在很长时期内，地中海一带所用的犁，是一种适合旱地的耕地较浅的手扶犁，这种犁由于不需要深耕，只要保持其一定的耕地深度即可。但这种犁对于北欧大面积的土质较黏的湿地并不适用，经常要反复犁地多次。为此，北欧农民开始使用一种前部安有两个轮的铁制重犁。这种犁被称作日耳曼犁，可以很好地控制犁地的深度，而且操控性大为提高。由于犁的大型化，用来牵引犁的牲畜数量也在增多。11—13世纪，欧洲开始进入使用这种重犁的大垦荒时代，耕种面积迅速扩展。

（二）动力机械的运用

中世纪时期欧洲主要使用水车和风车作为动力机械。

1. 水车　起源于中国。在中国，汉代前即使用立式水车（水碓）抽水，1世纪水车经波斯传至罗马，被罗马的维特鲁维奥改制成卧式水车，用作制粉的动力。这一技术到中世纪开始在欧洲普及。欧洲中世纪使用的水车，既有立式的"挪威式"，也有卧式的"罗马式"。根据将水导向水车叶片部位的不同制作出上射式、中射式和下射式各种类型的水车，还出现了可以在不同落差的水头运转的水车。起初，水车主要用作磨制面粉的石磨动力，这种以水车为动力的制粉场称作磨坊。不久这种动力得到了更为广泛的应用，一批与之相匹配的传动机构，如伞齿轮等被发明出来，水车开始用于推动炼铁炉的风箱、锻造金属的锻锤、裁截木材用的轮锯和酿造用的碾压设备，使水车成为最早的原动机。

2. 风车　也是欧洲中世纪的重要动力机械，风车起源于前1000年左右的中亚，12世纪后很快在北欧平原地带推广开来。这些风车大都是叶片垂直安装的垂直型风车，到14世纪为了使风叶与风向垂直而出现了可按风向转动的带尾翼的箱型风车和塔型风车。风车早期主要用作磨制面粉的动力，后来与水车一样成为可广泛应用的动力机械。15世纪在北欧低洼地带的许多风车用来排水，16世纪北欧已有8000多台风车在运转。

（三）交通运输

中世纪后期，商业的繁荣促进了陆路和水路及海运的发达，欧洲大陆出现了修筑运河的高潮，在运河修筑中已采用了闸门机构。

13世纪，出现了将船舵置于船尾而龙骨也一直延伸至船尾的大型帆船，同时船帆几经改良，出现了完全依靠船帆即可航行的大型海船，而此前，多是帆与桨结合的中小型帆船。为了航海的需要，欧洲钟表匠制造出适于航海的天文钟、航海罗盘和测高仪。航海天文钟是 1735 年由英国的哈里森应英国海军的悬赏而发明的。他发明的第一个航海天文钟重达 33 公斤，1761 年，他发明的第四个航海天文钟只有怀表大，81 天误差仅 5 秒。

（四）建筑技术

得益于农业技术的发展，农业生产中产出的剩余产品又进一步刺激了城市的发展。手工业者逐渐与农民分离，农产品的交换发展出了集市，手工业者和商人聚居形成了城市。为躲避领主的压迫，大量农民向城市逃亡，为城市提供了大量劳动力，使城市规模越来越大。大约在 10 世纪，欧洲各地城市大量兴起，成了瓦解封建制度的坚强堡垒。

中世纪在技术方面比较突出的是教堂建筑。随着经济的复苏，建筑开始摆脱初期简单的木结构样式，开始模仿往日罗马建筑恢宏的气势。罗马式建筑有着圆屋顶和半圆的拱门，许多早期的教堂采用的正是这种式样。12 世纪末年，法国北部最早兴起哥特式建筑。它的主要特征是高大的尖形拱门、高耸的尖塔和高大的窗户。由于哥特式建筑比罗马式建筑气势更为宏大，意境更为高远，所以很快就流行起来。今日可以见到的法国的巴黎圣母院和兰斯大教堂、德国的科隆大教堂、英国的林肯大教堂、意大利的米兰大教堂，都是著名的哥特式建筑。

第二节　阿拉伯世界的科学技术

一、伊斯兰教与阿拉伯世界

直到 5 世纪，阿拉伯人还在阿拉伯半岛的沙漠中过着部落游牧生活。570 年，在阿拉伯的麦加城诞生了一位领袖——穆罕默德。610 年开始，穆罕默德自认为受到安拉的昭示，开始在麦加宣传伊斯兰教义。他把安拉奉为唯一的真神，自称是安拉的使者、"先知"，要求信徒服从先知，信仰安拉。"伊斯兰"一词的本义，正是"皈依""顺从"，而其信徒"穆斯林"，意即安拉的信仰者，先知的服从者。

因为麦加城的保守势力反对伊斯兰教义，622 年，穆罕默德被迫率伊斯兰教的信徒离开麦加，到达今天的麦地那。在这里，穆罕默德为了宣传教义、扩展组织，建立了自己的武装，确立了自己的权威。这一年被定为伊斯兰教纪元元年，标志伊斯兰教的正式诞生。随着队伍的壮大，630 年，穆罕默德带领信徒们返回麦加，随后统一了阿拉伯半岛，建立政教合一的阿拉伯国家，对阿拉伯的民族统一起到了重要的推动作用。632 年，穆罕默德病逝，其继任者哈里发向阿拉伯以外扩张，635 年攻陷大马士革，636 年占领叙利亚，638 年占领巴勒斯坦，642 年灭亡埃及和波斯帝国，在北非很快推进到摩洛哥，占领了西班牙。到 8 世纪，阿拉伯人又征服了中亚多国，直接与唐朝接壤。

先知穆罕默德逝世后，倭马亚家族出身的摩阿维亚在争夺继承权的众多门徒中获得成功，以大马士革为首都，661 年建立了阿拉伯帝国的第一个王朝——倭马亚王朝（中国古代称之为"白衣大食"）。东征西战的倭马亚王朝很快就为阿拉伯人争到了东至北印度，西至西班牙的大片领土。750 年，伊拉克的阿布·阿拔斯推翻倭马亚王朝，建立阿拔斯王朝（中国古代称之为"黑衣大食"），定都巴格达。阿拔斯王朝统治期间，国家不仅鼓励商贸，还充分支持科学事业的发展，这使得这一时期成为阿拉伯经济、文化、科学技术最为繁荣的时期。遭受了罗马帝国基督教迫害的希腊学者大都来到了波斯和拜占庭，后来阿拉伯人征服了波斯，因此获得不少古希腊时期的学术文献，又从拜占庭帝国得到古希腊罗马时期的文献，他们十分重视这些科学文献，组织大量人员对古希腊罗马时期的文献进行翻译整理，这也使得阿拉伯帝国成为古希腊罗马文化的保护和继承者。

12 世纪后，阿拔斯王朝日渐衰落，在中亚发展起来的土耳其人于 1055 年攻陷巴格达。之后蒙古人于 1221 年攻入波斯境内，1258 年攻陷巴格达，哈里发被杀，巴格达城被抢劫一空，阿拔斯王朝结束。史称的中世纪时期的阿拉伯帝国至此为止。尔后，奥斯曼帝国实行领土扩张，17 世纪后，所占领的许多地区独立，所余部分到 20 世纪初成立了土耳其共和国。

二、阿拉伯世界的科学

阿拉伯世界的科学，主要指穆罕默德建国之后在阿拉伯世界所发生的科学活动和成就。欧洲的中世纪时期，从西罗马帝国灭亡到文艺复兴前，古希腊罗马的科学和哲学在西方因战乱而消失，但在阿拉伯世界却得以保留并得到发扬，其成果传至欧洲后，成为近代科学的重要源流。

7 世纪末，阿拉伯学者开始将多年因领土扩张而获得的波斯、古希腊罗马时期的文献，特别是涉及哲学、医药学、天文学和数学的著作译成叙利亚语，很快又译成阿拉伯语。在阿拉伯文学巨著《一千零一夜》中被推为理想君主的哈伦·拉西德在位期间，奖励翻译希腊罗马学术著作，由此引发了一次规模空前的"翻译时代"。830 年左右，拉西德的继任者哈里发阿尔马蒙在巴格达开设了一所专事译书的机构"智慧馆"，雇用了100 多人对古希腊罗马的哲学、医药学、光学、数学、天文学和炼金术、巫术著作进行翻译。欧几里得的《几何原本》、托勒密的《天文学大成》都在这一时期被翻译成阿拉伯文保存下来。到 9 世纪末，巴格达已成为当时的学术中心，许多图书馆开始建立，在10—12 世纪间，阿拉伯世界已有几百个图书馆。其中，巴格达图书馆藏书量已达 10 万册，而同一时期欧洲的梵蒂冈和巴黎大学图书馆藏书仅剩余 2000 余册。另外，在吸收古希腊罗马科学技术成果的同时，阿拉伯人还从东方的中国学习了造纸术、火药等技术及印度数字等。大翻译运动和对东方科学技术的学习使得阿拉伯人很快地掌握了当时最先进的科学知识，为其后来的科学创造打下了坚实的基础。

（一）数学

阿拉伯人在吸收了印度和希腊人的数学知识后，逐渐开创了自己的特色数学，对欧洲近代数学的产生，作出了重大的贡献。

　　在记数符号方面，阿拉伯人把印度数字 0 ~ 9 加以改造，形成阿拉伯数字，开创了数字的符号化。在此之前，欧洲长期使用的是书写、计算十分不方便，起源于棍棒排列的罗马数字，阿拉伯数字的出现简化了数字的表达。

　　阿拉伯的数学研究受古希腊特别是毕达哥拉斯的影响很深，注意研究平方根、立方根的求法，同时对毕达哥拉斯发现的"完全数""友好数"也非常有兴趣。所谓"完全数"指其除自身之外的约数之和等于自身，如 6 的约数为 1、2、3，其和为 6。除 6 之外的"完全数"如 28、496、8128，都是阿拉伯人发现的。所谓"友好数"则是指两个数中任一个数除了该数自身之外的约数之和等于另一个数。

　　阿拉伯人在数学方面的另一重要贡献是代数学的确立。9 世纪，阿拉伯数学的开创者花剌子模在其《算术之书》（又被译作《复原和化简的科学》）中，成功地引用了印度的数字系统，首次使用了 0 与阿拉伯数字相结合的记数法，对方程式中移项和合并同类项进行了研究，确立了近代代数学的基础。今天的"代数学"一词来源于拉丁文 algebra，而这一词汇正是来源于花剌子模著作标题中的"复原"（al-jabbr）。在著作中，花剌子模指出他写作的目的是解决"财产继承、遗产、土地分割、诉讼、贸易、交换，以及土地测量、运河挖掘"等问题。花剌子模的著作于 12 世纪译成拉丁语传至欧洲，到 16 世纪前一直是欧洲标准的代数学教科书。

　　除花剌子模外，数学家阿布·瓦法编制了正弦表、正切表、余切表，发明了只用圆规和直尺解决二维三维数学制图问题的方法。

（二）天文学

　　和数学相似，阿拉伯的天文学起初源自印度、波斯，起初的天文观测主要被用于占星术和星表的编制。托勒密的《天文学大成》传入阿拉伯，被翻译之后，逐渐影响到了阿拉伯的天文学体系，使得阿拉伯天文学体系逐渐对天文学和占星术做出区分，天文学主要研究天体运行，而占星术则分析上天对人的要求。在天文学，尤其是在托勒密知识体系的传播方面，阿尔巴塔尼（约 858—929）是阿拉伯最具创造性的一位天文学家。阿尔巴塔尼在巴格达天文台学习和工作，他深入研究托勒密的著作，用相当精密的仪器和细致的观察，检验托勒密的天文理论。在某些常数方面，阿尔巴塔尼对托勒密体系做了修正。例如，他发现春分点对于地球近日点的相对移动，将托勒密所确定的位置做了改动。他所确定的回归年的长度非常准确，700 年后被作为格里高利改革儒略历的基本依据。为了观测天文，阿拉伯帝国建立了许多天文观测台，第一座天文台建于巴格达，最著名的当数 1259 年建于黑海海滨城市马拉盖的天文台，许多著名的阿拉伯天文学家都在这里工作过，他们在继承了托勒密的天体模型的基础上构造了更为精确的地心说模型。

（三）物理学

　　阿拉伯人掌握了高超的玻璃炼制术，他们的物理学中最突出的成就是在几何光学方面。

阿尔哈曾（965—1039）被誉为阿基米德之后的又一位伟大的物理学家。他著有 7 卷《视觉论》，探讨了光的反射和折射、小孔成像、凸透镜、凹面镜、彩虹等光学现象。书中，阿尔哈曾认识到了人之所以能够看到物体，是因为物体反射太阳光进入眼球，而并非人眼中发射出的光线反射回来的（包括欧几里得、托勒密等大家都持此观点）；阿尔哈曾还进一步提出，给定光源和眼的位置，求在球面镜、抛物面镜和柱面镜的镜面上的反射点问题，史称"阿尔哈曾问题"；完成了凸透镜成像理论，还对眼睛的构造进行了研究。阿尔哈曾的著作流传至欧洲后，对培根、达·芬奇、伽利略、开普勒等人都产生了一定的影响。

（四）医学

正如许多古老的文明一样，阿拉伯民族也有自身的医学体系。早期民间就有一些特色的放血疗法和药物疗法，伊斯兰教创立之后，精神疗法也成为一种普遍的医学疗法。大翻译运动之后，阿拉伯人吸收了古希腊罗马如希波克拉底和盖伦的医学理论，在原有的医学体系之上，形成了自己独特的一套医学知识和防病、治病的理念与方法。

阿拉伯帝国的繁荣时期，各地都有政府开设的医院，医院中设有病房、图书馆和讲演厅，配有齐全的医务人员。这些医院不仅为患者治病，还从事医学教学和研究工作，而且医师都有很高的社会地位，许多医生同时也进行哲学及其他科学的研究。另外，在药物学方面，阿拉伯人在继承本民族的传统药物的基础上还引进了许多外来药物，同时得益于其发达的炼金术，阿拉伯人还制造了不少无机药物。

由于政府的大力扶持，阿拉伯涌现了一大批卓越的医生和医学家，影响较大的有拉择、马朱锡和阿维森纳。拉择继承了古代医学的科学传统，反对迷信和巫术，提倡对病情的观察，强调人自身的免疫能力和饮食与环境的影响，区别了天花和麻疹，著有《天花与麻疹》和作为阿拉伯临床医学经典的《医学集成》10 卷，还研究了炼金术，成果收入《秘典》中。马朱锡出生于伊朗，首次提出婴儿不是靠自己的力量，而是靠母亲子宫肌肉收缩而娩出，著有《医术之鉴》（又译《医学技术大全》）、《王之书》（又译《圣书》）等。阿维森纳著有《医典》5 卷，书中他第一次对医学做了定义，认为医学是"保持健康，探求人体内致病原因以治疗疾病"的学问。他与拉择同样重视环境因素，如空气、水、食品、睡眠、休息、运动、人的情感等对身体健康的影响，注意探究身体内各要素的平衡。阿维森纳认为，人体内由四种元素即冷、热、干、湿；四种体液即黏液、黑胆汁、黄胆汁和血液；两种精气即动物精气、生命精气等要素构成。为此，医生需要通过尿液检查、脉搏等去了解这些要素失衡的状况，进行病理诊断。《医典》的内容十分丰富，被誉为阿拉伯医学的百科全书。

自 11 世纪起，大量阿拉伯医学著作在西班牙、意大利被译成拉丁文传向欧洲各国，成为欧洲各大学医学院的重要教材或参考书，阿拉伯医学对欧洲医学产生的影响一直持续到 17 世纪。

三、阿拉伯世界的技术

（一）炼金术

实际上，在阿拉伯人的科技活动中，炼金术占到了相当的比重，成为阿拉伯世界一门较大的学科。现在的"炼金术（alchemy）"正是源自阿拉伯文。提到炼金术，人们的印象往往是"把贱金属变为贵金属"的异想天开。但如果从科技发展历史的过程来讲，人们在研究炼金术的过程中做了很多近代意义上的控制变量、改变自然物和自然过程的实验，从这个角度来讲，炼金术也是科学史的一个重要研究课题，后来的近代化学也正是从炼金术中脱胎而来。

炼金术在阿拉伯国家蓬勃发展，炼金术士接受了古希腊罗马人的物质观念，更受到中国炼丹术和印度、波斯炼金术的影响。他们利用已知的玻璃制造技术，创制出许多用于炼金的玻璃器皿，如平底烧瓶、三角烧瓶、滴定管等，这些玻璃器皿直到今天仍是化学、生物学、医药学的常用器皿。开创了用天平计量的定量精确的物质反应、混合方法，发明了蒸馏法，制成蒸馏皿。阿拉伯炼金术对后来的化学产生了很大的影响，今天的许多化学名词，如酒精（alcohol）、碱（alkali）、糖（sugar）等，都是来自阿拉伯文。

（二）其他技术

1. 农业　8—9世纪的阿拉伯帝国进入封建社会，经济得到稳步的发展。在农业方面，阿拉伯人广泛地栽种葡萄、麻、棉、稻等农作物，一些地区开始养蚕，畜牧业仍是沙漠地区的主要经济手段。随着农业与手工业的分离、城市的扩展，商业、贸易和金融业也随之发展起来。

2. 水利　阿拉伯人为灌溉沙漠中的农田修筑了许多运河，抽水机、水车等水利设施均已引进。在穆斯林统治下的西班牙，除建有大型水坝外，还修有许多与竖井相结合的暗渠以引导地下水。这种用暗渠引水方式的水利设施，在阿拉伯各地均有建造。在沙漠边缘，还修筑了大量防沙墙以阻挡沙害。

3. 建筑　阿拉伯人创用了土坯墙外贴马赛克的建筑方式，在建筑式样上多采用罗马的圆拱形结构。

阿拉伯帝国由于地处东西方中间地带，从中国学习了许多技术，如造纸、火药、指南针等。后来这些技术都是经阿拉伯传至欧洲的，为沟通东西方文明作出了重要的贡献。

【思考题】

1. 简要分析阿拉伯科学对西方近代科学的影响。
2. 简述阿拉伯医学的主要成就。

第六章　近代科学技术的兴起与第一次技术革命　▷▷▷▷

15世纪下半叶至18世纪，是西欧从封建社会向资本主义社会过渡的时期，也是近代科学技术的兴起时期。近代初期的科学技术，就是在资本主义生产方式的推动下，在文艺复兴和宗教改革运动的影响下，突破中世纪愚昧黑暗的思想牢笼，进入一个新阶段。

第一节　近代科学技术产生的社会背景

一、资本主义生产方式的形成

大约在14世纪前后，在意大利地中海沿岸的一些城市中相继出现了资本主义的萌芽，其标志就是手工工场的出现。手工工场代替过去的家庭手工业，使劳动组织和生产关系发生了重大的变化。不仅加快了生产流程，而且为改进技术和使用机器创造了条件。15世纪前后，不少手工工场开始使用脚踏纺车、脚踏织布机、水力或风力发动机、碎石机和磨粉机等机器。这些机器的普遍使用又加快了技术的改革和进步。人们把过去用来带动水磨的水轮用于抽水、鼓风、锯木等，把安装在钟表中的传动构造改革为动力机与工作机之间的传动装置。过去所没有的水力锻锤、压延机、拔丝机和简单的机械加工机床等也相继出现。

随着生产技术的提高，欧洲手工业生产的规模也迅速扩大。新兴的工商业主极力要扩大资金，扩大原料来源，扩大市场，另外穷奢极欲的封建贵族们对财富的贪婪，使得他们都把掠夺的目光转向东方。由此，欧洲一些国家的商人、航海家在封建主的资助下，开始了前所未有的航海探险活动，企图通过大西洋寻找一条通往印度和中国的航路，实现通商和掠夺财富的目的。

二、航海探险活动

葡萄牙的航海探险家首先经大西洋向南，在15世纪中叶多次到达非洲西海岸。1487年，由迪亚斯（1450—1500）率领的探险船队，沿非洲西岸南下，到达非洲最南端，进入印度洋。他把此地称为"暴风角"。后来，葡萄牙国王约翰二世则把"暴风角"改为"好望角"，以示通往印度已有了良好希望。

1492 年，意大利人哥伦布（1451—1506），在西班牙国王的资助下，沿大西洋西行，寻找通往东方的新航路。哥伦布受大地是球形学说的影响，确信从大西洋西行一定能到达东方。他率领 3 只船，从西班牙南端的巴罗斯港出发。经过 70 天的艰苦航行，到达巴哈马群岛。然后又继续向南航行，先后抵达古巴、海地等中美洲岛屿。之后他又 3 次远航美洲，但一直误把美洲当作印度，把当地居民看作印度人。到 15 世纪末，另一位意大利商人阿美利哥（1451—1512）两次到达美洲，发现这里并不是印度，而是一片欧洲人不知的新大陆，从此欧洲人就把这片大陆称为阿美利加洲。

1497 年，葡萄牙人达·伽马（1460—1524）率领 4 只船，绕过非洲南端的好望角，驶入印度洋，经过近 1 年的航行，终于到达印度南部，发现了通往印度的新航线。同时还带回了大量的香料和象牙等贵重物品，获得的纯利则是这次航行费用的近五千倍。

1519 年，葡萄牙人麦哲伦（1480—1521），在西班牙国王的资助下，率领 5 艘船只，共 265 人，从西班牙出发，向西环球航行。先后绕过美洲大陆南端，横渡太平洋，于 1521 年到达菲律宾，麦哲伦死于和当地人的冲突中。但他的船队继续西航，于 1522 年驶回西班牙。历时 3 年的环球远航，第一次证实了大地是球形的。

远航探险活动不仅仅发现了新大陆，开辟了新航线。更为重要的是给正在发展的资本主义生产扩大了市场和经济活动领域。为家庭手工业过渡到工场手工业奠定了基础。马克思和恩格斯在谈到地理大发现的社会影响时指出："美洲的发现，绕过非洲的航行，给新兴的资产阶级开辟了新的活动场所。印度和中国的市场、美洲的殖民化，对殖民地的贸易、交换手段和一般的商品的增加，使商业、航海业和工业空前高涨，因而使正在崩溃的封建社会内部的革命因素迅速发展。"

远航探险活动，在加速资本主义生产发展的同时，也加快了人们探索科学的步伐。首先，由于航海事业的发展，需要更加精确的星图、海洋图、星表等，这样就推动了与之相关学科，如天文学、数学和测量学的发展。反之，远航中的大量新发现，又为这些学科发展提供了丰富材料。其次，在资本主义生产过程中，由于不断采用新的生产工具、新的能源和对掌握新工艺的劳动者的需求，这就促使人们去掌握力学、物理学、化学、冶金学、矿物学等方面的知识，来改革生产工具，挖掘新能源，促进生产的发展。"社会一旦有技术上的需要，则这种需要就会比十所大学更能把科学推向前进"。

三、文艺复兴

随着资产阶级在经济力量上逐渐强大，摆脱束缚资本主义生产发展的封建桎梏，进而建立资产阶级政权，就成为新兴资产阶级的迫切要求。他们利用古代文化中的现实主义及古希腊罗马自然哲学中的唯物主义作为反封建的思想理论武器。15、16 世纪从意大利开始出现了一场声势浩大的文艺复兴运动。后来逐渐扩大到德国、法国、英国以至整个欧洲。

文艺复兴运动为资产阶级政权的建立而大造舆论。资产阶级针对中世纪宗教神学的黑暗统治和封建专制，极力宣扬以人为中心而不是以神为中心的人文主义思想。他们提出，人是现实生活的创造者与享受者，谁要想在世界上获得幸福，谁就必须依靠人的智慧和力量。因此，他们反对禁欲主义，提倡个性解放；反对封建等级制度与宗教压迫，赞扬自由平等；反对宗教神学的愚昧，主张创造发明。号召人们蔑视天堂，不再苦修来世，而去追求人生的利益与乐趣，追求个人自由。

文艺复兴运动是对中世纪宗教神学长达千年统治的一次有力冲击，是反对封建专制的一次伟大的思想解放运动。在这场运动中，涌现出了一代新人。他们不再重视血统和出身，而是重视知识和个人奋斗。这种道德观念的变化，鼓舞了不少工匠、教师、工业家、商人、文学家、艺术家等去从事创造性的活动。像达·芬奇、哥白尼、伽利略、布鲁诺等人，就是这个时代"在思维能力、热情和性格方面，在多才多艺和学识渊博方面的巨人"。

其中，意大利人达·芬奇（1452—1519）是文艺复兴时期最杰出的艺术家。他的绘画一扫中世纪教会艺术的沉郁阴暗、呆滞死板的气氛，创作出了充满鲜明个性和时代精神的作品，尤以《蒙娜丽莎》肖像画最为突出。这幅作品彻底战胜了艺术领域内以神为中心的宗教观念，建立了以人为中心的艺术思想，对以后的绘画艺术产生了深远的影响。达·芬奇还是一位科学家、工程师和发明家。他曾涉足自然科学的各学科，研究了数学、力学、天文学、光学、解剖学、生物学和地质学，在军事、水利、土木、机械工程、市政规划等方面有许多设计和重要的发明创造。达·芬奇还是一位思想解放运动的战士。他反对封建迷信和盲目崇拜权威，强调经验才是实在的和可靠的，只有从观察、实践中得到的知识，才是真正的知识。

四、宗教改革运动

在文艺复兴时期，资产阶级不仅从思想文化领域展开了反封建的斗争，而且还在宗教内部进行了反对教会特权和封建等级制的宗教改革运动。

在宗教改革之前，天主教会遍布欧洲各国，罗马是天主教的中心，罗马教皇是西欧最大的封建主，不仅有权任免主教，而且可以废黜君主。罗马教皇每年都向各天主教国家征收贡赋和教徒的什一税，插手各国政治、企图包揽一切。其中受害最深的是德意志地区。当时，罗马教皇乘德意志封建割据造成的皇权衰落、政治分裂、国力削弱之机，采取分而治之的办法，大量搜刮德意志的财富，德意志在当时有"教皇的奶牛"之称。德意志各阶层人民为了摆脱罗马教廷的勒索和控制，争取独立、自由，发展本国的民族资本主义经济，掀起了一场宗教改革运动。

1517 年 10 月 31 日，维腾贝格大学的神学教授马丁·路德（1483—1546），在维登堡教堂的大门上贴出了 95 条论纲。在论纲中强烈地斥责了罗马教皇在德意志发售的"赦罪券"，是无耻的敲诈勒索行径。两个星期之内，这个论纲就传遍了德意志，人们对教会的不满达到了顶点。论纲提出之后，马丁·路德又多次发表文章，揭露教皇僧侣们的虚伪腐朽，要求取消教会所实行的一切规章制度，彻底取消旧教，建立符合新兴资产阶级要求的"廉价教会"，即新教。路德用自己的言论、行动否认了教皇存在的必要，否认了教廷的权力，表现了德意志民族独立的意志。因此，他的主张得到新兴资产阶级和广大人民的支持。宗教改革运动很快从德意志蔓延到西欧各地，给予教会为中心的封建统治以猛烈打击。

16世纪30年代中期，宗教改革的中心转移到瑞士日内瓦，领袖是约翰·加尔文。和路德一样，加尔文认为"信仰耶稣即可免罪"，人们要想得救，只能靠自己的笃信。但他比路德更为激进，提出了"预定论"（或称"先定论"）的神学学说。加尔文说："我们所谓的预定是指上帝以其永恒的旨意决定世界上每一个人所要成就的。永恒的生命为某些人已预定，对于另一些人，则是永罚。"上帝从创世纪以来，就把世人分成"选民"和"弃民"，前者注定得救，后者注定沉沦。这是人的意志无法改变的。但是，按照加尔文的观点，这并不意味着基督徒可以对他们在世上的行为漠不关心，谁是"选民"，谁是"弃民"，可以通过上帝的召唤体现出来。人在现世生活中的成功与失败，就是"选民"和"弃民"的标志。这种"预定论"反映了资本主义原始积累时期的资产阶级意识形态。

早期的文艺复兴和宗教改革运动，动摇了宗教至高无上的权力，冲击了封建统治的政治思想基础，为新兴资产阶级建立资本主义制度创造了条件。同时，把人们从宗教神学的禁锢中解放出来。使人类重新发现了人的价值，从而把目光从上帝转向与人类命运息息相关的自然界，欧洲人也开始走向认识自然、改造自然的道路。

第二节　近代自然科学革命

在中世纪的欧洲，宗教神学被法定为一切思想的基础和出发点。正如经院哲学的代表人物托马斯·阿奎那（1225—1274）所说的那样，"任何对知识的渴求，假如它不以认识上帝为目的，就是罪恶"。因此，在他们眼里，科学只能执行神的旨意。随着资产阶级反封建、反神学的斗争不断发展，自然科学也在努力摆脱这一奴仆的地位，为争取自身的生存权利而革命。

一、哥白尼与天体运行理论

在自然科学领域里第一个公开向神学进行了挑战的是波兰天文家尼古拉·哥白尼（1473—1543）。他于1543年发表了《天体运行论》，揭开了近代自然科学革命的序幕，宣告了自然科学的独立。

哥白尼出生在波兰维斯拉河上游托伦城的一个商人家庭。他10岁时父亲就去世了，由舅舅抚养成人。他在上中学时，就对天文学产生了兴趣。哥白尼18岁时进入波兰著名学府克拉科夫大学读书，开始受到文艺复兴运动的思想影响，在天文学教授沃依切赫的指导下，研究了托勒密的地心说，学会了天文观测的技巧，同时萌发了日心说思想。他在23岁到33岁的10年间，在文艺复兴的发源地意大利留学，进一步受到文艺复兴思想的熏陶，攻读了大量的古希腊哲学原著，和文艺复兴运动领导人之一、著名天文学家诺瓦纳（1454—1504）一起，讨论过亚里士多德和托勒密的地心说体系，这为他创立新宇宙体系奠定了思想基础。

1506年，他回到波兰任教士后，在教堂的阁楼上观测天象达30年之久，取得了大量第一手观察数据。同时，他还把日心体系的想法记录下来。为了使新学说建立在可靠的观测基础上，哥白尼几经修改，直到生命的最后岁月，才以《天体运行论》为名，公开出版发行。1543年5月24日，当他看到刚印好的《天体运行论》一书不久，就与世长辞了。

《天体运行论》这部著作共有6卷。第一卷是宇宙概论，第二卷是用三角学研究天体运行的基本规律。其余4卷详细探讨了太阳、地球、月亮和各个行星的运动。在这部著作中，哥白尼正式提出了"太阳中心说"思想。他认为太阳是宇宙的中心，而地球和行星一样，既有自转，又围绕太阳公转。人们能看见恒星东升西落的现象，正是地球自转的反映。哥白尼还根据各行星的运行周期而排列出各行星的秩序，即太阳、水星、金星、地球、火星、木星、土星和恒星天际，其运行的轨道大致处在同一个平面上，公转方向也完全一致。哥白尼日心体系的建立真实地描绘了天体运行的图景，批驳了地心说和地心说辩护者的一些错误观点。从此把地球变成一颗围绕太阳旋转的普通行星，而不是宇宙中心。这不仅为天文学作出了突破性的贡献，而且对上帝创世的宗教神学教义给予致命的打击。

二、哥白尼学说的影响及传播

哥白尼日心说体系与宗教教义发生了尖锐冲突。按照宗教神学的创世说，地球是上帝选定的中心，地球上的人类是天之骄子，宇宙万物都是上帝为满足人类需要创造出来的。上帝创造太阳带给人类光明和温暖，上帝创造了月亮，以减少人们在夜间的孤独。上帝居住在恒星天际，统治着整个宇宙等。而日心说体系的出现，使这一创世说变成荒诞无稽的妄言。正如罗马教皇自己所说的那样，"如果地球是众行星之一，那么《圣经》上所说的那些大事件就完全不能在地面上出现了"。正因为日心说戳穿了宗教教义的要害，所以无论是旧教还是新教，都反对太阳中心说。甚至宗教改革的领袖马丁·路德也咒骂哥白尼是"白痴"和"异教徒"。

哥白尼《天体运行论》的发表，虽然遭到种种非议，但是，这部开创了自然科学新纪元的伟大著作，既然砸碎了神学的枷锁，那么任何力量再也压制不住，阻挡不了它的发展。许多捍卫哥白尼日心说的后继者，接过为真理而战的火炬，继续前进。

意大利哲学家布鲁诺（1548—1600）就是其中最杰出的代表。他在青年时代就阅读过哥白尼的著作，成为哥白尼学说的忠实信徒。因受到教会的指控和迫害，流亡于西欧各国，但他仍然坚持四处游说，宣传太阳中心说。1584年，布鲁诺发表了《论无限、宇宙和世界》一书，进一步完善和发展了哥白尼学说。他认为宇宙是无限的，太阳并不是宇宙的中心，而是千万颗普通恒星之一。不仅太阳周边有行星，在其他恒星周围也有行星，甚至也是可以居住的世界，在宇宙中有无数这样可以居住的星球。这样一来，布鲁诺的思想比哥白尼的学说更为激进，于是引起了教会的恼怒和恐惧。1592年，他被骗回威尼斯而遭到宗教裁判所的逮捕。在狱中8年的严刑拷问中，他至死不屈。1600年2月17日，布鲁诺被活活烧死在罗马的鲜花广场上。

反动统治者妄图用这种斩尽杀绝的办法，来消灭异端，禁止日心说的传播。然而，适得其反，日心说更加迅速地在欧洲传播开来。由此迎来了近代自然科学的大步前进。

第三节 经典力学的建立与发展

16—18 世纪，人类对自然界的认识进入了新阶段。人们不再满足于从整体上把握自然界的图景，而是着眼于自然界的细节问题。因此，对自然界开始了分门别类地加以研究，以便掌握自然界各种物质运动形式的最基本的规律，最终导致了经典力学体系的建立。

一、开普勒与行星运动三定律

继哥白尼之后，对天体力学作出重大贡献的科学家是开普勒。

开普勒（1571—1630），是德国著名的天文学家和数学家。他出生在一个贫寒的军人家庭中，靠别人资助才读完大学。开普勒读书期间接受了毕达哥拉斯学派中理性主义的影响，认为哥白尼日心体系中，所表现出的简洁的几何秩序与和谐的数字关系，正反映了数学理性主义的思想。于是，他把自己的毕生精力投入于完善日心理论的研究中。

开普勒具有丰富的想象力，善于抽象思维和理论分析。在他早期的研究中，曾把当时已知的 6 颗行星及其到太阳的相对距离，同毕达哥拉斯学派所发现的五种正多面体相对比，提出了一个用 5 种正多面体来说明 6 颗行星运行轨道的宇宙模型。遗憾的是，这个模型因没能说明任何实际问题而被抛弃。但是，开普勒在这项工作中所显示出的才华，却引起了丹麦天文学家第谷·布拉赫（1546—1601）的注意。

第谷一生都坚持托勒密的地心说，而反对哥白尼的日心说。他在天文观测上取得了辉煌的成就，第谷用自己设计制造的天文观测仪器，观测天象长达 20 多年，精确地记录了行星的位置和运行情况。他所记录的数据误差往往小于半分，比哥白尼的数据精确20 倍。

精于观测的第谷却不大善于理论思维，加之他坚持地心说观点，虽然在天文观察中发现了行星绕日运行的现象，却觉得亚里士多德反对地动说的论据有道理。于是就提出了一个半日心半地心的折衷体系。即 5 大行星以太阳为中心绕着太阳旋转，而太阳又率领众行星以地球为中心旋转。这个体系相对于日心说来看，实质上是一种倒退。因此，拥有丰富的观察数据的第谷始终未能在理论上取得突破，庆幸的是，第谷发现了善于理论思维的开普勒，邀请他作为自己的助手，他们的结合正好能取长补短。1601 年，第谷去世，临终前，他把自己一生积累的全部资料留给了开普勒，嘱托他一定实现自己编制星表的宏愿。

开普勒并不满足于整理资料和编制星表的工作，他力图从这些资料中寻找行星运动的规律，以证明日心体系的正确。他以第谷对火星观测的记录为研究对象，首先找出了火星运行的真实轨迹。在研究这一轨迹的几何图形时，他发现按哥白尼学说（行星轨道为正圆）计算出来的数值与第谷的观测数据相差 8 弧分。开普勒坚信，这 8 弧分的误差不会是第谷观测的失误，很可能是理论的错误造成的。于是他对传统的圆形轨道观念产生了怀疑，经多次试探、验算，终于认识到火星运行轨道是椭圆，进而推断出的火星位置与第谷的观测数据基本吻合，从而发现了行星运动第一定律，即所有行星分别在大小不同的椭圆轨道上运行，太阳位于这些椭圆的一个焦点上。这条定律只是说明某行星的可能位置，却没有说明该行星在某一具体时间内所处的位置，为此，开普勒经过一系列计算，又大胆地否定了天体按匀速运行的传统观念，提出了行星运动第二定律，即在相等的时间间隔内，行星和太阳的连线在任何地点沿轨道所扫过的面积相等。

开普勒行星第一和第二定律于 1609 年发表在《新天文学》一书中。他清楚地知道，有了这两条基本定律，要准确计算各行星的位置就比较容易了。但他并没有感到满足，他进一步意识到，这两条基本定律只能表明每颗行星各自的位置和速率，而不能揭示出各行星运动之间及它们和太阳之间的总体关系。坚信整个太阳系是简洁和谐的，开普勒又全力以赴开始寻找更加清晰的数字定律，来表明行星之间及行星与太阳之间的关系。经过了 9 年不懈的努力，克服了重重的困难，终于在这些数字中发现了行星运动第三定律，即太阳系中任何两颗行星公转周期的平方与其轨道半径的立方成正比。即 $T^2=R^3$（T：运行周期，R：轨道半径）。

开普勒发现的行星运动三定律，不仅打破了天体必须做匀速圆周运动的观念，用几个椭圆轨道代替了哥白尼体系中 30 多个正圆，彻底抛弃了本轮均轮系统，使哥白尼日心体系更为定量化和精确化了。而且还成为天体力学的基础，为近代力学的发展提供了一些研究课题。如为什么行星绕太阳运行时，速度会不断变化，为什么距离太阳的远近和运行周期有关等。

二、伽利略的贡献

和开普勒生活在同一时代的伽利略（1564—1642），是意大利著名的天文学家和实验物理学家。1564 年，出生在意大利的比萨城。17 岁时他进入比萨大学学医，开始大量阅读欧几里得和阿基米德的著作，26 岁时被聘为该校的数学教授。在任教期间，他研究了物体的重心、重力等问题，写出了《论重心》《论重力》《小天秤》等著作。还亲自设计制造了摆式计时器、天平等仪器。1591 年，伽利略接受了帕多瓦大学的聘请，到威尼斯共和国任教。在这里，他不仅完成了自由落体、惯性定律、抛物体定律等动力学问题的研究和著名的斜面实验的设计，而且在 1609 年还亲手制作了第一架天文望远镜，利用望远镜所发现的新的天文现象，宣传和捍卫了哥白尼的日心说。1610 年，伽利略回到佛罗伦萨，利用工作之便完成了多部论著。如 1610 年出版的《星际使者》，1613 年出版的《关于太阳黑子的书信》，1632 年出版的《关于托勒密和哥白尼两大世界体系的对话》等著作。

1. 对自由落体运动的研究 伽利略首先研究了自由落体运动。他以亚里士多德创立的逻辑方法进行推论，指出亚里士多德的自由落体观念存在着逻辑矛盾。依据亚里士多德的重物比轻物下落快的观念，如果把两块大小不同重量不同的石头拴在一起，其总重量等于大小两块石头重量之和，那么其下落的速度应是两块石头下落速度之和。而在两块石头下落时，由于大块石头下落快些，小块石头下落慢些，拴在一起的大块石头在小石头的影响下，下落速度就会慢下来，反过来，小块石头在大块石头的带动下，又要加速，很快两块石头就以相同的速度下落，这时下落速度不再是两块石头之和，而是两块石头下落速度的平均值。从重物比轻物下落快的观点中，推出了两个自相矛盾的结论，足以证明亚里士多德的观点是站不住脚的。同时，伽利略还公开进行了自由落体实验。据说他曾在比萨斜塔上把两个轻重相差较大的球体同时抛下，结果两球同时落地。为了取得更精确的结果，伽利略还设计了斜面实验，以求"冲淡重力"，定量地观察自由落体速度变化的规律性。他做了一个长约11米的木板，中间凿开一道宽约1厘米的光滑的槽，然后让一小铜球从斜面上沿槽滚下，记下倾斜度和球从木板的高端滚到低端所需要的时间。不断改变木板的倾斜度，进行反复实验。最后他发现，物体沿同一高度，从不同倾斜度的斜面到达底端时，所用的时间相同，末速度也相同。由此，伽利略总结出了自由落体定律，即物体下落的速度与时间成正比，它下落的距离与时间的平方成正比。物体的自由落体定律的建立，在理论和实践上彻底否定了亚里士多德的错误结论，而且为近代实验科学开拓了道路，把动力学的研究纳入了科学的轨道。

2. 对抛射体运动的研究　伽利略还研究了抛射体运动。他首先采用力的合成的方法分析抛射体的运动轨迹，发现抛物体运动是由两种运动合成的。一种是垂直向下的自由落体运动，另一种是沿水平方向的匀速直线运动。这两种运动同时存在于一个物体上，使物体沿一抛物线轨迹前进，最后落在地上。从而证明亚里士多德所说的一个物体不能同时有两种以上的运动的观点是错误的，也为弹道科学研究奠定了基础。

3. 开创实验科学方法　伽利略还开创了科学的实验研究方法，他非常重视实验，把实验视为各种研究方法的中心和全部科学认识的基础。他强调科学认识必须来自观察和实验，接受实验的验证。同时又十分重视实验中的定量研究，他把数学方法应用于实验，定量地表示物体运动的规律。由于他把实验方法和数学方法综合地运用到力学研究中，为物理学发展提供了方法论基础。伽利略在强调实验的同时，还十分重视理论思维的作用。他认为，自然科学本质上是实验科学，但它毕竟是在人为改变自然发生过程的条件下，才能容易地取得需要的信息，这就是实验方法的局限。要使实验反映自然现象或自然过程的真实的发生条件，必须在理论思维的指导下，才能发挥实验的感性经验的作用。因此，伽利略在运用实验方法时，总是注意把逻辑的方法，理想实验的方法，分析的方法等结合在一起，因而使认识能够较好地接近事物的本质。如在斜面实验中，由于引入了忽略空气阻力和摩擦力的理想条件，才发现了自由落体定律。总之，伽利略所开创的实验科学方法，对以后几百年的科学研究工作都产生了深刻的影响，人们赞誉他是近代实验科学方法的奠基者。

三、培根与笛卡尔的贡献

近代科学的发展还大大受益于科学方法论的指导。这不仅是指伽利略的实验方法和数学方法相结合的实际运用，而且更为重要的是英国的弗兰西斯·培根（1561—1626）和法国的笛卡尔（1596—1650）所提出的新的科学方法论，对近代自然科学家的科学思想方法有着深刻影响。

1. 培根　其主张哲学与神学分离，提倡用唯物主义哲学来指导科学的发展。培根首次肯定了科学对人类社会发展的重要性。他认为，在所有能够给予人类利益的事情当中，没有比发现新技术、天赋和商品来改善人类生活更重大的事情了。所以，他强调指出，文明人与野蛮人之间的区别，不是从气候来的，也不是从种族来的，而是从学术来的。一旦有经验的人学会读书写字，就可以发现更好的东西（如新的科学原理和技术发明），有了这些新的科学知识和技术，人类就能支配、控制、改变自然，从而提出"知识就是力量"的著名格言。在培根看来，发现新知识和创造新技术的最好方法是进行科学实验，从中可获得大量的感性材料。而科学就是用理性方法去整理这些感性材料，即用归纳的方法从中概括出普遍的法则。为此，他批评经院哲学忽视实验，只知道从书上，从脑子里寻求答案，如同蜘蛛一样只靠自己吐丝结网。他也反对那些只重视经验，而否定理性作用，如同蚂蚁一样只知采集现成的东西以供使用。培根说，科学家应该像蜜蜂那样，先采集而后酿出蜜来。

2. 笛卡尔　与培根注重实验和归纳的方法不同，笛卡尔强调演绎法和数学方法。笛卡尔强调科学的目的在于征服自然，使人成为自然界的"主人和统治者"，给人类带来最大的幸福。笛卡尔推崇理性，把怀疑精神作为科学的出发点，认为怀疑那些信以为真的东西，怀疑一切教条和毫无根据的论断，能激发人们去寻找真理。他还强调感性只能提供模糊不清的东西，只有理性才能提供清楚而明白的观念。因此，他主张先找到完全清晰而明确的自明真理，然后再用演绎数学方法从这个真理演绎出整个知识系统。他还进一步指出，在演绎逻辑推论过程中，应遵守4条原则，第一条，判断之中的任何东西都应该是明白无误的；第二条，尽可能把所考察的难题分成细小部分；第三条，认识的秩序是由简到繁，由易到难；第四条，要尽量地把一切情形毫无遗漏地加以审视。

培根和笛卡尔的科学思想和科学方法尽管各有侧重，但从整体上来看，它们又相辅相成，为近代科学指出了更加明确的方向，奠定了更加系统的方法论基础。

四、牛顿的贡献

最终构建经典力学的是英国的牛顿（1642—1727）。牛顿是近代科学史上著名的物理学家、数学家和天文学家。1642年圣诞节那天，牛顿出生在英国林肯郡一个村庄里。1661年，他进入剑桥大学三一学院学习，在著名数学家巴罗（1630—1677）的指导下，攻读数学。从此牛顿的数学才华逐渐显露。当时他还阅读了许多自然科学的名著，把求知的欲望由数学扩展到了力学、天文学和光学等众多领域。1664年，牛顿大学毕业以后，成为巴罗的助手。1665年，牛顿回到自己家乡，继续对科学进行潜心研究，孕育着引力理论的基本思想。同时还创立了微积分、分解了太阳光谱。当他再次返回剑桥大学不久，巴罗辞去了教授职位，推荐才华出众的牛顿继任数学教授。此后的一段时间里，牛顿集中精力研究天体运动的物理原因。1684年，在他挚友哈雷的劝说下，开始动笔写作《自然哲学的数学原理》一书，经过两年多的努力，于1687年出版。牛顿也立即成为欧洲轰动一时的著名人物。随之获得了许多荣誉，担任了国会中的代表，被封为爵士，选为皇家学会会长等。1727年逝世时，享受到国葬礼仪。对一位科学家来说，在英国历史上也是第一个。

在牛顿的名著《自然哲学的数学原理》一书的序言中，概述了他自己写这本书的基本思想。他写道："古人十分重视力学，认为力学这门科学在研究自然事物时具有极其重要的作用，而今人则舍弃具体的形状和隐蔽的性质，力图以数学定律说明自然现象，所以我在这本论著中也致力于用数学来探讨（自然）哲学的问题……哲学的全部重任似乎就是从运动的现象来研究自然界的力，然后再从这些力去论证其他现象……我希望这里所建立的原理能给这方面或给（自然）哲学的比较正确方法带来一定光明。"

牛顿从揭示力学规律的思想出发，以大量实验和观测的事实为依据，进行了严格的逻辑论证和精确的数学分析，从而建立了以力学三定律和万有引力理论为核心的完整的、严密的、科学的经典力学体系。

1. 力学三定律　牛顿的《原理》一书首先给力学的一些基本概念下了定义。"质量"即物质的量，是一个物体固有的属性，用它的密度和它的体积的乘积来量度。"动量"即物体运动的量，用运动物体的质量与速度的乘积来度量。"惯性"是物体所具有的反抗能力，使物体尽力保持现状。在它的作用下物体处于静止状态或做匀速直线运动。"外力"是加于物体上的一种作用，用以改变物体的运动状况。牛顿对经典力学体系的时间和空间概念有如下定义：时间是绝对的，而且由于其本性，与任何外部事物无关，自身也均匀流逝着；空间也是绝对的，就其本性而言，与任何外部事物无关，它总是相同的和不动的。

牛顿以上述思想为基本出发点，在伽利略等前人工作的基础上，提出了力学三定律。

（1）力学第一定律　即惯性定律，是对伽利略惯性运动的继承和发展。伽利略根据斜面实验发现了水平方向的惯性运动，而牛顿则把它扩大到任意方向，用一种原因概括了惯性运动的两种特殊表现形式。牛顿指出，任何物体，只要没有外力作用，便将永远保持静止或匀速直线运动。

（2）力学第二定律　即加速度定律，也是牛顿在继承和发展伽利略关于力和速度的变化有关的基础上提出的。牛顿解决了伽利略未曾搞清楚的问题，即力和速度的变化究竟有什么关系。牛顿指出，力和加速度之间需要有质量作媒介，质量一定时，外力和加速度成正比，即 $f=ma$，物体质量与加速度成反比，即 $m=f/a$。

（3）力学第三定律　即作用力与反作用力定律。两个物体间作用力和反作用力总是同时存在，它们大小相等，方向相反。这是牛顿在研究力学规律时发现的机械运动的一个矛盾。

牛顿建立的力学三定律是一个整体，它正确地反映了宏观物体低速的机械运动规律，构成了经典力学的基础。

2. 万有引力理论　此外，当时许多著名的科学家都在研究引力问题，试图解决开普勒在天文学上所留下的难题。经过长期探索，他们当中最先接近万有引力理论的，是英国的科学家罗伯特·胡克（1635—1703）。胡克认为，一切天体都有倾向自身中心的吸引力，这种吸引力使天体的运动轨迹发生偏斜。物体离吸引中心越近，所受到的吸引力就越大。为此，他曾试图通过实验来测算物体在地面不同高度的重量，从而找出两物体之间引力和距离的变化，可惜没有成功。牛顿在此基础上，运用已建立的力学定律和自己的数学才能，经过综合分析指出，行星运动必须有力的连续作用，才能得以不断地改变运动方向，沿椭圆轨道绕日运行。牛顿又根据荷兰物理学家惠更斯的向心加速度公式和开普勒的行星运动第三定律，发现连续作用于行星的力正是沿着向径方向的向心力。后经一系列的数学推导，终于建立了万有引力定律，即宇宙间任何两个质点，都彼此相互吸引，引力的大小与它们质量的乘积成正比，与它们之间距离的平方成反比。即 $F=GMm/r^2$。

牛顿把物体运动规律归纳为三条运动基本定律和一条万有引力定律而建立起一个完整的力学体系。这样，将两种看起来似乎毫不相关的运动规律，即地上的物体运动规律和天体运动规律联系起来，概括在一个严密的统一理论中。从而完成了人类认识自然的第一次理论大综合。

牛顿除了在力学方面的建树，在数学、光学等方面也取得了不起的成就，给后世留下了深刻的影响，近代科学史上任何科学家都无法与之相比。然而，这位伟大的科学家异常谦逊，他曾恳切地说："我不知道世人对我怎么看，不过我自己觉得好像在海滨玩耍的一个小孩子，有时很高兴地拾着一颗光滑美丽的石子，但真理的大海，我还没有发现。"又说："如果我看得远些，那是因为我是站在巨人的肩膀上的缘故。"这些至理名言，对于后人永不停息地进取，是有很大启迪的。它表明科学的发现，在很大程度上要善于继承、学习前人的成果，才能更好地创新，而牛顿正是科学史上继往开来的典范。

第四节　近代其他自然科学的进展

继天文学和力学兴起之后，其他自然科学如数学、物理学、化学和生物学等，也都取得了重大的进展。这些成就为近代自然科学的全面发展奠定了基础。

一、数学的成果

16 世纪以后，在天文学、力学及商业和航海事业的推动下，数学取得了重大进步。在算术方面，由英国数学家约翰·耐普尔（1550—1617）发明了对数。对数是计算方法上的一次革新，从而大大简化了计算过程，从而在代数学方面建立了沿用至今的代数符号体系，还把常量数学发展到变量数学，把初等数学发展到了高等数学，进而创立了解析几何和微积分。

1. 解析几何　是由法国哲学家、科学家笛卡尔和法国数学家费尔玛（1601—1665）于 17 世纪上半叶，各自分别创立的。在此之前，几何学和代数学是作为两种不同的数学分别加以研究的。几何学是研究事物的空间形式及其和数量间关系的，而代数学则着重研究事物的数量关系。这种分离现象使几何学在解决变量问题时，求解越来越繁难，而代数学则能把这种计算化繁为简。笛卡尔综合了两者各自的优点，把代数学引进了几何学，创立了解析几何。解析几何学采用一种平面数学坐标系，用互相垂直的两条直线，将平面分成四个象限，平面上任一点均可表示为 x、y 的函数，由无数点组成的任何曲线均可组成 x、y 的代数方程式。这样，用方程来表示曲线，生动地体现了自然事物的形状和数量是相互联系的。笛卡尔自己说过他创立解析几何，是为了放弃那仅仅是抽象的几何。这就是说，不再去考虑那些仅仅是用来练习思想的问题，他这样做，是为了研究另一种几何，即目的在于解释自然现象的几何。而费尔玛是第一个采用方程来表示曲线的。他在 1629 年写的《空心与实心概论》一书中，指出方程中的两个未知数，可以代表直线或曲线的运动轨迹。然而费尔玛的著作在半个世纪后才发表，所以没能产生较大的影响。

解析几何的创立，不仅在于它解决了用几何学方法难以解决的问题。更为重要的是，笛卡尔创立解析几何，把数学的发展推到了一个新的转折点，使数学从常量数学发展到变量数学。正如恩格斯指出的："数学中的转折点是笛卡尔的变量。有了它，运动进入了数学，因而，辩证法进入了数学，因而微分和积分的运算也就立刻成为必要的了。"

2. 微积分的建立　17 世纪时，科学的发展和解决生产问题的需要向数学提出了一系列亟待解决的课题。如速率问题，对于变速运动的物体，怎样求它的瞬时速度。又如求曲线下面积的问题，求任意曲线上某一点的切线问题及求最大值和最小值问题等。这些问题在 17 世纪至少有几十个数学家研究过，其中较有成效的有笛卡尔、费尔玛、巴罗、瓦里斯（1616—1703）和卡瓦列里（1598—1647）等人，他们大多采用几何的方法来研究上述问题。牛顿和德国数学家莱布尼茨（1646—1716）在这些先驱者的工作基础上，加以概括和创新，分别独立地建立了微积分，开创了数学史上的新纪元。

牛顿在 17 世纪 70 年代就建立了微积分，1671 年，完成了《流数法和无穷级数》（1736 年出版）一书。他在这部著作里从运动学的角度指出，变量是由点、线、面的连续运动产生的，把这些连续变量，叫作流量，用 x、y 表示，把变量的变化率，称为流数，用 ẋ、ẏ 表示。同时，较清晰地提出了微积分的中心问题：第一，已知连续运动的路径，求给定时刻的速度（即已知两个流量之间的关系，求它们之间的流数的关系，也就是微分法）；第二，已知运动的速度求给定时间内经过的路程（即已知两流数的关系，求它们的流量关系，也就是积分法）。

而莱布尼茨则是在 17 世纪 80 年代建立微积分体系的。1684 年，莱布尼茨发表了题为《一种求极大极小和切线的新方法，它也适用于分式和无理量，以及这种新方法的奇妙类型的计算》的论文。莱布尼茨从几何学角度进行考虑，主要突出了切线概念，求切线的斜率等，还特别重视建立运算的符号和法则，他所创设的微积分符号，如 dx、dy 等，现在仍在通用。

由于牛顿和莱布尼茨在创立微积分时急于完成微积分的运算法则，对于其中的一些基本概念的解释往往含混不清。例如什么是无穷小量。牛顿在推导过程中，有时却把这一量看作零，而把含无穷小量的项从方程中消掉；有时又把无穷小量看作有限的小量，而加以运算。莱布尼茨对 dx、dy 也不能自圆其说。这些逻辑上的混乱正说明微积分理论还需进一步发展。18 世纪上半叶以后，不少科学家为严格阐述微积分的基本概念做了大量工作，其中最有成就的是法国数学家柯西（1789—1857）。他从变量、函数等基本概念出发，提出了极限的概念，同时在此基础上，把无穷小量定义为以零为极限的变量，从而为建立严密的微积分体系奠定了基础。

二、物理学的进步

（一）几何光学

16—18 世纪，随着天文学、力学和数学的发展，与这些学科关系较密切的几何光学也开始兴旺。当时一些著名的科学家几乎都投入了这一学科的研究。最先对光学现象进行研究的是开普勒。他首先提出了光源的强度与光源的距离平方成反比而衰减的光度学定理。开普勒还考察了光的折射现象，他指出当光从光疏介质进入光密介质时，其折射方向总是靠近法线。如果入射角度大于 42° 时（如光从玻璃透射到空气时）就发生全反射现象。开普勒这一思想发展了前人的认识。后来，荷兰数学家、物理学家斯涅尔（1580—1626）于 1621 年发现了光的折射定律。表述了光穿过两种互相接触的媒质的界面时，光所穿行的路程和两种媒质的折射率关系，定量地确定了入射角与折射角的关系。但是，斯涅尔折射定律在当时并没有引起人们的注意，只是到 1703 年，在惠更斯的《光折射》一书中提到斯涅尔的发现时，才受到人们的重视，成为现代几何光学的基本定律。1655 年，意大利物理学家格里马蒂（1618—1663）通过实验发现了光的衍射现象和薄膜干涉现象，证明光不总是沿直线传播。同年，牛顿还进行了分解日光的实验。他用一块三棱镜分解太阳光，发现白光是由几种不同颜色的光组成的，提出不同颜色光的折射率不同，是造成分光现象的原因。由此牛顿进一步解释了透镜成像的边缘所出现的彩色模糊现象，亲自设计制作了一台消除色散现象的反射望远镜。他还发现了牛顿环现象。17 世纪时，还进行了测定光速的工作。伽利略曾设想光是按有限速度传播的，在佛罗伦萨城外的两个山头上进行测量，未获成功。直到 1676 年，丹麦天文学家雷默（1644—1710）在观测木星掩饰其卫星的周期中测算出了光速为每秒 22.5 万千米。

（二）光的微粒说与波动说

光学上的一系列新发现引起了科学家对光本性研究的兴趣。他们根据实验现象从各自的角度出发，提出了不同的看法，逐渐形成了两种对立的学说，一种是以牛顿为代表的微粒说，另一种是以惠更斯为代表的波动说。

1. 微粒说　微粒说的思想来源于古希腊，古希腊人曾认为光是从眼中或光源发射出的粒子。1637 年，笛卡尔在解释光的折射、反射现象时，把光看成具有弹性的粒子流。他认为光的反射是光粒子碰到界面时被反弹回来的缘故。而光的折射就像弹性小球穿过一层纱布一样，当光粒子穿过两种不同介质（从较疏介质进入较密介质）的分界面即"纱布"时，因克服阻力，光粒子的水平分速度不变，而垂直分速度将变大，所以光偏向法线而折射。牛顿倾向于光的微粒说，所以提出了比笛卡尔更为具体的微粒思想。

他认为，光是由很小的物质颗粒组成的，这些质点从发光体飞射出来，犹如一群飞射的枪弹。这种微粒在均匀介质中按力学定律作匀速直线运动。微粒太轻，从而使地球对它们的吸引力都根本表现不出来。它们可以自由地穿透物质，当它们撞在视神经上就引起了视觉。牛顿对光的折射、反射现象的解释和笛卡尔大致相同，只不过是从力学的角度作了进一步的分析。他认为，这些微粒在它们之间吸引力或其他力的作用下，在其周围的以太介质中激起振动。而这种振动可能使光粒子加速或减速，从而使光粒子时而显示反射，时而显示折射。当光粒子折射时，即光粒子撞击在光密介质界面上，光密介质会对光粒子施加一种推力，而使光粒子在垂直方向的分速度加大，这样光粒子在折射时将向法线一边靠近。无论是笛卡尔还是牛顿，都比较牵强地解释了光的折射现象，这一点牛顿自己也认识到了。然而，牛顿的权威却使微粒说在整个 18 世纪一直占据着压倒优势。

2. 波动说   波动说的思想最早是由意大利的格里马蒂提出的。他在研究光的衍射现象时，指出光可以绕过物体传播，就像声音可以绕过物体传播一样。1665 年，胡克首先明确提出了光的波动说，认为光是一种振动，它通过充满空间的介质——以太，以球形波的形式向四面八方传播。1678 年，荷兰物理学家惠更斯（1629—1695）进一步发展了这一学说。惠更斯主要研究了波阵面传播原理。他认为光源的每一部分都发出一个球面波，这些球面波同时向四面八方传播。在传播过程中，球面波的前端成为新的振动源，从而发出新的球面波。这样由球面波形成的波阵面就像石子投在水中一样，不断向外扩散。光则沿着与球面波垂直的方向传播。惠更斯利用波阵面传播原理，不仅解释了光的直线传播和反射现象，还较好地解释了光的折射现象。他指出，当球面波到达界面某点时，于是某点成为次波源并将在界面发出半球面子波，传播到另一介质中。半球面波的半径与时间成正比。由于到达界面各点的入射球面波的时间依次较晚，所以分别产生了半径依次较小的半球面子波。如果认为光在较密的介质中要比较疏的介质中传播慢的话，那么当光从较疏介质进入较密介质中时，所产生的球面子波的半径也较小，其波面就会向下倾斜，折射光线就会更接近法线一些。但是，由于波动说在解释光的偏振现象时遇到了一些困难，再加上光的波动说本身缺乏严密的数学推理，因而在一段时间里并没产生什么影响。直到 19 世纪，进行了一系列的科学实验才证明了光的波动说观点是正确的，波动说才得到进一步发展。

（三）热学

热现象和机械运动有密切联系，随着对机械运动规律的深入了解，对热现象的研究也开始出现。17 世纪，许多科学家主要致力于测温计的研制。1603 年，伽利略首先发明了测温计，它是利用空气受热膨胀的原理来反映温度变化的。由于气体膨胀除热影响之外，还要受到其他因素的影响，因此空气测温计不久就被液体测温计所代替。1632 年，法国物理学家让·雷制成了水测温计。1645 年，意大利西门图科学院的科学家们制成了酒精测温计。后来法国物理学家阿蒙顿（1663—1705）用水银代替其他液体发明了水银温度计。

18世纪上半叶，科学家们则努力于建立温标。1724年，德国人华仑海特（1686—1736）首先制定了华氏温标。1742年，瑞典人摄尔胥斯（1701—1744）把水的冰点和沸点之间分为一百份，创立了摄氏温标。温度计的发明和改进，以及温标的建立，为热学的一些基本概念的建立提供了有利的条件。

英国化学家、物理学家布莱克（1728—1799）1760年首先区分了热量和温度这两个最基本的概念。同年，布莱克通过实验还建立了比热的概念。他发现把温度为150℃的黄金与同重量的50℃的水相混合，它们达到的平衡温度是55℃，金子下降1℃和水上升1℃时，它们放热和吸热的能力是1比19。布莱克还用其他物质与同重量但不同温度的水相混合，把它们达到热平衡温度变化加以比较，从而推算出其他物质温度升高或降低1℃时吸收或放出的热量，和同重量的水吸收放出热的比值。这个比值后来称为比热，它表明同样重量的物质，在升高同样温度时，所需热量是不同的。布莱克在实验中还发现，水在温度不变时，由液体转化为气体，要吸收一定的热量。冰在温度不变时，由固体转化为液体，也要吸收一定热量。相反，当水从气态转化为液态，再从液态转化为固态时，其温度也不变，但能放出一定的热量。布莱克把这种不表现物体温度变化的热量称为潜热。潜热概念的建立，为瓦特改进蒸汽机提供了理论基础，促进了冷凝器的发明。

布莱克在对热现象进行定量和定性研究的基础上，提出了关于热现象本质的热素说。这一学说与俄国学者罗蒙诺索夫（1711—1765）等人主张的热是物质内部微粒的运动，其运动的快慢与温度的高低成正比的观点不同。布莱克认为，热素是一种没有质量，没有体积的物质。物体含有这种热素越多，温度就越高，热的传递就是热素从高温物体到低温物体的流动，尽管在热传递过程中，热素在不同物质中的含量有所改变，但它们的总量是守恒的。由于热素说能较好地解释当时观察到的热现象，因此这种观点在18世纪占有统治地位。直到19世纪，关于摩擦现象的研究才结束了这一观点的统治。

（四）电磁学

这一时期的电磁学研究基本还处于实验阶段，其主要的研究对象是静磁、静电。

1600年，英国的电磁学家吉尔伯特（1544—1603）发表了《论磁石》一书。在这本著作中介绍了对天然磁石和地球磁倾角的实验研究。他指出磁石的两端磁力最强，一端为南极，一端为北极，两极同性相斥，异性相吸。为了研究地球的磁现象，他用一块磁石磨制了一个磁石球，让小磁针接近磁石球的各个部位。从中发现，在磁石球的作用下，小磁针像地球上的指南针一样，总是指向南北，由此吉尔伯特推想，地球可能是个大磁石，各个天体也是磁石，它们之间的位置是靠磁力维持的。磁力的大小随物体间的距离增大而减小，所以离太阳越远的天体运动越慢。他认为，磁力本质类似于重力，是产生运动的原因。他还根据小磁针靠近磁石球的球面时，发现在北半球指北的针尖下倾，而南半球指南的针尖也下倾的现象。之所以存在磁倾角，是因为指南针在地球的不同纬度上受力的方向与该纬度的水平方向有一个夹角。据说他还发现了磁偏角现象，即地球的地磁南北极与地理南北极有一个不太大的偏离。1750年，英国物理学家米歇尔

（1724—1793）用自制扭秤做实验，他将扭秤上的绳子把磁石悬在空中，让另一块磁铁靠近它，使它转动，从悬线的扭转程度测定两磁铁间的作用力，发现同性磁极之间的斥力与它们距离的平方成反比，即 $f=k \cdot m_1 m_2 / r^2$。总之，这个时期的磁学研究进展得不快。

这一时期，电学的研究比磁学进展快些。吉尔伯特第一个把电和磁联系起来进行研究。他认为，电和磁是两种不同的东西，这是因为天然磁铁本身就带有磁性，而电是靠摩擦的方法才能产生。由此开始他研究摩擦起电现象。17 世纪下半叶，德国物理学家格里凯（1602—1686）根据摩擦起电的原理，制造了一架摩擦静电起电机。这样，只要不断地转动起电机的摇柄，摩擦转动轴上的硫磺球，就能产生静电。18 世纪初，法国物理学家杜裴（1689—1739）发现自然界有两种不同的电，一种是玻璃与丝绸摩擦后玻璃上所带的玻璃电（阳电），另一种是琥珀与毛皮摩擦后琥珀上所带的琥珀电（阴电），发现同性电相互排斥，异性电相互吸引。1745 年，荷兰莱顿大学的物理学家马森布罗克（1692—1761）和德国物理学家克莱斯特（1700—1748）一起，发明了能贮存静电的原始电容器——莱顿瓶。

18 世纪下半叶，一些科学家开始进行定量研究电荷之间的相互作用。英国物理学家卡文迪许（1731—1810）通过实验证明静电荷之间的作用力与它们距离的平方成反比。法国工程师库仑（1736—1806）在 1777 年重新制造了一种扭秤，于 1785 年至 1789 年期间，用这架扭秤测定了两电荷之间的作用力。证明其作用力的大小与它们之间距离的平方成反比。把它与万有引力定律进行类比后得出，其作用力的大小还与电荷电量的乘积成正比。从而建立了第一个科学的电学定律——库仑定律，即 $f = C \cdot q_1 q_2 / r^2$。

在静电学研究方面作出较大贡献的是美国政治家、科学家富兰克林（1706—1790）。富兰克林出生在一个染匠家里，由于家境贫寒，只上了两年学。后来利用在印书馆学徒的机会，阅读了文学、哲学和科技等方面的大量书籍。为从事科学研究奠定了知识和理论基础。后来，他集中精力研究电学，取得了重大成就。

富兰克林通过静电实验发现，电的本质只有一种，即电流质。他认为这种电流质没有重量，存在于任何物体与空间中。一个物体中的电流质过多，则表现为正电，不足则表现为负电。这和失去电子带正电，得到电子带负电的现代解释已很接近，只是符号相反，因为他认为电流质带正电。富兰克林还提出了著名的电荷守恒原理，即在任何一种绝缘体中，总电量是一定的。

富兰克林在实验中还发现，莱顿瓶的放电现象与雷电有很多相似之处，如都产生光和声音，都能点燃物体、熔化金属、破坏磁性、杀伤生物，从而断定雷电也是放电现象，其原理同莱顿瓶放电一样。在《论天空闪电和我们的电气相同》一文中，富兰克林大胆宣布了这一科学假设。他的想法得到了西欧一些学者的赞扬，但遭到了当时电学权威的嘲笑和反对。为了证明自己理论的正确性，1752 年 7 月，富兰克林父子在一个雷电交加的日子里，冒着生命危险用自制的风筝做了捕捉雷电的实验。结果证明，闪电和摩擦产生的电，性质完全相同。实验的成功轰动了科学界，一些电学权威不得不重新评价富兰克林的工作，很多科学家则重复他的各种电学实验，以加深对这些理论的了解。1753 年，俄国电学家利赫曼（1711—1753）在验证富兰克林的雷电实验时被雷电击死，这促使富兰克林发明了避雷针。

富兰克林一生不仅在电学研究上，而且在许多科学领域都留下了他的足迹。他曾研究过天花，创办了美国第一所公立医院，为医学作出了贡献。他发明了一种双焦距光学透镜，证明了不同颜色的布在阳光下吸热效果不同，颜色越深，吸热量越大；颜色越浅，对阳光的反射越强。他还为农业有关部门提供生产沼气的方法，以及在天文、地质、地磁、气象、化工、机械、钟表、乐器等方面都有他的发现与发明。

三、化学的兴起

（一）医药化学与冶金化学

16 世纪的欧洲，在资本主义生产方式的推动下，工业生产得到了快速发展。随之自然科学各个领域出现了新的变化，化学，尤其是医药化学和冶金化学也开始兴旺起来。此时参加化学研究的人大多是医生，因而化学史学家们把这个时期称为"医药化学"时期。

当时，在医药化学界比较著名的代表人物是瑞士医生帕拉塞斯（1493—1541）。他在从事医疗实践和医学教育的同时，还致力于医学方面的著述。当时，欧洲的医药学界一直被盖伦和阿维森纳的学说所统治，帕拉塞斯不仅痛斥盖伦等人的旧理论，还当众焚烧他们的著作。帕拉塞斯认为，世界上的万物是由盐、硫、汞三元素及由它们的不同比例所构成，某一物质的性质，是由该物质含有各元素成分的多少决定。他在医疗实践中，大胆地使用汞、锑、铁等及其化合物作为内服和外用的药物，还亲自制取和提纯了许多无机药物。在制取、提纯化学药物的实验中，完成了许多无机物之间的化学转变。在他的化学著作里，有许多是新药物制备过程的记述。帕拉塞斯的这些成果，为后人进行化学研究提供了宝贵的资料。

帕拉塞斯的这些贡献，对扭转化学研究方向起到了重大作用，致使医药化学影响欧洲达 100 多年。

与帕拉塞斯同期的一位德国医生阿格里柯拉（1494—1555）也对化学产生了浓厚的兴趣。由于他生活在矿山中心的萨克森，所以对采矿、冶炼金属及其相关的化学进行了研究。他在查阅许多前人文献的基础上，又进行了广泛的现场调查，完成了大量的著述。其中，《论金属》就是一部 12 卷本的著作，内容非常丰富，含有寻找矿脉、开采矿石、冶炼金属等，书中图文并茂。

在《论金属》这部著作中，9 ～ 12 卷阐述了化学方面的内容，详细记述了已知金属元素的制备、提纯和分离等。此书还以简洁的语言批驳了炼金术，用丰富的化学知识生动地描写了德国矿冶技术的实况。当时它被矿冶技术专家们指定为矿工的必读手册。这部著作不仅总结了从罗马时代的普林尼（23—79）以来的欧洲学者所掌握的采矿、冶金知识，而且还将这些文献知识与调查事实结合起来，形成一部理论与实践相结合的典型著作。但遗憾的是，这部著作在作者逝世一年后，于 1556 年出版。后来，该书多次再版，在欧洲各国广泛传播。

（二）波义耳与化学

17 世纪，人们在医药化学研究的基础上对实用化学的认识有所提高，酸、碱、盐及其化学性质也开始被人们所了解。但是在化学理论上，由于沿用亚里士多德的"四元素说"和医药化学的"三元素说"来解释实验中的各种现象，因此造成化学研究上的极大混乱。而英国化学家波义耳（1627—1691）冲破旧理论观念的束缚，消除了化学的混乱局面，把化学确立为科学。

波义耳首先批判了统治化学界的"四元素说"和"三元素说"理论。他指出，物质的构造和性质是复杂的，不是"水、土、火、气"或"盐、硫、汞"几种元素所组成的，更不是由几种元素所能概括的。他还指出那种只用火就可以把物体分解为基本元素的观点是错误的。其次，波义耳在总结一系列实验事实的基础上，在 1661 年出版的《怀疑的化学家》一书中，第一个提出化学元素的科学定义。他指出"我指的元素应当是某些不由任何其他物质所构成的原始的和简单的物质或完全纯净的物质""是具有一定确定的、实在的、可觉察到的实物，他们应该是用一般化学方法不能再分解为更简单的某些实物"。这一朴素的元素定义，对摧毁旧信念，促使 17 世纪化学家们确立新观点起到了极大的作用。

波义耳是 17 世纪中叶最杰出的化学家。他给元素提出了新的定义，为人们研究万物的组成指明了方向；由于他把实验方法引进了化学，才使化学成为一门实验科学，由于他明确了化学的研究对象，提出了元素、化合物、混合物、酸、碱等基本概念，从此使化学从炼金术和医药化学中脱离出来，而成为一门独立的科学。因此，恩格斯给予他高度的评价"波义耳把化学确立为科学"。

（三）燃素说

波义耳建立了元素说，明确了各种物质都是由简单的元素所构成的。但是，在 17 世纪后半叶，人们在化学研究中又发现了新的问题。为什么物质会发生变化？为什么和燃烧有关系的物质易于发生变化？由此引起化学家们进一步研究燃烧性质问题。其实火及燃烧现象，自古以来就是一个引人注目、探索的问题，在科技史上也曾出现过各种各样的不同学说，其中具有代表性的是燃素说。

燃素说的发起者是德国化学家贝歇尔（1635—1682）。他在 1669 年出版的《土质物理》一书中对燃烧提出设想。他认为，燃烧是一种分解作用，动植物或矿物燃烧之后，留下的灰烬都是最简单的物质，是不能再分解、再燃烧的物质。那么物质之所以会燃烧，是因为它们都是由 3 种基本土质所构成。其中，石质土能使物质具有一定的形态；油状土能使物质易于燃烧；流质土（汞土）能使物质具有光泽。不同物质因所含有这 3 种土质成分不同，所以显示出千差万异。当物体燃烧时，就是放出"油状土"，而剩下"石质土"和"流质土"。贝歇尔的"油状土"相当于后人所说的"燃素"。因此，人们把贝歇尔视为燃素说的创始人。

1703 年，普鲁士王国的御医、化学家施塔尔（1660—1734）总结了燃烧中的各种现象和对燃烧的不同观点，系统地提出了燃素学说。此理论基本思想为一切可燃物本身都含有1种物质——燃素，与燃烧有关的化学变化，都可以视作物体吸收或释放燃素的过程。

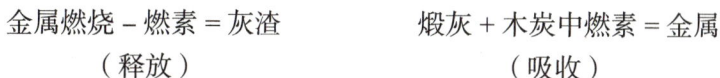

$$金属燃烧 - 燃素 = 灰渣 \qquad\qquad 煅灰 + 木炭中燃素 = 金属$$
$$（释放）\qquad\qquad\qquad\qquad （吸收）$$

同时，燃素说在解释金属溶解于酸时，是酸夺取了金属中的燃素，而金属的置换反应，正是燃素从一种金属转移到另一种金属的结果。

施塔尔燃素说的出现，对化学发展起到一定的积极作用。这一学说不仅对当时已知的化学现象在燃素的基础上进行了统一的说明，而且它也预示着化学将要摆脱炼金术的统治而得到彻底的解放。此外，在燃素说流行期间还积累了相当丰富的科学实验材料。正因为这些作用，燃素说在其后统治化学界达百年之久。

随着化学的发展，人们对化学反应进行了定量的研究，由此，燃素说越来越陷入困难的境地。尤其是氧气发现以后，揭示了燃烧的本质，更使它在化学中失去立足之地。

（四）燃烧的氧化学说

燃烧的氧化学说是由法国化学家拉瓦锡（1743—1794）建立的，其建立与氧气的发现有关。其实最先发现氧气的不是拉瓦锡，而是瑞典化学家舍勒（1742—1786）和英国化学家普利斯特列（1733—1804）。他俩分别于1772年和1774年，在实验中独立地发现了氧气。但是，由于他们受燃素说理论的束缚，所以舍勒把他发现的氧气说成"火气"，普利斯特列则称之为"脱燃素空气"，两人都失去了发现氧气的机会。正如恩格斯指出的那样，由于他们被传统的燃素说所束缚"从歪曲的、片面的、错误的前提出发，循着错误的、弯曲的、不可靠的途径行进，往往当真理碰到鼻尖上的时候还是没有得到真理"。敢于冲破传统观念束缚的拉瓦锡，得知普利斯特列发现"脱燃素空气"的消息后，立即重复了普利斯特列的实验和精确的测定，果然得到了与他相同的气体。最初拉瓦锡把这种气体称为"上等纯空气"，到1777年才正式把这种气体命名为氧气。拉瓦锡通过实验，终于找到燃素说的错误根源，揭示了燃烧和空气的真实联系，从而否定了燃素说的结论。将歪曲金属的燃烧过程金属 - 燃素 = 灰渣改正过来，变成金属 + 氧 = 灰渣（金属氧化物）的真实情景。由此推翻了燃素说而建立起燃烧的氧化学说。其学说的要点如下：①燃烧时放出光和热；②物体只有在氧存在时才能燃烧；③空气由两种成分组成，物质在空气中燃烧时，吸取了其中的氧，因而加重，所增加的重量恰等于所吸收氧的重量；④一般的可燃物质（非金属）燃烧后，通常变为酸，氧是酸的本原，一切酸中都含有氧元素，而金属燃烧后，即变成灰渣，它们是金属氧化物。

燃烧的氧化学说理论的建立，揭开了长久不能解释燃烧现象的秘密，从而结束了燃素说对化学界的统治，使化学得到了迅速发展。

四、生物学的进展

近代生物学主要在分类学和生理解剖学方面取得了显著的成就。

（一）林耐与分类学

关于生物的分类，早在亚里士多德的动植物学中，就曾记载过两种不同的分类方法。一种是着眼于生物种间的不连续性，把物种分成不同的等级，叫作"人为分类法"；另一种侧重物种间的连续性，每一物种则是生物链中的一个环节，进而找到物种亲缘关系的叫作"自然分类法"。这两种分类方法，都随着生物学的发展而发展。特别是到了近代，随着欧洲资本主义向外扩张，从殖民地所带回来世界各大洲的动植物标本之后，就更加兴起了对动植物及其分类的研究。在 1735 年时，瑞典人林耐（1707—1778）在考察动植物区系的基础上，完成了《自然系统》一书。在这部著作中，提出了完整的分类体系。

在林耐的人为分类体系中，采用了等级从属的分类单位。他把当时已知的 1.8 万种植物分为纲、目、属、种，依雄蕊为纲，将植物又分为 24 个纲。为了避免物种命名上的混乱，还创立了简便的拉丁文"双名制"命名法。这种命名法是对每一种动植物的名称都用拉丁文的种名和属名写在一起来表示。属名在前表示名称，种名在后，多为形容词。用这种双名法命名的种名为该物种的学名。例如，家猫的学名即 Felis domestica。

林耐依据人为分类法和"双名制"命名法，使动植物界摆脱了杂乱无章的混乱局面，形成了有规律可循的完整知识体系，确立了生物界的秩序。林耐的分类法曾被人们称为万有的分类法，因而，使他成为 18 世纪最伟大的科学家之一。但是，林耐的人为分类方法过于侧重不同类群间形态特征的比较，而未能正确地反映物种之间的亲缘关系，因此，没有把自然界的本性揭示出来。19 世纪中叶，进化论在生物学中取得胜利之后，生物分类学开始强调要以进化论为理论基础，此后才建立了一个能充分反映物种之间亲缘关系的自然分类体系。

（二）血液循环说的建立

医学在欧洲一直是一门主要的学科。但是，古罗马的盖伦学说也一直统治着生理医学。盖伦认为，人体血液是从右心室通过心脏中膈流入左心室的，且把动脉系统与静脉系统视为彼此毫无联系，各自做周期性的血液来潮或退潮运动。这些错误思想直到 16 世纪仍然束缚着生理学界。16 世纪中叶，比利时医生维萨里（1514—1564）在 1543 年出版的《人体的构造》一书中，否定了盖伦关于心脏中膈能够输送血液的错误思想，但并未指明血液是如何从右心室流入左心室的。与维萨里一起工作的西班牙医生塞尔维特（1511—1553）提出了血液从右心室经肺动脉、肺静脉流到左心室。他的这种血液小循环思想，曾被教会视为是违反教义的，因此把他当作异教徒而活活烧死。

继承塞尔维特事业，完成血液循环理论的是英国医生哈维（1578—1657）。他在英国剑桥大学获哲学博士学位以后，到以解剖学闻名的意大利帕都亚大学学医。就学期间，他把帕都亚大学解剖学传统与科学实验结合在一起，亲自解剖了 80 多种动物，从中得知动物具有动脉和静脉两种血管。同时，还进行了判明血管中血流方向的实验，从此认识到心脏肌肉收缩是血液流动的动力，进而推断出血液是从动脉到静脉，然后流回心脏的。哈维回国后，把上述的认识同他在行医和医学院执教实践相结合，逐渐形成了系统的血液循环思想。于 1628 年出版了《论动物心脏和血液运动的解剖学研究》（简称《心血运动论》）这一著作，把他的思想公布于世。

哈维血液循环的基本思想：静脉血流到右心室，再进入肺，由肺变成鲜红的血液流回左心室，从左心室进入动脉血管流到全身，然后再流到静脉而回到右心室，完成人体血液循环的一个过程。哈维的血液循环理论的建立，进一步驳斥了盖伦关于血液通过心脏中膈的错误。

但是，哈维的血液循环说未能说明血液是如何从动脉流到静脉的，他所遗留下的问题，被后来意大利医生、生物学家马尔比基（1628—1694）和荷兰人列文虎克（1632—1723）所解决。两人分别利用显微镜，在观察青蛙的肺和脚及蝌蚪的尾巴中，看到了毛细血管及其血液通过毛细血管的实际循环过程。从而证实了哈维血液循环理论是正确的。此后，生理学成为一门独立的学科，哈维则是生理学的奠基者。

第五节　第一次技术革命

18 世纪下半叶，欧洲发生了两种性质不同的大革命，一种是发生于法国的思想解放运动，另一种是发源于英国的，以纺织机械的发明为起点，以蒸汽机的出现为标志，实现了由手工技术到机械技术，由工场手工业到大机器生产的转变的产业大革命即第一次技术革命。这两次伟大革命运动，特别是后者深刻地影响着欧洲的历史进程，彻底改变了欧洲社会的经济政治面貌，同时也为科学技术的迅速发展，提供了强大的物质基础和有力的社会保证。

一、第一次技术革命的兴起

第一次技术革命即工业革命发生于 18 世纪 60 年代的英国，这与当时英国的社会条件是分不开的。英国是最早建立资产阶级政权的国家，经过 100 多年来资产阶级统治地位的巩固和提高，为资本主义生产方式的发展扫清了各种障碍。特别是英国资产阶级通过国家政权推行了符合本阶级利益的土地政策、殖民政策等，为产业革命的胜利进行奠定了政治、经济的基础。

18 世纪以后，大规模的圈地运动，成为政府法令鼓励下的"合法"行动。这一行动大大加速了自耕农的消灭和农民的破产。这样既为产业革命提供了大批的"自由"劳动力，又为产业革命提供了广阔的国内市场。与此同时，还造成了土地的集中和农业资本主义的发展。资产阶级化的新贵族利用大农场的优势，采用新的农业技术装备，改进耕作技术，大大提高了农业劳动生产率。不仅为大批的城市人口准备了必要的粮食和副食品，也为工业提供了更多的原料。

与此同时，已经拥有海上霸权地位的英国，不断扩建殖民地，把掠夺的范围从欧洲、亚洲扩展到美洲和澳大利亚。据统计，1789 年以前，英国从西印度群岛每年收入达 400 万英镑。1757 年到 1815 年间，英国在印度共榨取约 10 亿英镑的财富。此外，英国还不择手段地进行罪恶的奴隶贸易活动，给英国资本家带来了巨额利润。18 世纪末，利物浦每年从奴隶贸易中取得的纯收入已达 30 万英镑。英国资产阶级依靠公开的掠夺，残酷地剥削殖民地人民，不仅扩大了海外市场，弥补了原料的不足，还积累了巨额资金，为工业革命提供了必要的经济前提。

二、纺织业的技术革新

工场手工业在 18 世纪前期已达到了相当高的水平，工场内出现了精细的技术分工，培养出大批的技术工匠，这就为机器代替手工业生产提供了技术前提。但是，以手工劳动为主的工场手工业，不可能大幅地提高劳动生产率来满足不断扩大的国内外市场的迫切需求。用大机器生产代替工场手工生产，成为英国在 18 世纪下半叶亟待解决的重大问题。由于棉纺织业是英国工场手工业的一个新兴部门，没有旧传统的束缚，便于采用新技术，又加上棉织物较便宜，市场需求量大，因此技术革新首先从棉纺织业开始。

1733 年，英国兰开夏郡的织布业者约翰·凯伊（1704—1764）最先发明了织布用的飞梭，使原来两个人操作变为一个人操作，不仅加宽了织物的面积，使手工织机的效率提高了一倍。飞梭的推广产生了"纱荒"，到 18 世纪 60 年代，一个织工每天要由五六个纺纱工供给纱线。为了解决这个矛盾，英国皇家学会公开悬赏征求新式纺纱机。1764 年，纺织工人哈格里沃斯（1720—1778）发明了珍妮纺纱机，揭开了 18 世纪产业革命的序幕。珍妮纺纱机把原来水平放置的单锭纺车改造成竖直放置的 8 锭纺纱车，后又增加到 120 锭。工作效率成百倍地提高，但是珍妮纺纱机纺出的线不太结实。1769 年，理发师阿克莱特（1732—1792）为了使纱线更结实，采取了滚筒抽纱和水力带动的办法，制成了第一台水力纺纱机。水力纺纱机提高了纺纱的效率，使纱线更加结实，但是不太均匀。1779 年，一位名叫克伦普顿（1753—1827）的工人吸取了这两种机器的优点，设计出了一个纺线既结实又匀称的走锭纺纱机，后称为骡机。它以水力为动力，同时可转动三四百支纱锭，纱线的质量和数量都大大提高了。当时的英国，沿河到处都可看到安置有水力带动的纺纱机。纱荒的解决又引起了新的不平衡，织布的能力反倒跟不上纺纱。1785 年，牧师卡特莱特（1743—1823）发明了一种水力推动的卧式自动织布机，把织布效率提高了 40 倍。到 18 世纪末，英国的棉纺织业已基本上用机器代替手工操作。

随着棉纺织业的机械化，不仅扩展了棉纺织业的规模，也推动了与棉纺织业有关的一些部门向机械化过渡。于是，先后出现了净棉机、梳棉机、轧棉机、自动卷扬机、漂白机、印染机等一系列机器发明。在纺织业机械化推动下，毛纺织、造纸、印刷等行业，也相继采用了机械技术，实现了工作机的机械化。

然而，工作机的大量出现又形成了机器生产与动力不足的矛盾。作为当时主要动力的水力既不能满足日益增长的动力需求，又要受到季节和地区的限制，所以不能保障大机器生产的稳定进行。在这种情况下，发明一种更加强大的、不受季节和地区限制的动力机械，便成为迫切的、关键性的问题，而蒸汽机的发明便是在这种历史条件下出现的。

三、蒸汽机的发明与改进

在蒸汽机出现之前，苏格兰的一位铁匠纽可门（1663—1729）于 1712 年曾制造了一台在煤矿使用的大气机，即靠大气压力做功抽出地下水，其热效率约为 1%。由于它消耗燃料多，每马力每小时耗煤 25 公斤，且只能作直线运动，易损坏，所以仅仅在煤矿或靠近煤矿的城市和农村使用。

对纽可门大气机进行根本性改革的，是英国格拉斯哥大学的仪器修理工瓦特（1736—1819）。瓦特从小就爱好机械，注意学习当时已有的自然科学知识，随时关注着科学的新动态。1763 年，瓦特在修理纽可门大气机时，发现纽可门的机器有一个亟待解决的问题，即提高大气机的热效率。因为纽可门的机器每完成一冲程，汽缸就必须冷却一次，以使蒸汽冷凝，形成空气稀薄的空间，靠外界的大气压力迫使汽缸中的活塞做功。在下一个冲程时又要通入蒸汽重新加热汽缸。这样反复冷凝、加热，把大量热能无谓地消耗掉了。瓦特在布莱克教授的帮助下，运用有关"比热"和"潜热"的理论，为了减少蒸汽机消耗，1765 年首先研制成功了同汽缸分离的单独的冷凝器。经过多次改良之后，1776 年，第一台装有冷凝器的单动式蒸汽机在布鲁姆菲尔德煤矿开始使用，改进后的蒸汽机每马力每小时耗煤量降低到 4.3 公斤，热效率提高到 3%。

但是单动式蒸汽机只能做往复直线运动。为了使这种动力机得到更加广泛的应用，则必须解决蒸汽机的转向问题。1783 年，瓦特采用一套连杆曲柄传动机构，制成了一台能做圆周运动的蒸汽机。为了使蒸汽机连续而稳定地向外输出动力，他还先后设计了飞轮、进气阀门、离心调速器等器件。经过瓦特改进的蒸汽机通过传动装置，就能带动一切机器运转，为整个工业提供了"万能"动力机，这是继人类利用火之后，认识和利用自然力的又一次大突破。到 19 世纪上半叶，蒸汽机开始得到普遍使用。

四、用机器制造机器

用机器制造机器是第一次技术革命的第三个阶段。

蒸汽机的发明为不同生产部门提供了强大的动力，因而它们有可能使用不同种类的机器。可是，在 18 世纪末，由于依靠手工工具生产机器，其局限性较大。手工生产不能大量制造机器，即使制造出机器，也保证不了它的精密度。用机器代替手工生产来生产机器，就成为当时机器制造业的首要问题。

英国工程师威尔金森（1728—1808）于 1775 年改革了斯米顿（1724—1792）制造的镗床，提高了它的加工精度，用它加工的汽缸内径是 180 毫米，误差只有 1 毫米，保证了瓦特的第一台蒸汽机于 1776 年投入运行。1797 年，英国机械师亨利·莫兹利（1771—1832）制造出了全金属大型车床，车床上装有滑动刀架，刀架用来固定切削工具，滑动刀架与一根粗大的丝杠啮合，通过丝杠的旋转带动滑座左右移动。工人摇动滑动刀架上的手柄，又能使滑动刀架前后移动。改变了以往用手拿刀具进行加工作业的方法，克服了手工操作很难按尺寸加工的缺陷，使得一些经验不足的工人也能迅速而准确地加工部件。刀架的发明在机床发展史上占有重要地位，它标志着金属切削加工技术发生了质的飞跃。从此以后，各种车床不断发明制造出来。如1817年，英国人罗伯茨（1789—1864）制造了第一台可沿水平和垂直方向进刀并且刀架能倾斜一定角度的手动刨床。1818年，美国人惠特尼（1765—1825）第一次制造出卧式铣床。1841年，英国的维特瓦斯（1803—1887）制定了标准螺纹尺寸，结束了螺纹尺寸和种类杂乱不堪的局面，开创了零件的标准和互换的办法，为机械工业的发展开辟了广阔的道路。他还在1856年研制出精密测定长度的测长仪，测定长度可以准确到1/10000英寸，为机械的精密加工奠定了基础。1843年，英国的纳斯米希（1808—1860）发明了用于热加工的蒸汽锤，可调节落锤高度和完成微细加工。纳斯米希还把当时已有的机床，如龙门刨床、钻床、打孔机、开槽机等几乎全部都改成自动化机器。到19世纪50年代，机械制造业已经完成了从手工向机器操作的过渡，进入了用机器制造机器的时代。

五、第一次技术革命的影响

（一）交通运输技术的改革

19世纪初期，水陆运输工具仍然是一些古老的帆船和马车，载运量少，速度又慢，远远不能适应大工业生产的需要。随着生产的迅速发展，必须彻底改革交通运输的现状。

首先是水路运输的改革。早在1807年，美国工程师富尔顿（1765—1815）建造了汽船"克拉蒙特"号，长40米，宽4米，所用蒸汽机功率是18匹马力。从纽约出发沿着哈德逊河逆流而上，行驶了180多公里，试航成功。1819年，由帆船改建为轮船的"萨凡纳"号，从美国萨凡纳港出发，用29天时间走完了当年哥伦布用木帆船行走70天的路程，横渡了大西洋。但这次航行使用的蒸汽机还只是作为风帆的辅助动力。1836—1838年间，"天狼星"号和"大西方"号轮船则完全靠蒸汽动力，完成了横渡大西洋的航行。此后轮船的航速不断加快，到1860年，"格利特伊斯坦"号横渡大西洋只用了11天。水上航行逐渐进入了蒸汽时代。

与此同时，陆路运输的蒸汽机车也逐渐成熟并投入使用。1807年，英国工程师特里维西克（1771—1833）制造了第一台以蒸汽为动力的车头，安装的是特里维西克自己制造的高压蒸汽机。但是，这种机车速度不快，且常常出事故。直到1814年，英国煤矿工人出身的乔治·斯蒂芬孙（1781—1848），才建造出第一台可供实际运行的蒸汽机车。它可以牵引30吨货物，每小时走6～7公里，但行走时震动剧烈，噪声很大，斯蒂芬孙对蒸汽机车不断加以改进，终于在1825年试制成功第一台客货混合运送的蒸汽机车——"旅行号"。试行时牵引着20节客车车厢，12节货车车厢，运载货物近百吨和乘客400多名，时速达到每小时20多公里，成功地驶完了全程。1829年，斯蒂芬孙又驾驶"火箭号"蒸汽机车进行比赛，时速达到平均每小时22公里，牵引货物17吨，安全驶完全程并获奖。从此以后，火车作为重要的交通工具开始进入实用阶段。1836年，从利物浦到曼彻斯特的铁路正式通车开始，仅10年的时间，英国和爱尔兰的铁路就增加到1350公里。与此同时，欧美各国也先后出现了建筑铁路的热潮，至19世纪40年代，世界铁路总长为9000公里，到19世纪末，世界铁路总里程发展到65万公里，在陆路运输中铁路运输占据了重要地位。

（二）化学工业的兴起

化学工业在其他行业生产发展的推动下，也随之兴起。原来纺织品漂白是用酸牛奶和草木灰进行酸碱处理。这种方法工艺较复杂，也不经济。为了适应纺织业大幅度增产的需要，必须大批量生产硫酸和烧碱。1746 年，英国医生罗巴克（1718—1797）发明铅室制造硫酸的方法，由此开始了硫酸的工业化生产。硫酸工业的发展又促进了制碱技术的进步。1791 年，法国医生路布兰（1742—1806）发明了以氯化钠为原料的制碱方法。他先让食盐和硫酸化合得到硫酸钠，然后再使硫酸钠与石灰和木炭相作用，而得到碳酸钠。这一制碱法在 19 世纪上半叶发展很快。1862 年，比利时化学家索尔维（1838—1922）又发明了用氨参与中间反应，从食盐和石灰中制取碱的方法。这一方法比路布兰的制碱法产量高，质量好，原材料消耗也少，又能连续生产。所以索尔维的氨碱法取代了路布兰的制碱法，成为 19 世纪下半叶的主要制碱法。

由于工业生产的发展，人们的生活水平逐渐提高，人口也在不断增长，因而对粮食的需求量越来越大。为了提高粮食产量，人们开始研究植物所需的肥料成分，开始了人工制造肥料的历史。到 19 世纪 40 年代，德国、英国等欧洲国家陆续建立了磷肥厂、氮肥厂、钾肥厂，使化肥工业获得发展。

19 世纪化工技术的另一个重大成就是有机化学合成工业的发展。随着冶金业的发展，所需的焦炭量剧增。但在制取焦炭的过程中，还会生成煤焦油和煤气等副产品。最初，人们不知道它们有什么用处，因而被白白扔掉。后来才发现煤气可以燃烧，因而兴起了煤气工业，但仍把煤焦油视为废物。后来由于煤焦油越积越多，污染着周围的环境，才引起人们的关注。1845 年，德国化学家霍夫曼（1818—1892）首先在煤焦油中发现了苯胺，英国化学家帕金（1838—1907）在研究利用从煤焦油中提炼出来的胶合成奎宁的过程中，意外地发现了一种优良染料——苯胺紫。1856 年，帕金得到专利，在英国建造了世界上第一个合成煤焦油染料工厂。从此打开了以煤焦油为原料制取染料的途径，也为以后人工合成其他产品奠定了基础。不久，人们从煤焦油中已能提取大量芳香族化合物，以这些物质为原料，制成种类繁多的香料、杀菌剂、炸药、药品等。到 19 世纪 60 年代，化学工业已与冶金工业、机械工业并驾齐驱，作为近代工业的组成部分而发展起来。

总之，到了 19 世纪中叶，由工作机、动力机引起的第一次技术革命，带动了各个产业部门从手工生产向机器生产转化，形成了以蒸汽动力为基础的大工业生产体系。使整个欧洲的社会生产面貌发生了根本的改观。

【思考题】
1. 简要分析近代科学技术产生的社会背景。
2. 在经典力学的建立与发展过程中科学家作出了怎样的贡献？
3. 16—18 世纪自然科学各学科取得了哪些代表性的成就？
4. 简述第一次技术革命的发展历程。

第七章　19世纪科学的发展与第二次技术革命

19世纪是科学和技术各个领域都迅猛发展的世纪，这个时期的新技术都是在科学指导下出现的，科学走在技术的前面，指引技术的发展。科学家开始将不同门类的自然现象作为一个整体加以考虑，普遍联系的观点使自然科学的思想基础发生根本的变化，实验和观察继续受到重视，但理论综合更加重要，导致形成自牛顿时代以来的又一次科学高潮。科学革命必然导致技术革命和产业革命，19世纪最杰出的成就是电气工业的产生和发展。电磁理论的建立和发展，促成了发电机、电动机和其他电磁机器的发明，带来了无线电报和无线电话，标志着电气时代的到来，引起了人类历史上继蒸汽革命以后的又一次技术革命，对人类未来的发展影响巨大。

第一节　19世纪的天文学和地质学

一、天文观测技术的进步

19世纪天文观测技术的进步包括望远镜的改进、天体照相术的发明和光谱学技术的发明。

1. 望远镜的改进　1817年，德国的夫琅和费（1787—1826）制造出第一块直径为9.5英寸、焦距为14英尺的大孔径优质物镜，后来俄国多尔帕特天文台台长斯特鲁维（1793—1864）借助于装上这种物镜的折射望远镜发现了2200多颗新双星。1781年，英国天文学家赫歇尔（1738—1822）利用自制的大型反射望远镜发现了天王星。1845年10月，英国剑桥大学学生亚当斯（1819—1892）根据万有引力定律和天王星的已知轨道计算出了未知行星的位置，把结果交给英国皇家天文台的爱勒（1801—1892），但后者对这个年轻人的计算结果将信将疑，未能及时组织人员来寻找这颗新星。1846年7～8月，法国人勒维烈（1811—1877）根据同样的计算方法得出了未知行星的位置。德国柏林天文台台长加勒（1812—1910）接到勒维烈的来信后立即观察，在计算所得的位置附近发现了一颗新的行星——海王星。

18世纪下半叶，英国天文学家赫歇尔开创了恒星天文学研究领域，以往人们的主要注意力都集中在太阳系的行星上，而他用自制的反射式望远镜，巡视了整个天空的恒星。从1783年开始计算确定天空中恒星分布的密度，最后得出结论认为，银河系是由一层恒星组成的，形状像一只边缘有裂缝的凸透镜，其直径约为厚度的5倍，太阳系位于银河系的中央平面上离开银核不远的地方。这可以说是对太阳系的重新发现，因为这一发现把太阳系放到了一个更大的星系中，从某种程度上使人们以往所坚持的太阳为宇宙中心的观点没有存在的理由了。不过，赫歇尔认为太阳系靠近银河中心，这并不正确。后来美国天文学家沙普利（1885—1972）用大口径望远镜发现了更为正确的银河系中心位置，太阳系并不靠近银河系中心。

2. 天体照相术的发明　首先应归功于巴黎天文台台长阿拉戈（1786—1853）。1839年，阿拉戈发明了银板照相法，利用照相术可以拍摄连巨型望远镜都观察不到的暗弱天体。1840年美国的德雷伯（1811—1882）利用大型望远镜和照相术拍摄了第一张月亮表面的照片；1845年德国的费索（1819—1896）拍摄了第一张太阳照片；1877年米兰的斯基伯雷利（1835—1910）公布了当时最精确的火星表面图片。

3. 光谱学技术的发明　恒星光谱学的研究，始于英国的沃拉斯顿（1766—1828），他于1802年发现太阳光谱中有7条暗线。当时他认为这是各种颜色的界限而没有对其给予足够重视。1814年，夫琅和费又一次发现了这些暗线，发现它们是固定不变的，但因他早逝而未能得出对这一特异现象的解释。1859年，德国物理学家基尔霍夫（1824—1887）根据他提出的著名的基尔霍夫三定律对这些暗线作了说明。基尔霍夫的三定律：第一，白炽固体或高压白炽气体产生连续光谱，其范围从红光到紫光；第二，低压发光气体和蒸汽光谱是一些分离的明线，而且每种元素都具有一组独特的发射光谱线；第三，能够发出某一特定光谱的物体对这条谱线有强烈的吸收能力。基尔霍夫根据这3条定律，对太阳光谱中的暗线解释为："它是由太阳大气对太阳发出的连续光谱中相应波长光的吸收所造成的。"

二、康德－拉普拉斯星云假说

1. 康德的星云假说　德国著名哲学家康德（1724—1804）在1755年出版的《自然通史和天体论》（中译本《宇宙发展史概论》）中提出了关于太阳系起源与演化的星云假说。他坚持用物质自身及其固有的运动能力来说明天体运动的原因。他说："大自然是自身发展起来的，没有神来统治它的必要。"康德假设形成太阳系的原料是一种最初以细微分割状态弥漫在全部空间中的原始星云。这些物质密度很小、种类多样，自身在永恒地旋转着。在万有引力作用下，这些星云物质逐渐聚集成大小各异的团块，较大的团块就是中心天体，较小的团块则成为使周围物质围绕其凝结的核。这些核一方面受到中心天体的吸引，另一方面由于物质相互靠近时所产生的斥力的作用，使向引力中心坠落的团块偏转了方向，变成了围绕引力中心的旋涡运动。这就解释了一切行星都沿同一方向并且几乎在同一平面上绕太阳运转的事实。康德认为，吸引和排斥两者同样基本、同样普遍。正因如此，他摆脱了牛顿找不到切向力来源的困境，用原始星云物质本身所固有的对立的运动趋势成功地说明了天体的现有运动。康德认为，宇宙是无限的，宇宙的演化也是无限的。一切有起源的东西、一切具体的事物自身都包含着"有限"这个本质特点，它们一旦开始，就不断走向消亡，天体也不例外。他大胆地提出，太阳系也是要灭亡的。他认为在宇宙中，天体不断地形成，又不断地毁灭，不论太阳系、银河系和其他星系都是有生有灭的。

2. 拉普拉斯的星云假说　由于康德的著作最初是匿名出版的，加之出版商不久破产而无法再版，故长期被埋没。过了 40 年，法国数学家、天文学家拉普拉斯独立地提出了他的关于太阳系起源的星云假说后，人们才注意到康德的工作，康德一书才得以在 1799 年再版，产生了广泛的影响。后来将这两个假说合并，称之为"康德－拉普拉斯关于太阳系起源的星云假说"，由此对欧洲长期流行的关于自然的神创论思潮产生了巨大冲击。事实上，康德和拉普拉斯的著作所论及的，已远远超出太阳系，而涉及范围更大的宇宙空间。

康德在星云假说中并没有说明太阳系自转的起源。为了克服这一困难，法国科学家拉普拉斯在其通俗著作《宇宙体系论》的附录中，从假设最初就自转的气态物质出发，得出了本质上与康德相同的结果。拉普拉斯研究了太阳系的 30 个天体的运动，发现所有行星全都沿同一方向而且几乎在同一平面上绕日旋转；大部分卫星也沿相同方向和几乎在同一平面上围绕其主星旋转；行星和卫星同太阳一起均沿它们公转的方向绕各自的轴自转。这些相似性并非出自偶然，而表明这些天体有一个共同的起源。

为了试图解释这种规则性，拉普拉斯提出了自己的原始星云假说。他认为太阳系的天体起源于一团巨大而炽热的球状星云，自西向东缓慢地自转。随着星云的冷却，它必然收缩，根据牛顿力学的角动量守恒原理，其自转速率将逐渐增加，离心力也越来越大。在离心力与中心部分（星云核）引力的作用下，星云渐成扁平盘状。如此继续下去，便达到星云赤道处的离心力正好抵消（等于）星云核的引力的阶段，此时边缘的物质不再继续收缩而停留原处并形成一个环绕星云核旋转的气体环（环状星云）。这种过程反复多次发生，从而形成若干气体环，它们全都处于同一赤道平面，以各自特有的速度旋转。因为继续冷却收缩和旋转的缘故，这些环并不稳定，先是各自分裂成旋转团块，然后团块又结合成单独行星，同时每颗行星也都像原始星云那样收缩，而星云核则收缩为太阳。于是，卫星的形成及形成中的卫星——土星光环，均由此假说得到解释。

拉普拉斯假说风行了近 1 个世纪，鉴于这一学说与 40 年前康德学说的结论相似，1854 年，德国科学家赫尔姆霍茨（1821—1894）把拉普拉斯和康德的星云说合称为康德－拉普拉斯天体演化说。星云说在 19 世纪初已被公认为天文学基本理论，它的主要弱点是不能解释太阳系角动量分布反常（占太阳系总质量 99.86% 的太阳，其角动量却只占太阳系总角动量 0.6%），一直到现代还在不断地充实修改，但是太阳系是星云演化过程的结果这个核心思想保存下来了，而且越来越得到证明。

这个时期在天文学上的最重大的突破是康德－拉普拉斯星云假说的创立，它不仅是天体起源和演化理论上的突破，而且打开了长期统治自然科学的形而上学自然观的缺口，解放了人们的思想，开创了整个理论自然科学的新局面。

三、地质学的确立

地质学以地球（实际上是地壳）运动变化规律为研究对象，实际上是一个综合性科学。从古代以来，人类从采矿、冶炼、建筑中已不断同地壳打交道，特别是采矿业的发展，提出了掌握矿藏分布规律、地壳形成和变化规律的任务，这样就由矿物学、矿床学等经验科学、应用科学提升为基础科学——地质学。它在18世纪初兴起，19世纪初被确立为科学。地质学的理论研究是从地球表面岩石成因的探讨开始的，人们在开矿中发现地壳构造不是连续的，而是分层次的（每种地层有不同矿床和不同的生物化石）。

（一）水成派和火成派

18世纪时，地质学形成两个主要的学派，即水成派和火成派。

1. 水成派　创始人是英国格雷山姆学院的伍德沃德（1665—1728），1695年，他在《地球自然历史试探》中利用圣经中洪水传说解释岩石成因。认为地球史上一度发生的洪水，淹死了大部分生物，地表也被冲塌了，这些砂石、土壤、悬浮物经过混合，后来按重量大小分层沉淀下来，生物有机物后来石化成为化石。他对化石成因的解释是对的，但把一切地质现象都归结为洪水则是片面的，而且根据不足。18世纪下半叶，坚持水成论的还有德国人魏纳（1749—1817）。水成论之所以在19世纪初以前长期占统治地位，除教会的因素外，还由于它的主要代表人物德国矿物学家魏纳的影响。魏纳是一位出色的教育家，他以其十足的教条主义及善于思辨和极富魅力的演讲征服了他的听众，热衷于他的观点的学生充当他的地质学信条的门徒和传教士去游四方，他所在的弗赖堡矿业学校也因此而成为世界闻名的地质学校。他一生著述很少，其观点的完整阐述只能从他的门徒的著作中去寻觅。魏纳仅仅根据对他的家乡萨克森地区的有限观察，就片面地得出一般结论，断定绝大多数岩层系都是在海水中通过沉淀、结晶而形成的，唯独火山岩例外，但它也不是由地下熔岩喷发所生成，而是因地壳中积聚的煤燃烧所致。

2. 火成派　与水成说相对立的是意大利威尼斯修道院莫罗（1687—1764）提出的火成说。1740年，他在《论在山里发现的海洋生物》中指出，高山上的贝壳化石决不能用洪水来说明，而只能用火山解释。他认为，原始地球表面原是不深的淡水，后来由于火山多次爆发，把地球内的物质排放出来，同时毁灭了部分生物，造成一次次的堆积物——地层。火山爆发是地区性的，所以各个地区的地层及埋在地层中的物质也各不相同，化石就是埋在新地层中的动植物遗骸。高山上的贝壳化石是由于平地的隆起引起，海水的苦涩则是火山多次喷发出来的盐溶入淡水后造成。他通过对埃特纳火山和维苏威火山，以及希腊群岛中1707年出现的新火山岛的研究和考察，认为地球表面原先是光滑的岩石，上面全部覆盖着水，后来地下火使地表裂解，陆地、岛屿和山岭升出水面，同时地球内部的泥沙、沥青、硫、盐等排放出来，从而在原始岩石表面形成新地层。因此他对火成岩（花岗岩）的解释较好，但把沉积岩也归结为地下火则难以成立。直到18世纪末，英国赫顿（1726—1797）才推动"水""火"两种因素在地质理论中统一起来。赫顿基本上是火成论者，他强调地下热和火山活动对地壳的重要影响，他认为，地球原来是原始海洋包着的固体的核，在地热和火山多次作用下，才形成陆地和山脉。山脉上的岩石经过风化和搬运作用冲入大海，经过沉积作用和地下热作用固化为岩石，覆盖于海底，即把所有沉积岩都追溯为陆地的碎屑。他认为，地壳表面现状绝非圣经上所说 6000 年前的洪水所能造成，地壳演化的历史要长得多。他是地质学中进化思想的先驱。赫顿还提出考察地质现象的重要的方法论思想，就是必须用现在在地球上仍然起作用的、可观察到的因素来解释地球的历史，而无须借用任何超自然的力量。1795 年，他在《地球的理论》中指出"在科学中，一切自然现象必定表现出它是在构成上不受超自然力量影响的自我控制系统"。由于他的集大成的作用，被人赞誉为"近代地质学之父"。他的思想后来被赖尔所继承和发挥。

（二）"灾变论"与"渐变论"

继水成与火成之争之后，又产生了关于地壳运动变化方式的新争论，即"灾变论"与"渐变论"之争。

1. 灾变论　也叫剧变论或激变论，代表人物是法国古生物学家居维叶（1769—1832），1818 年，他在《地球表面的革命》一书中，为了解释地层的不连续性和相邻地层中脊椎动物化石所表现的物种上的不连续性，提出地球史上出现过 4 次局部地区的灾难性剧变的推测，认为由于发生洪水或地震，使当地的生物全部灭绝，以后该地的生物都是由他处迁来的。一次次的灾变和生物迁移，就造成了上述种种不连续性，从而造成地球表层地质、地貌的现有状况。他还认为，最后一次灾变就是 6000 年前的诺亚洪水。居维叶是法国大革命时期的古生物学、比较解剖学权威，被称为"生物学中的拿破仑"，他所主张的灾变说在几十年间很为流行。

2. 渐变论　居维叶的灾变论在 19 世纪 30 年代受到英国青年地质学家赖尔（1797—1875）的挑战。赖尔青年时受拉马克动物进化思想的启发，决心弄清楚与动物逐渐进化相对应的地质的历史。他全面地考察了各种地质作用（包括水成作用和火成作用）如何经过长期缓慢变化的结果而造成海陆变迁，以及如何会出现各种地质地貌现象的。比如他专门考察了世界上某些大河的三角洲，说明它们就是由于水的搬运力量而造出了陆地。他还考察了地震、火山爆发和雨水的长期冲刷对地壳和地质的影响，如阿尔卑斯山区由于长期的雨水冲刷而形成的石林等。他的结论是，地壳的逐渐变化，是自然力量本身作用（包括现实存在的各种水成作用和火成作用）的结果。他继承赫顿的思想，用现今地球上起作用的各种力（包括冰川、雨雪、河流、冲积、地震、火山、地热等"水"与"火"两方面的原因）来说明地球过去的变化，而不提任何没根据的臆测。他概括自己的方法论原则是"现在是认识过去的钥匙"。赖尔的渐变说一扫过去地质理论中的神秘色彩，对当时流行于地质学、生物学中的宗教观念也是一次重大的冲击。他继承赫顿的思想，提出了在地质学研究领域唯物辩证地研究问题的科学方法，赖尔也被认为是近代地质学奠基人之一。

19 世纪的前 30 年被科学史家称为地质学的"英雄时代"。这个时代不仅争论很多，而且硕果累累。英国地质学家赖尔的名著《地质学原理》是对这个英雄时代的总结。赖尔总结的地质学体系包括了矿物、岩石、地层、古生物、矿床、地貌、动力地质、构造地质等内容，可见，《地质学原理》对地质学具有方向性的指导意义。他提出了关于地壳缓慢进化的学说，也叫渐变论或均变论。他根据前人和本身的地质考察结果，提出一个很重要的思想，即地球表面及地层的种种现状，是长期的地质年代中缓慢变化的结果。赖尔的渐变论客观上也把生物带到了全面进化论的门口，因为地球环境的渐变将导致生物为适应地球环境而进行的另一个系列的渐变——生物物种变异。但由于自身专业背景的限制，他没有迈出这一步。后来达尔文从《地质学原理》中受到启发，认识到了地质学渐变论同生物学进化论的相互依赖和支持，开创了生物进化论。总之，赖尔的著作打下了科学地质学的基础，随着《地质学原理》的发表，地质学从此不再处于胚胎阶段（即矿物学阶段），而作为成熟的学科出现了。

第二节　19世纪的物理学和化学

18世纪以前的物理学基本上是"一花独放"，即研究机械运动规律的力学，其他分支还处于萌芽或初创阶段。进入19世纪后，物理运动形式的全面研究，导致物理学各主要分支全面、迅猛地发展，出现百舸争流、后来居上的局面。

一、热力学

热力学起源于工业革命高潮中对热机效率问题的研究。卡诺循环的发现，是热力学产生的标志，而热力学的完成则归功于克劳修斯和开尔文。1824年，卡诺在《关于火的动力的研究》中提出，一切理想的热力循环当上下限温度一定时，必须经过等温膨胀、绝热膨胀、等温压缩和绝热压缩4个过程，其热效率才最高。由此他提出了"卡诺定理"即对理想热机来说，其单位热量所做的功只取决于热源和热吸收器之间的温度差。尽管这一正确结论的导出借助了错误的热质说，但它毕竟第一个推进了热力学这门科学的诞生。1830年，他终于放弃热质说而坚信热动说，掌握了能量守恒原理，即"动力是自然界的一个不变量，正确地说，动力既不能创造也不能消灭"。这里所说的"动力"，就是"能"。

迈尔（1814—1878）是德国人，曾在远洋轮船上当医生。他发现当船行驶在热带地区时，生病船员的血比在温带地区鲜红。他还听船员说，大暴雨时海水比较热，迈尔认为这之间一定有什么联系。结合拉瓦锡燃烧理论，经过思考，他认为人所吃进的食物和血液中的氧化合可以释放出体热。热带地区温度高，身体只需吸收食物中较少的热量，也不需要那么多的氧气，因此，血液中留存的氧比温带地区多，血液的颜色就显得鲜红。雨滴在降落过程中也会产生热，所以暴风雨来临时海面上反而更热一些。这些现象是各种自然力之间相互转化的结果。据此，在1842年，他发表了《论无机界的力》的论文，指出"力是不灭的，能够转化的客体"，文中"力"，就是能量，得出热的机械当量为1千卡等于365千克米。因此，可以说迈尔是第一个提出能量守恒定律的人。

第一个用实验证明能量守恒原理，先后给出了电热当量和热功当量定量公式的是英国业余科学家焦耳（1818—1889）。1843年，他在英国协会上宣读他的最初成果时，反响并不大。在1847年的牛津会议上如果不是年轻的威廉·汤姆逊（即后来的开尔文）站出来发言而引起人们的充分兴趣，恐怕焦耳的遭遇并不比迈尔论文的遭遇更好些。同年，德国生理学家赫尔姆霍兹（1821—1894）以更具普适性的形式独立地提出了能量守恒原理。这一原理的严格表述，即在一个既不向外界输送能量，也不从外界取得能量的系统中，不论发生什么变化或过程，能量的形态虽然可以发生转化，但系统所包含的各种能量的总和恒保持不变，而在转化过程中，各种形式的运动量度之间存在着确定的当量关系。

能量守恒原理在热力学中的表现在于它表明了，外界传递给一个物质系统的热量，等于系统内能的增量和系统对外所做功的总和，这就是热力学第一定律。能量守恒原理的发现还使得一度受到冷遇的卡诺定理重新受到重视。卡诺早已认识到，从低温到高温的无补偿转移不能以任何（哪怕是间接的）方式来实现。由此为克劳修斯（1822—1888）在1850年和开尔文勋爵（1824—1907）在1851年分别独立地提出热力学第二定律开辟了道路。这一定律的表述之一，即"热量总是从高温物体传到低温物体，不能做相反的传递而不带来其他的变化"。1865年，克劳修斯在《论热的动力理论的主要方程的各种应用上的方便形式》的演讲中，引入一个新的状态函数——熵，以表示热学过程的上述不可逆性。"熵"概念的提出，是克劳修斯从1850年到1865年，这15年间艰苦研究的结果，他的目的就是要寻找一个描述运动转化中不可逆过程的量。克劳修斯严格证明了任何孤立系统（即与外界没有热交换或机械相互作用的系统），它的熵永远不会减少，这就是"熵增加原理"，它是利用熵的概念表述的热力学第二定律。因此，热力学第二定律又可表述为"在孤立系统内实际发生的过程总是使整个系统的熵的数值增大"。又过了半个多世纪，物理学家能斯特（1864—1941）根据对低温现象的研究，得出了热力学第三定律：当温度趋向于绝对零度时，体系的熵趋向于一个固定的数值，而与其他性质无关。这表明体系的热运动不可能全部转化为其他运动形式，这是大自然对于热转化为其他运动形式的一种限制。

二、电磁学

19世纪以前，电和磁是被人们分别研究的，而且仅限于静电、静磁的研究。1800年，伏打电池堆的发明，使动电（电流）的研究成为可能，由此开启了电磁相互关系的新发现，开辟了电磁学的崭新阶段，不到100年的时间，科学家们作出了可与牛顿力学发展相媲美的辉煌贡献。

电磁学的建立，以丹麦奥斯特（1777—1851）1820年发现电流磁效应为标志。他在探索电与磁关系的努力中，一个偶然的机遇使他发现当导线通过电流时，导线附近的磁针突然出现偏转的异常情况，他将这一效应称为电流的磁效应。

同年，法国物理学家安培（1775—1836）进一步确定了电流对磁针作用方向的右手定则，表示电流引起磁针运动的力发生在与导线垂直的平面上，是一种旋转力。安培还发现两条平行的通电导线之间也有相互作用，同向电流相吸，异向电流相斥；作用力与它们的电流强度成正比，与它们之间的距离平方成反比。安培还猜测，物体的磁性是电流作用的结果。他在1825年提出了"分子环流假说"，假说认为磁体中每一微粒都有一个环形的电流，如果这些微粒环流方向一致，整个物体就呈现磁性，否则就不显磁性。

他还从分子环流假说推论出通电的螺旋管应当具有磁石的性质，这一点果然为实验所证实。它推广于应用上，就是电与磁可以互相代替，具有很大的实用价值。1826年，动电的基本规律也被德国人欧姆（1787—1854）发现，他提出了著名的欧姆定律。

电生磁的实验，同样引起了英国著名的实验科学家法拉第（1791—1867）的联想：电可以生磁，磁能不能生电？他从1821年起就进行各种实验，每次得到的都是失败的结果。他坚信磁是可以生电的，于是把实验坚定不移地进行下去，终于在10年后，即1831年，得到了"正"结果。这个实验是在电磁铁上做的，在环形软铁上绕上两个线圈，一个线圈接电源，一个线圈接电流计。在通电的瞬间，电流计出现较大的摆动，表示有电流产生，但立刻又返回零点。在切断电源的瞬间，电流计上也出现同样现象。经过进一步实验，他终于发现了电磁感应定律：导体回路中的感应电动势大小和回路中磁通量变化率成正比。1833年，俄国物理学家楞次（1804—1865）在《论动电感应引起的电流的方向》一文中，进一步确定了感应电流方向的规律，即楞次定律。如果说奥斯特实际上最先发现了电动机原理的话，那么法拉第则是实际上最先发现了发电机的原理。

【知识拓展】

法拉第的成才之路

法拉第是自学成才的科学家。他出生于铁匠家庭，只读过两年小学，12岁上街卖报，13岁当学徒和印刷厂的装订工。青少年的法拉第利用装订工这个极好的学习条件，努力汲取新的科学知识。他听过英国化学家戴维的科学报告后，写信自荐愿献身科学事业。戴维接受法拉第做他的实验助手，法拉第那时才22岁。此后，法拉第在戴维的实验室辛勤研究，多次随戴维出国到欧洲参观访问。法拉第是从电化学开始自己的研究的，他在1833年发现了以法拉第命名的电解定律；后来转到电磁学实验研究，10年苦战，终于如愿以偿，提出了物理学上著名的电磁感应定律；以后他又进行磁和光的研究，发现了偏振光在磁力作用下偏转的磁光效应。他实际上为后来电、磁、光的统一做了奠基性的工作。

19世纪60年代电磁学又有了新的飞跃，其标志是麦克斯韦创立电磁场理论，建立起电动力学。麦克斯韦出生于英国一个中产家庭，母亲早死，父亲是律师，爱好科学技术，还把这种爱好传给了麦克斯韦。麦克斯韦在当研究生时，就为法拉第的著作所吸引，想按法拉第的设想，对场和力线用牛顿力学思想和严密数学方法加以阐述。他开始发表的论文（如1855年的《论法拉第力线》）就是从这个方向去做的，实质是想从牛顿力学数学地推导出电动力学来，后来才发现有不可克服的困难，逐渐感到应该立足于电磁学自身已有的规律，才能有所突破。但当时已知的电磁学规律都离不开传导电流、导体，困难的问题正在于，怎样推广到没有导体的空间中去？1858年后，他改变了研究方向，以已知传导电流等电磁学规律为坚实基础和出发点，用数学演绎和合理外推的创造性思维，经过几次思想跃进，终于实现了突破。他的第一个合理外推，就是把传导电流电场引起磁场的变化，合理外推到位移电流（如电容器极板之间空间的"电流"）的变化也可以引起磁场变化。这样，他就得到了位移电流附近空间的电磁场变化公式，这就是麦克斯韦电磁场方程。他又进一步合理外推，这个公式不仅适用于位移电流附近的空间，而且还适用于任何空间。任何空间（不管有无导体存在）只要有变化的电场，也就有变化的磁场，反之亦然。这样电、磁场交替变化和连续发生就是电磁波。电磁波是从理论上推导出来的一种物质运动形式，是有待证明的科学假说。他又进一步计算出电磁波理论上应具有的传播速度，结果和光速极为接近。于是他又再次做出大胆推论——光也是一种电磁波。麦克斯韦的这些理论创造完成于 1862—1865 年，集中在后来他的巨著《电学和磁学论》中。柏林科学院为了验证电磁波还设置了一笔奖金，赫尔姆霍茨鼓励他的学生赫兹（1857—1894）研究这个课题。赫兹不负众望，在 1886—1888 年设计各种实验，证明了电磁波的存在及它的波动性质，电磁波运动速度也和预言的相符。赫兹在 1888 年宣布成果时，可惜麦克斯韦已去世 10 年了。麦克斯韦电磁场理论标志电磁学的成熟，它把电、磁、光统一在一个理论里，实现了物理学史上继牛顿之后又一次伟大的综合，是物理学史和科学史上的重要里程碑。他于 1873 年出版的《电学和磁学论》是一部集电磁学大成的划时代巨著，标志着经典物理学大厦的最后完成，这是一部可以与牛顿的《自然哲学的数学原理》和达尔文的《物种起源》相提并论的里程碑式的著作。法拉第和麦克斯韦在创造电动力学上的关系，十分相似于伽利略和牛顿的关系。伽利略和法拉第都是实验的大师，又都提出了理论上的新模型，其后继者牛顿和麦克斯韦则都是理论上善于综合的巨匠，富于创造性思维，又都是数学上的高手，既善于继承，又善于创造，所以能把力学和电动力学分别发展到他们那个时代的顶峰。

综上所述，物理学各主要分支，到 19 世纪末几乎都完成了理论上的成熟，实现了部分的综合（光、电、磁）和总体上的综合（能量转化和守恒）。物理学至此已建立起以牛顿力学、热力学、电动力学为基干的雄伟大厦，达到了对宏观世界物理现象的科学认识。也正由于物理学的高度成熟，使其成为 20 世纪的带头学科。

三、光学

光学在 19 世纪的发展，主要是光的波动说取代微粒说，占了主导地位。在 20 世纪初，经过光的量子说，建立了光的波粒二重性的较完整全面的学说。

17—18 世纪，对光的本质有微粒说和波动说两种理论之争，而微粒说占了优势。19 世纪首先打破这个局面的是英国物理学家托马斯·杨（1773—1829），他继承惠更斯的波动说，认为把光视为波动比看作微粒更为合理。如果光是波动，那么平行光束经过一定距离的双孔后，就会产生光束的互相干涉现象，波峰遇波峰而加强，波峰遇波谷而抵消，就会在屏幕上显出明暗相间的干涉图像。1801 年，他通过实验证明了这一假设。这种图像只是波动的特征图像，用微粒说是无法解释的。他又根据法国人马吕斯（1775—1812）偏振光的发现，在 1817 年提出光是横波的新见解（惠更斯的波动说认为光波与声波同为纵波）。他虽然得到实验的有力支持，但作为波动说，却必须假定一种弥漫一切空间的传播介质——光以太的存在。光以太既要有弹性，又对光不产生任何阻力，以便使光能以极大速度传播，这种属性的物质是难以想象的，所以有不少人怀疑。

波动说取得决定性胜利，是来自后来对光速作出的精确测定，由此安排了两种学说的判决性实验。1849年，法国菲索（1819—1896）用高速齿轮的精密装置测定空气中光速为315 000km/s。1862年，法国博科（1819—1868）加以改进，测得光速更精确值（在真空中）是298 000km/s。按波动说，光在密介质中的速度较慢，而按微粒说则要较快。只要实测光在密介质（如水）中的速度，与真空中的光速相比，就可见分晓。博科实测结果是光在水中的速度小于在真空或空气中的速度。人们普遍认为，博科的实验结果宣布了波动说的胜利。

几年后，麦克斯韦的电磁波理论进一步揭示了光的电磁波本质，后来又得到赫兹的实验证明。光是一种特殊形式的电磁波，就成为不可动摇的科学理论。它的传播就是电磁波的自我运动，不需要特殊的介质光以太，但这并不是说光的本性就认识完了。实际上，在19世纪末还有一个重要的实验结果——光电效应的临界现象，用电磁波能量连续的观念就解释不了。直到1905年，爱因斯坦才用"光量子说"解决了这个疑难。此后对光的认识就过渡到波动性和粒子性的统一和综合，走向更加全面和深刻的认识。

四、原子论与分子论

如果说18世纪化学学科借燃素说完成了自身的统一，以及经过氧化理论而成为建立在实验（而不是哲学猜测）基础上的科学学科，那么进入19世纪以来，化学又借原子论而开创了自身发展的新时代，其特点就是该学科逐步从经验描述向理论解释过渡。

原子论产生的准备之一是18世纪末出现的化学计量学。德国化学家里希特（1762—1807）于1792—1794年发表的《化学计量学或化学元素测量技术初阶》中指出，参加化学反应的化合物必定都有确定的组成。1799年，法国化学家普鲁斯特（1754—1826）通过实验证明，第一个给出了定比定律的明确表述，即"两种或两种以上元素化合成某一化合物时，其重量比例是天然一定的"。但是，由于缺乏精确的定量分析技术，直至1808年普鲁斯特的见解才得到大多数化学家的承认。

英国化学家道尔顿（1766—1844）是从气体的物理性质的研究而开始构建其原子论的。在这里牛顿的粒子说和拉瓦锡的元素概念成为他的原子概念的基础。1801年，为了说明不同气体的扩散及加热膨胀等热学现象，他明确提出物质是由微粒组成的原子学说，力图测定原子的相对大小和质量。1803年，他明确叙述了关于原子在化学物质中具有简单整数比关系的倍比定律。同时，为了解释化合物的性质，他还提出关于化学组成的简单假设，大多数化合物是由两种元素的各一个原子组成的二元物，而少数复杂化合物中所含的某些元素具有两个或多个原子，从而称为三元物、四元物等。1803年10月18日在曼彻斯特哲学学会上他宣读了《原子论和原子量计算》的著名论文，1808—1810年，陆续出版了他的《化学哲学新体系》一书，系统论述了他的原子论思想。其要点如下：第一，元素的最终组成称为"简单原子"，它们不可见、不可创生、不可消灭、不可分割，其在一切化学反应中保持本性不变；第二，同一元素的原子其形状、质量等各种性质均相同，而不同元素的原子则各不相同，原子量是元素的最基本特征；第三，不同元素的原子以简单整数比相结合而形成化合物，化合物的原子称为复杂原子。道尔顿提出了原子量是元素的本质特征，却没有解决原子量的测定问题，但毕竟使原子量的测定成为后来几十年中化学界的中心任务。瑞典化学家贝齐里乌斯（1779—1848）及法国化学家杜马（1800—1884）等为此作出了重要贡献。这些努力为元素周期律的发现奠定了可靠的基础。

道尔顿原子论中最主要的缺陷是没有分清原子与分子。意大利化学家阿伏伽德罗（1776—1856）于1811年提出了分子学说。他指出：第一，原子是参与化学反应的最小质点，而分子则是游离状态下，单质或化合物能独立存在的最小质点，即分子是具有一定特性的物质的最小组成单位；第二，分子由原子所组成。单质的分子由相同元素的原子（可以有多个）组成，化合物的分子则由不同元素的原子组成。从而为分子论与原子论统一为"原子 - 分子论"作出了巨大贡献。

五、无机化学的系统化

从18世纪末至19世纪中叶不到百年时间里，所发现的元素数目迅速增加。1789年拉瓦锡列的元素表才有33个元素，到19世纪中叶元素周期律产生之前人类已知的元素已达63种。只有到这时，概括各种元素间的关系的第一次尝试才有了可能。1829年，德国人德贝莱纳（1780—1849）对15种元素进行分类，发现每一族中往往都有3个元素化学性质很相近，居中的元素的原子量近似等于前后两元素原子量的算术平均值，这就是所谓"三素组"。尽管他没有发现全部已知元素之间的关系，但这毕竟是伟大的开端。1860年，在德国召开的国际会议上，散发小册子的康尼查罗在他的小册子中提出了准确测定大量化学元素的原子量的合理方案，澄清了一些人把原子量和当量混为一谈所造成的障碍，使得以原子量为基础对大量元素做系统分类成为可能。1865—1866年，英国工业化学家纽兰兹（1837—1898）按原子量大小排列元素时发现，如果把元素按每逢第八个就另起一行的办法排成纵列，则同一族的元素往往会出现在同一条横线上，精通音乐的纽兰兹称这个规律为"八音律"。当他向伦敦化学学会报告论文时，会长福斯德挖苦地问他是否按元素名称起始字母的顺序排列过，守旧权威的冷嘲热讽并没有阻挡元素周期律的最终发现。

1869年3月和12月，俄国化学家门捷列夫（1834—1907）和德国化学家迈耶尔（1830—1895）通过各自的独立研究，几乎同时宣布发现了元素周期律。他们两人都是在编写教科书过程中形成这一思想的，两人都在周期表上留下一些空格，表示有待发现的未知元素。所不同的是，迈耶尔特别强调物理性质（如原子体积）的周期性，而门捷列夫则非常注意化学性质的周期性。门捷列夫大胆推测，如果某一元素按原子量排列在表中占错了位置，就表明原子量数值计算有误，而迈耶尔却不愿多迈一步。尽管元素周期表中的空格蕴含着这一理论的科学预见力，但在两种周期表公布后的一段时期内却没有引起化学家们的很大重视。门捷列夫于1869年2月提出了周期律，即"按照原子量的大小排列起来的元素，在性质上呈现明显的周期性"并发表了他的第一个周期表。同年 3 月，在《元素属性和原子量关系》一文中，门捷列夫论述了元素周期律的 4 个基本观点：第一，按照原子量的大小排列起来的元素，在性质上呈明显的周期性；第二，原子量的大小决定元素的性质，正像质点大小决定复杂物质的性质一样；第三，应该预料许多未知单质的发现，如预言类铝和类硅的原子量位于 65 至 75 之间的元素，元素中的某些同类元素将按它们原子量的大小而被发现；第四，当我们知道了某元素的同类元素以后，有时可以修正该元素的原子量。直至 1874 年发现了新元素镓（类铝）之后，周期表遂得到化学界的公认。到 1940 年为止，门捷列夫所预言的 11 种元素，以及对 9 种元素原子量所做的修改，均被证明为正确的。

元素周期律的发现具有伟大的意义：第一，它从本质上揭示了各种化学元素之间的区别和联系，实现了对无机化学从感性认识到理性认识的飞跃；第二，元素周期律所描述的元素世界是一个由种种联系和相互作用交织起来的无比生动活泼的辩证图景，它把原来认为是彼此孤立、各不相关的各种元素看成有内在联系的统一体，表明元素性质发展变化的过程是一个由量变到质变的过程。早期的周期表很不完善，也没有后来才发现的 0 族（惰性气体）。从 19 世纪末开始，陆续发现了几种惰性气体，从而使周期表又增添了一个族。1913 年，卢瑟福的学生莫塞莱（1887—1915）发现原子的核电荷数是元素的原子序数，是它（而不是原子量）决定着周期表中元素的排列顺序。但不管怎样，周期表的提出，标志着无机化学的系统化工作已接近完成。

六、有机化学

在工业革命的强大推动下，有机化学紧跟在无机化学之后，于 19 世纪克服了重重困难而获得了迅猛的发展。

有机化学在实验方面的最初成就是贝齐里乌斯的德国学生维勒（1800—1882）将无机物合成尿素的成功。它在科学上的意义，是使当时流行的有机物只能由生物"活力"产生出来的神秘主义见解受到沉重打击，使更多有实用价值和研究价值的有机物一个接一个地被合成出来，而它在哲学上的意义，则是揭示了有机界与无机界之间的普遍联系与转化，为辩证自然观提供了有力的证据。

第三节　生物医学体系的建立

一、细胞学

无机界物质由"原子"组成，那么，有机界有无能自我更新、自我复制的生命最小单位呢？近代最早回答这一问题的是德国自然哲学家奥肯（1779—1851），1805 年，他在《论发生》一书中，根据对草履虫的黏液囊泡形态的观察，猜想生命的基本单位是类似这种囊泡的东西——"原胞"。1824 年，法国生理学家杜特罗歇（1776—1847）也提出动植物的器官、组织都统一于"细胞"，但当时还缺乏有说服力的材料。19 世纪 30 年代，显微镜技术有较大改进，能够消除色差现象，这样就能从动植物机体上观察到一个个小室和核的形象。从理论上加以总结的是德国人施莱登（1804—1881），他在1838年所写的《有关植物发育的资料》中，用详细的材料证明植物细胞是一切植物最基本的活的单位，细胞一方面有自己的生命活动，另一方面又和植物总体构成复杂的生命体系。第二年德国动物学家施旺（1810—1882）把细胞学说推广到动物界，他在论文《动植物结构和生长相似性的显微研究》中证明动物和植物一样，也以细胞为生命的活的单位。他们两人都认为，细胞学说不仅是有机体构造的学说，还是有机体发育的学说。所以，他们很重视研究新细胞如何从老细胞中分化成长的过程。他们提出由老细胞的核长出"核芽"，再由"核芽"成长为新细胞的猜想，尽管后来被否定，但推动了这方面的科学研究。

19世纪50年代，德国医生雷马克（1815—1865）进一步证明受精卵原来只是简单的细胞，它通过细胞分裂而成长，胚胎发育过程就是细胞分裂、复制的过程。1855年，德国病理学家微耳和（1821—1902）将这些观察结果概括为"细胞来自细胞"，1858年，在《细胞病理学在生理和病理组织学方面的根据》中，他把细胞学说推广到病理学研究，指出病变细胞是由正常细胞变化而来，各种病变与细胞结构和形成中的异常变化有内在关系。他所开创的细胞病理学是现代医学的重要理论基础，被人称为"近代病理学之父"。但微耳和过于强调细胞的独立性，甚至认为有机体只是"细胞的联邦"，是细胞的机械总和，忽视整个有机体系统对细胞的制约和影响，这种形而上学的思想曾受到恩格斯的批评。

细胞学说是19世纪中叶自然科学三大发现之一。细胞学的产生揭示出动物、植物都是以细胞为共同联系的基础；生物体的一切发育过程都是通过细胞的增殖和生长来实现的。它打通了一切有机界生物的界限，科学地说明了生物界的普遍联系和生物运动的基本形式，构成了辩证唯物新世界观的自然科学基础。

二、胚胎学

在生物个体发生、发育问题上，历史上长期有"渐成论"和"预成论"的争论。"渐成论"主张生物是由单一、同质、不定型的物质，分化发展为复杂的、异质的、综合的有机体。持此说最早之人当追溯到古代的亚里士多德。"预成论"则认为，胚胎之中原先就已存在成熟个体的全部雏形，发育不过是雏形的放大，没有任何分化或增加新的成分。这显然是一种机械论的观点。"渐成论"后来逐渐取得统治地位，要归功于用显微技术对胚胎发育的跟踪观察。俄国生物学家、人类学家冯·贝尔（1792—1876）是胚胎学权威，他详细考察过动物的发育过程，1828年，在《动物发展史》中提出了"胚层说"，具体解释了胚胎发育为成熟体的过程。动物胚胎由卵细胞演变而来，然后形成4个组织层（胚层），每个组织层后来发育为特定的器官系统，如外层是皮肤、神经系统；第二层是肌肉骨骼；第三层是血管；内层是消化器官等。

胚胎学方面还有个重大的成果，就是德国生物学家海克尔（1834—1919）在1866年发现的"重演律"。他对各种动物胚胎的发育过程从形态上进行比较研究，又把个体发育与生物的系统发育进行比较研究，发现了一个奇妙的结果，就是个体发育是系统发育的简短而迅速地重演。以动物为例，动物系统的发育，大约经历如下：单细胞—鱼类（有鳃）—两栖类（有尾）—哺乳类（有毛）—人的历史阶段；而人的胚胎发育也要经过：卵—有鳃—有尾—有毛—婴儿诸阶段。前者演化时间要几十亿年，后者演变时间只要十个月。这就是说，人的胚胎发育是整个动物系统发育的缩影和重演。其他动物也是一样，它的胚胎发育都要经过它之前的生物系统的各个发展阶段。这个规律当然是个经验规律，它可以看作是进化论在胚胎学方面的证明。

三、生物进化论

在林耐之后，物种不变论、神创论虽然还暂时统治着生物学，但经过人们通过比较自然地理学、比较解剖学、比较胚胎学的研究，逐渐抛弃了物种不连续的观念，而接近于一切物种是历史上依次发展出来的思想。但要突破宗教和传统的观念，还必须做出周密的考察和论证。

18世纪下半叶，近代生物进化论的先驱、法国生物学家布丰（1707—1788）强烈反对林耐的人为分类法，他认为自然界没有完全不连续的纲、目、属、种，每个物种都是从另一个物种而来，最后可能追溯至一个祖先。但布丰不是现代意义上的进化论者，他认为最早的一种或几种物种是比较完善的，而后来的物种是连续地退化的结果。他把人另当别论，未予研究。所以布丰的"进化"论，更像是"退化"论。他的贡献在于提出了连续发生的思想。

19世纪初，法国生物学家拉马克（1741—1829）第一次用现代意义上的进化论思想，研究了动物进化的历史。他原来是研究植物学的，后来转向低等动物和高等动物，经过40年的研究，在1809年发表了总结性的著作《动物哲学》。他把昆虫、蠕虫等无脊椎动物，由简单到复杂分为十个纲，把脊椎动物分为鱼类、爬行类、鸟类、哺乳类四个纲，把这个阶梯作为单细胞动物到人类的上升进化次序，这个次序开始是直线的序列，后来修正为系谱树型。他认为动物进化的机制主要在于环境的影响。拉马克提出两条著名原则，即"用进废退"和"获得性遗传"。前者指动物原有的器官在生活中经常使用就会更加发展，否则就会衰退；这种后天的差异变化叫"获得性"，拉马克认为获得性可以遗传，如果经过许多代的积累，就会变成性状不同的新种。在19世纪初，由于居维叶的灾变说占统治地位，根据这种理论，生物在灾变后要部分灭绝，这样，拉马克进化论的进化阶梯就被一次次灾变打断了。这就无怪乎拉马克的学说开始不被人重视，只是在赖尔的渐变论取代灾变说后，拉马克学说才重新获得了它的价值。

达尔文的进化论就是在布丰和拉马克这两位伟大学者的思想的交叉点上萌发的，经过达尔文艰苦卓绝的努力，终于使生物进化论成为震撼19世纪科学界的伟大突破。

达尔文（1809—1882），出生于医生之家，从小喜欢采集植物标本，在中学也热爱生物研究活动，后来虽然奉父命在剑桥大学学习神学，但在植物学教授汉斯罗（1796—1861）的影响下，对地质、生物的兴趣更浓厚了。毕业后，汉斯罗介绍他到政府派至南太平洋的考察船上，担任博物学方面的考察任务。达尔文从1831年起经过5年的航行考察，等到回到英国时，他不但完全接受了赖尔的观点，而且还抛掉神创论的思想，成为一个坚定的进化论者了。他根据拉马克等进化论先驱的思想，立足于掌握的第一手材料，又持续进行了多年的研究，使每个细节都经得起推敲，最后用"生存斗争，自然选择"的机制，对生物进化做出了详尽而合理的解释。1858 年，大概在他写《物种起源》近半的时候，他收到英国青年生物学家华莱士（1823—1913）寄来请教的准备发表的进化论论文。华莱士用自己的材料，独立地达到了同达尔文完全相同的观点和结论，甚至也同样受马尔萨斯人口论的启发，引进了生存斗争概念和机制。达尔文是个很宽厚的人，他准备把进化论的发明权让给这位青年。他的朋友赖尔等人深知达尔文的研究情况，认为未来的科学史如果这样谱写，这对达尔文来说实在太不公平。但达尔文的著作又没写好，为了免得重蹈牛顿与莱布尼茨争微积分发明权而造成科学界分裂的教训，赖尔等建议把华莱士的论文和达尔文在 1844 年早已写就的 230 页的详细提纲同时发表，事情就这样妥善解决了，这时是 1858 年 7 月，达尔文的《物种起源》则是在 1859 年 11 月问世的。华莱士后来知道了原委，深为达尔文的高尚品质所感动，这件事在科学界被传为美谈。

达尔文的生物进化论比拉马克的进化论更为全面（动物、植物都在内）、彻底（内因、外因都考虑到了）。它的要点如下：第一，子代和亲代间的变异是普遍存在的，是进化的基础；第二，生物的繁殖过剩必然引起种内和种间的生存斗争，特别激烈的是种内斗争；第三，在或为争食物，或为争配偶的生存斗争中，具有有利于生存斗争的变异的生物得以保存，否则被淘汰；第四，生存下来的生物，它的变异又通过遗传，经过许多世代的定向加强，由"变种"转变为界限分明的新物种。

达尔文本来已达到人是从猿类进化来的认识，但在《物种起源》中只讲到人和灵长类属于一个目，是近亲。不出所料，《物种起源》发表后，立即受到以教会为代表的反动、保守势力的疯狂攻击。但达尔文在人类理性和社会正义的鼓舞下，排除干扰，在 1871 年又发表了《物种起源》的姊妹篇——《人类的由来和性选择》，肯定了人类最近的祖先是某种古猿，把进化论贯彻到底了。

生物进化论的建立是生物学史上的大革命，它也是对盘踞在自然科学中最久、最顽固的唯心主义形而上学阵地的毁灭性的打击。它被恩格斯称为 19 世纪中叶自然科学三大发现之一，马克思也称它为辩证唯物主义世界观"提供了自然史的基础"。达尔文晚年，谢绝了英国维多利亚女王封赠的爵位，他把收入捐赠给科学团体或支持经济困难的青年科学家。他一生写了 120 本著作，100 多篇论文，临终时他说："我一点不怕死，我难过的是我没有气力把我的研究继续下去了。"他为人类作出了伟大贡献，1879 年他在《自传》中却说："使我一再遗憾的是我所做的，没有使人类得到更直接的好处。"达尔文的一生，表现出不追求名利，献身于科学事业的崇高品德。

四、遗传学

达尔文学说把"变异"作为进化的当然前提和出发点并未充分讨论。进化论的深入研究把变异遗传的根源问题提到日程上来，逐步开拓了遗传学的新分支。

19 世纪下半叶遗传学的先驱是孟德尔。奥地利人孟德尔（1822—1884）出身农民家庭，因家贫，青年时进了修道院学习神学，一度在维也纳大学学习自然科学，后又回修道院当僧侣，他著名的豌豆杂交实验是在修道院的花园里试验成功。1865 年，在布龙博物学会上宣读了以《植物杂交实验》为题的论文，总结了他的实验结果和发现，提出了以下假设：遗传性状都是以成对因子为代表，性状有显性和隐性之分；当成对因子中显性、隐性同时存在时，则呈显性；只有当成对因子都为隐性时，才呈隐性。在豌豆杂交试验中的高、黄、圆都是显性，矮、绿、皱都是隐性。根据这个假设，孟德尔提出了两条著名的遗传定律：第一，分离定律，即成对因子在遗传传递过程中可以相互分离；第二，独立分配定律，即两对性状在遗传传递时也可以分开，独立进行传递。孟德尔的遗传定律对育种具有重要的实践意义。根据这些定律，既可以设法把某些符合需要的特性保留下来，聚集在一个品种内，又可以把具有有害倾向的特性淘汰掉。孟德尔的遗传理论成为现代遗传学的基础，是 20 世纪生物学发展的起点，对生物学的发展产生了巨大影响。

五、诊断学的进步

视诊、触诊、叩诊和听诊是西医的四种基本物理诊断方法。在 19 世纪之前，医生也运用五官来进行诊断，如倾听病人诉说症状，观察舌头和尿样、把脉等，但医生很少直接进行躯体检查。18 世纪，奥恩布鲁格（1722—1809）发明叩诊法，但在很长一段时间内并没有引起人们的重视。19 世纪初，法国巴黎慈善医院医生、医学院临床医学教授科尔维沙（1755—1821）认识到叩诊法的诊断价值，于 1808 年将奥恩布鲁格的著作《新发明》译成法文，附以长于原文 4 倍的详细评析。此外，科尔维沙还出版了《论器质性疾病及心脏和大血管损伤》的专著，介绍和推广叩诊法在疾病诊断中的价值。他还设计制造了叩诊板与叩诊锤，发明了间接叩诊法。科尔维沙曾是拿破仑的私人医生，在法国医学界享有很高的声誉，在他的推动下，叩诊法得到医学界的广泛重视和应用。

法兰西学派的另一重要贡献是听诊器的发明。听诊器是由法国巴黎医学院医生雷内克（1781—1826）发明的。在听诊器发明之前，医生用耳朵直接贴着患者胸部听诊来诊断胸腔疾病，这种直接听诊甚为不便，且效果不好。一次，雷内克路过卢浮宫广场时看到孩子们在玩一种游戏，他们用一根针轻划木棒一端，用耳朵紧贴另一端可以很清楚地听到声音。受此启发，他将一张厚纸卷成圆筒状，一端贴着耳朵，一端放在病人的胸部，结果，他听到了比直接听诊更清楚的心音。此后，他将纸筒改制成木制空心圆筒，命名为听诊器。1818 年，雷内克出版了《间接听诊或论肺部和心脏疾病的诊断》一书，描述了听诊法的改进及意义，成为现代听诊法的基础。

听诊器和叩诊法的发明，奠定了现代物理诊断学的基础。此后又有一系列的物理诊断技术问世。如 1868 年，翁德利希（1815—1877）首创测量体温并绘制体温曲线。1854 年，奥地利医生耶格（1818—1884）首先提出近视力表。1898—1900 年，基利安（1860—1921）先后发明直达式气管镜和胃镜。1846 年，英国外科医生休奇逊（1828—1913）发明肺活量计。1847 年，德国学者路德维希（1816—1895）制成水银血压计。有了这些成果，19 世纪医生的诊断方法进一步增多，诊断疾病也更加客观、准确。

19 世纪诊断学上的另一项重要进展是 X 线的发现。1895 年，德国物理学家伦琴（1845—1923）在研究真空放电时发现在试验真空管里产生了新的射线，这种射线能在黑暗处使照相底片感光。他将这种性质不明的光线称为 X 线。几天之后，他应用 X 射线拍下了世界上第一张人体掌骨的 X 光照片，照片清楚地显示出伦琴夫人的手掌骨的轮廓，实验和照片发表后，在科学界引起轰动。一个月以后，维也纳的医院就开始应用 X 线准确地显示人体骨折的位置。不久，X 线成为临床上最重要的诊断手段之一。1901 年，为了表彰伦琴的发现，瑞典科学院将首次颁发的诺贝尔物理学奖授予他。

六、麻醉剂的发现

麻醉药和麻醉法在古代的许多国家，如中国、印度、巴比伦、希腊等都有过应用的记载，但麻醉效果都不够理想。19 世纪，化学的发展促进了麻醉药物的研究和应用。1800 年，英国化学家戴维（1778—1829）首先发现了氧化亚氮（N_2O），即笑气的麻醉作用。1818 年，英国著名物理学家和化学家法拉第曾在著作中提到乙醚有致人昏迷的作用，其效应与氧化亚氮相似。但这些发现并未引起医学界的重视。1824 年，希克曼（1800—1830）用二氧化碳、氧化亚氮和氧对实验动物进行麻醉并行截肢手术获得成功。

19 世纪中叶，人们开始对氧化亚氮和乙醚的麻醉作用进行了一系列的探索性实验，终使这两种麻醉剂的麻醉效果为世人所公认。1842 年，美国医生朗格（1815—1878）在乡村应用乙醚麻醉做颈部肿瘤摘除术获得成功，此后他继续用乙醚麻醉进行了其他小手术。但是，由于朗格居处僻地，其开创性功绩并不为世人所知。1846 年 9 月 30 日，美国医生莫顿（1819—1868）在英国化学家杰克逊（1805—1880）的协助下，应用乙醚麻醉拔牙获成功。莫顿因此备受鼓舞，于是在同年 10 月赴波士顿麻省总医院，在著名外科医生沃伦（1778—1856）进行的一次割除颈部肿瘤的手术中，进行乙醚麻醉表演，这次公开表演的成功轰动了世界，从此揭开了现代麻醉史的序幕。

除乙醚和氧化亚氮外，其他麻醉剂和麻醉方法也在 19 世纪先后应用于临床。1847 年，英国妇科医生辛普森（1811—1870）首次应用氯仿作麻醉剂获得成功。1872 年，欧莱（1828—1879）应用静脉注射水合氯醛进行麻醉，创静脉全身麻醉的先例。1892 年，德国医师施莱希（1859—1922）创用可卡因皮下注射局部麻醉，由于毒性强，未能推广。1905 年，布劳恩（1862—1934）将肾上腺素和可卡因合成普鲁卡因之后，这种局部浸润麻醉法才展现其实用价值。1898 年，德国外科学家比尔（1861—1949）试验用可卡因进行蛛网膜下腔阻滞性麻醉获得成功，将此法推广应用于临床。各种麻醉剂和麻醉方法的应用，消除了手术中的疼痛，提高了手术安全系数，扩大了手术范围，促进了外科学的发展。

七、微生物学的发展

19 世纪以前，人们对于有机物的腐败，以及传染病的发病原因了解不多。直到 19 世纪，由于自然科学一些基本学科的不断进步和显微镜技术的逐步改进，研究工作才日益深入。

19世纪，对微生物学作出奠基性贡献的学者之一是法国的微生物学家和化学家巴斯德（1822—1895）。他科学地阐明了发酵和有机物腐败的原理。通过调查和实验研究，巴斯德认为，所有的发酵过程都是由微生物引起的，明确指出酒类变质发酵是酵母菌作用的结果。他发明了加温灭菌方法——巴氏灭菌法，解决了当时法国制酒业的最大难题。1862年，在进一步研究有机溶液腐败变质的原因时，他巧妙地设计了S型曲颈瓶，当外界空气进入S型瓶时，空气中的尘埃和微生物黏附在S形管上而不能到达内部液体中，因此瓶内的液体不发生腐败。这项实验证明有机溶液不能自己产生细菌，一切细菌都是由已有细菌产生的，从而彻底打破了当时盛行的"自然发生说"。巴斯德的这些成果对医学科学意义重大，它为近代消毒、防腐法提供了科学根据。

巴斯德的另一项贡献，是将细菌与传染病联系起来。早期关于疾病传染的概念，实际上同微生物并无直接关系，"传染"一词是指通过接触而传病，这个一般概念。虽然巴斯德并不是第一个提出流行病是由"微生物"引起和传播的学者，但他通过实验证明了这个理论。他首先研究了炭疽病，对该病的致病因子进行了100多次的纯培养实验，确认炭疽杆菌是牛羊炭疽病的致病菌。与此同时，巴斯德在传染病的防治方面也取得了令人瞩目的成果，他发明了人工减毒疫苗技术，研制出抗炭疽疫苗和狂犬病疫苗。

在19世纪，对微生物学的发展作出奠基性贡献的另一位学者是德国细菌学家科赫（1843—1910）。1880年，科赫受聘到柏林帝国卫生局专门从事细菌学研究，后又任柏林大学卫生学、细菌学教授和卫生研究所所长；1891年，任传染病研究所所长；1905年，科赫因在细菌学研究方面的贡献而获得诺贝尔生理学或医学奖。

科赫的主要功绩是在细菌学研究的手段和方法上，作出了突破性贡献：第一，开创了显微摄影法。第二，首创在玻片上制备干细菌膜和染色，有利于标本的永久保存，发明了固体培养基。科学家们应用这些技术，在19世纪末和20世纪初短短的几十年时间，发明和分离出许多致病性微生物。科赫本人也发现、分离和鉴定了许多的细菌。他在细菌的分离鉴定方向是当时成就最大的科学家。他先后分离出炭疽杆菌、伤寒杆菌、结核杆菌、霍乱弧菌、麻风杆菌、白喉和破伤风杆菌、痢疾杆菌、鼠疫杆菌等许多病原微生物，对传染病的发病原理进行了全面的研究。结核病是19世纪严重威胁人类生命的疾病之一，死亡率极高。1882年，科赫成功地分离出结核杆菌，证明了人类的结核病是由结核杆菌感染所致，为现代传染病学的发展作出了贡献。第三，在研究结核病的过程中，科赫提出了鉴定某种特有微生物是引起某种特定疾病的三条原则，即"科赫原则"。这三条原则包括：①这种微生物必须恒定地同某种疾病的病理症状有关；②必须在病原体中将致病因子完全分离、纯化；③必须用在实验室获得的纯培养物在健康的动物身上进行接种实验。如果实验动物出现的疾病、症状和病理特点与自然患病体完全相同，才能确定该病的致病因子为此种微生物。

第四节 第二次技术革命

19世纪发生的第二次技术革命，是科学、技术、生产三者关系发生变化的一个转折点。在此之前，生产、科学、技术三者的关系主要表现为，生产的发展推动技术进步，进而推动科学的发展。例如，蒸汽机技术革命主要是从工匠传统发展而来，在生产经验积累的基础上，摸索出技术发明，然后才总结出热力学理论。以电力技术革命为标志的第二次技术革命以来，这种生产带动科学技术发展的情况发生改变，改由科学推动技术进步，再推动生产的发展。科学技术越来越走在社会生产的前面，开辟着生产发展的新领域，引导生产力发展的方向。如电磁学理论的建立，首先是通过科学实验探索出电磁学理论，通过促进电力技术的革命，最终引发电力在生产中的广泛应用，给整个社会带来了广泛而深远的影响。

一、第二次技术革命的背景

第一次技术革命在 19 世纪上半叶达到高潮，各资本主义国家先后建立起以蒸汽机为动力的工业技术体系，社会生产力有了飞速发展。由于资本主义自由竞争的加剧，资产阶级为了竞争的需要，如饥似渴地在生产中采用新技术，不断进行技术改革，鼓励技术发明，促使技术加速发展，为第二次技术革命的产生提供了坚实的物质和技术基础。19 世纪 60 年代之后，自由资本主义开始向垄断资本主义发展，资本和生产开始高度集中，不但工厂数量剧增，而且规模不断扩大。大工业生产体系的发展，迫切要求有更先进的动力及动力传递分配方式。19 世纪自然科学的全面发展，特别是电磁理论的建立，又为电力取代蒸汽动力的革命奠定了科学理论基础。

二、电机的发明与电磁的应用

继 1821 年法拉第制作的直流电动机实验模型之后，第一台实用的电动机是 1834 年俄国物理学家雅科比（1801—1874）发明的用电磁铁做转子的 15 瓦直流电动机。1838 年，他把经过改进的直流电动机安装在小船上，驱动一艘小船行驶在涅瓦河上。1850 年，美国发明家佩奇（1812—1858）制造了一台 10 马力的电动机用来驱动有轨电车。1860 年，意大利比萨大学物理学家巴奇诺基（1841—1912）发明了包括环形电枢、整流子和合理的励磁方式的电动机。从电磁学诞生到电机的发明之所以历经数十年时间，除技术上的难度之外，还由于载流导线和磁场的相互作用表现为旋转，这与牛顿力学中表现为直线推、拉的超距作用的传统机械自然观相反，因此使一些物理学家迷惑不解，而电动机的出现及其功效使人们很快接受了它。

由于直流电动机以原电池为能源，其成本高、功率小、工作不可靠，无法与蒸汽机相匹敌，于是人们便去寻找功率较大和较经济的电源，这就促进了发电机的研制与不断改进。在法拉第电磁感应定律发现的第二年，即 1832 年，德国发明家皮克西（1808—1835）以永磁铁做转子先后制造了世界上第一台手摇交流发电机。不久皮克西兄弟加装了一个换向器，使之变为直流发电机。1857 年，英国电学家惠斯通（1802—1875）发明了用电磁铁代替永磁铁的发电机。但这两类发电机均不实用。直至 1867 年，德国工程师，后来被誉为"电业大王"的西门子（1816—1892）基于自激原理，经过十余年的研制终于发明了第一台在工业上实用的自激式发电机。1870 年，长期在法国巴黎工作的比利时工程师格拉姆（1826—1901）又把巴奇诺基发明的环形电枢应用于发电机。经过这些改进，使自激式发电机达到了更高的效率，实现了产业化。1880年，爱迪生（1847—1931）继发明白炽灯之后，又制造了110伏自激直流发电机"巨汉"号。1883年，英国伦敦和美国纽约相继建成了中央发电厂，人类从此进入了电气时代。在此之前，为了解决低压输电中线路耗能大的问题，1882年，德国电气技师德普勒（1843—1919）成功地进行了远距离高压直流输电试验。

为了克服直流发电机在远距离供电方面暴露的局限性，就职于德国电机公司的俄国人多利沃·多布洛里斯基（1862—1919）经过对三相交流理论和技术的多年探索，终于在1889年发明了功率100瓦的三相交流异步电动机和与之相配合的三相发电机及相应的三相变压器。1891年，在德、奥两国建成了世界上第一个三相交流输电系统，8月25日初次运行成功，输电效率达80%，充分显示了三相交流电在远距离输电中的优越性，从此交流电发展很快，在工业上逐步代替了直流电。

从此，人类历史就跨进了以电用于照明、动力、通讯和生产的"电气时代"，社会生产又产生一次巨大的飞跃。与第一次技术革命中的蒸汽机相比，电能可以集中生产，分散使用，便于传输和分配，更易于转化为光能、机械能、化学能等多种形式。

电磁理论带来的另一重大成就——无线电通信，是在麦克斯韦预言电磁波存在，由赫兹用实验证明之后，才由俄国物理学家波波夫（1859—1906）、意大利物理学家马可尼（1874—1937）等发明的。这是继1837年美国人莫尔斯（1791—1872）等发明有线电报，1876年美国人贝尔（1847—1922）等发明电话之后，给人类社会增加的更为有力的通信工具。

三、内燃机技术的发展

作为第二次技术革命技术内容的，不仅仅是电力工业的产生与发展，它还包括内燃机取代蒸汽机成为新动力机。尽管从18世纪60年代起，瓦特蒸汽机在此后的一个世纪中几乎成为唯一的动力机，但是它的广泛应用也暴露了一些缺点，其一是外燃方式造成大量热能的散失，致使热效率一般只有5%～8%，理想的也只有10%～13%；其二是结构笨重，尤其不适合于轻型运输工具对动力的需要；其三是操作不便，运行不够安全，其蒸汽锅炉预热需要很长时间。同时锅炉储存能量很大，易发生爆炸。英国在1862—1879年发生蒸汽机锅炉爆炸事故有近万起，美国1880—1919年则发生1400多起事故，炸死万余人，伤17000多人。内燃机正是在这种背景下应运而生的。因为内燃机的燃料在气缸内直接燃烧，使热能直接做功，免去蒸汽作中介质，从而大大提高了热效率；另外燃料的内燃方式使发动机结构紧凑，易于向轻型化发展。这些先进性决定了内燃机必然会取代蒸汽机。同时，在移动的生产工具（如拖拉机、汽车、飞机等工具）中内燃机有着蒸汽机所没有的优越性。

比较经济的内燃机是从1876年德国工程师奥托（1832—1891）成功地制造四冲程煤气机开始的。接着，1883年奥托经营的煤气发动机公司的戴姆勒（1834—1890）成功地制造了高速汽油发动机，其转速由过去的200转/分提高到800转/分以上。同期，德国的本茨（1844—1929）成功地制造了二冲程发动机。1883 年，戴姆勒把汽油发动机作为交通发动机装在两轮车上，创造了现代汽车的雏形。

总之，第二次技术革命提供了比蒸汽机更为强大、更为方便的动力，促进了资本主义社会生产力的大发展，创造了比蒸汽时代高得多的劳动生产率，使自由资本主义进入到垄断阶段。第二次技术革命对社会各个领域都带来了深远的影响，基于电力技术的各种电器的出现，不仅改变着社会的生产方式，还改变着人们的生活方式。第二次技术革命改变了人们的自然观念，使人们认识自然和改造自然的能力大为提高，为现代科学技术的产生和发展准备了必要的物质技术条件，进一步推动了科学、技术及研究机构的发展和壮大。

【思考题】

1. 19 世纪在天文学、地质学、物理学和化学领域有哪些科技成就？

2. 19 世纪生物医学体系的建立对未来医学的发展有哪些重大影响？

3. 第二次技术革命的影响和历史意义。

第八章　现代科学的产生与发展 ▷▷▷

18 世纪，以英国兴起的工业革命和以英国皇家学会、法国巴黎科学院为代表的近代科学体制化的起步，把人类带入工业文明的时代。19 世纪电气工业的产生和发展引领了人类历史上继蒸汽革命后的第二次技术革命。尽管学者对近代与现代科学技术的时代划分问题还存在学理性分歧，但在一般情况下，我们把 20 世纪以来产生和发展的科学技术归于现代科学技术的范畴。

到 19 世纪末期，近代科学在经典力学理论框架下，从统一的热学、声学、光学、电磁学的物理学大厦拓展到化学和生物学等广阔领域，看似近代科学已经大功告成。然而，一系列经典物理学无法说明的实验事实已在动摇这座大厦的根基了，以及 X 射线、放射性物质和电子等一系列新发现暴露了近代科学，特别是物理学存在内置性的理论缺陷。20 世纪初期，以相对论和量子学说为核心的现代物理学的诞生，奠定了现代科学的基础。量子力学的建立和相对论的提出，成为揭示微观粒子运动规律和阐释宏观世界的时空关系的理论突破口，深刻影响着 20 世纪甚至 21 世纪的科学和哲学思想。现代科学技术以前所未有的深度改变着人们的世界观，使人类的生产方式、生活方式和交往方式都发生了巨大的变化。人类在自然界面前拥有了空前强大的力量，也面临着一系列严峻的挑战。

第一节　物理学革命

19 世纪末 20 世纪初，正当人们乐观地认为物理学大厦已建成时，但物理学也出现了一些经典理论难以解释的现象，这些现象实际上预示着经典物理学中潜伏的问题。1900 年，英国著名物理学家开尔文勋爵（威廉·汤姆逊，1824—1907）发表著名演讲，题为《19 世纪热和光的动力理论上空的乌云》。开尔文指出，"动力学理论断言，热和光都是运动的方式，但是，现在这一理论的明晰性和优美性却被两朵乌云遮蔽，显得黯然失色"。一朵乌云是指经典物理学在以太存在问题上的讨论，另一朵乌云是指麦克斯韦 - 玻尔兹曼能量均分学说上的难题。而经典物理学上空的乌云又何止这"两朵"，X 射线、放射性物质和电子等一系列的新发现用经典物理学来解释也很困难，促使物理学家对物理学进行更为深入的研究。

一、物理学革命的背景

（一）"以太"学说

近代以来，人们认识到，水波的传播要有水做媒介，声波的传播要有空气做媒介，它们离开了介质都不能传播。太阳光穿过空气传到地球上，几十亿光年以外的星系发出的光，也穿过宇宙空间传到地球上。光波为什么能在空中传播？它的传播介质是什么？物理学家给光找了传播介质——"以太"。最早提出"以太"的是古希腊哲学家亚里士多德。牛顿在发现了万有引力之后，碰上了难题，在宇宙真空中，引力由什么介质传播呢？为了求得完整的解释，牛顿认为"以太"是宇宙真空中引力的传播介质。

"以太"被想象为充斥整个宇宙，只在其所在位置做微小振动的静止物质，它可能是所有运动的唯一静止的参考系。19世纪时，麦克斯韦电磁理论也把传播光和电磁波的介质说成是一种没有重量，可以绝对渗透的"以太"。"以太"既具有电磁的性质，又是电磁作用的传递者，又具有机械力学的性质，它是绝对静止的参考系，一切运动都相对于它进行。这样，电磁理论因牛顿力学取得协调一致。"以太"是光、电、磁的共同载体的概念为人们所普遍接受，形成了一门"以太学"。

"以太"得到了物理学界的普遍认可，成为不可或缺的物理实在。但是，肯定了"以太"的存在，新的问题又产生了，电磁波是横波并以每秒30万公里的高速传播，"以太"要传播如此高速的横波必须很硬且有很强的弹性，可星球却能在如此硬的媒质中自如穿行却看不到受阻力的情况，这又要求"以太"密度很小，无孔不入，无处不在。而且地球以每秒30公里的速度绕太阳运动，就必须会遇到每秒30公里的"以太风"迎面吹来，同时，它也必须对光的传播产生影响。这些问题的产生，引起人们去探讨"以太风"存在与否。

为了观测"以太风"是否存在，1887年，迈克耳逊（1852—1931）与美国化学家、物理学家莫雷（1838—1923）合作，在克利夫兰进行了一个著名的实验，"迈克耳逊 – 莫雷实验"，即"以太漂移"实验。实验假设，光对"以太"的速度恒为c；他设计了一个镀银的半透镜把太阳光分为与地球运动平行的透射光和与地球运动垂直的反射光，然后分别把这两束光反射到望远镜中，这时在望远镜中看到了两束光的干涉条纹。这是由光程差造成的。如果"以太"参考系是存在的，那么，当转动整个实验装置时，由于两束光相对于"以太"运动方向的改变，就会造成光程差的改变，所以就会观察到原有干涉条纹的移动。实验结果证明，不论地球运动的方向同光的射向一致或相反，测出的光速都相同，在地球同设想的"以太"之间没有相对运动。因而，根本找不到"以太"或"绝对静止的空间"。这就是历史上著名的"以太"漂移实验的"零结果"。这意味着不存在地球与"以太"的相对运动，或者说"以太"本身就是子虚乌有的。原本是为了进行证实的实验，结果却是证伪，迈克耳逊 – 莫雷实验使科学家处于左右为难的境地。经典物理学在这个著名实验面前，真是一筹莫展。此实验也促使爱因斯坦提出相对论，颠覆了人们的运动观念。

（二）黑体辐射

19世纪后半叶，物理学家不再满足于从热力学角度研究热了，而把热同光辐射联系起来。在同样的温度下，不同物体的发光亮度和颜色（波长）不同。颜色深的物体吸收辐射的本领比较强，比如煤炭对电磁波的吸收率可达到80%左右。当然，在电磁辐射波谱中，热辐射的频带要比可见光宽，红外线和紫外线也有热效应。

由于自然界并不存在不反射电磁辐射的物体，因此科学家基尔霍夫构想出表面开有一个小孔的空心球。这个空心球外表是一层绝热层，里面涂有吸收电磁辐射的材料，当一束光从空心球的小孔射入以后，就会在球体内经过多次反射被完全吸收，所以这个空心球内部就成了一个完美的黑体，如果利用电加热给空心球内部提供热量，那么从这个小孔跑出来的电磁辐射，就是完美的黑体辐射。所谓"黑体"是指能够全部吸收外来的辐射而毫无任何反射和透射，吸收率是100%的理想物体。基尔霍夫提出的这个问题，就叫黑体辐射问题，也叫空腔辐射问题。1895年，德国实验物理学家卢默尔（1860—1925）和普林斯海姆（1859—1917）在实验室实现了近似黑体的辐射空腔，能对黑体辐射强度进行准确的定量测量。

怎样解释黑体辐射实验的结果呢？当时，人们都从经典物理学出发寻找实验的规律。1879年，德国物理学家斯特（1835—1893）依据相关实验结果总结出一条有关黑体辐射能量与其温度之间关系的经验定律。1896年，德国物理学家维恩（1864—1928）吸收并发展了玻尔兹曼的思想，得到了一个半经验半理论的黑体辐射能量分布公式，即著名的维恩分布定律。但这个公式只在波长比较短、温度比较低的时候才和实验事实符合。

英国物理学家瑞利（1842—1919）和物理学家、天文学家金斯（1877—1946）认为能量是一种连续变化的物理量，建立在波长比较长、温度比较高的时候和实验事实比较符合的黑体辐射公式。从瑞利－金斯公式推出，在短波区（紫外光区）随着波长的变短，辐射强度可以无止境地增加，这和实验数据相差十万八千里，是根本不可能的。这一结果被称为"紫外灾难"。它的失败无可置疑地表明经典物理学理论在黑体辐射问题上的失败，所以这也是整个经典物理学的"灾难"。

以上的公式都不能很好地符合黑体辐射能量分布的曲线。维恩公式在短波波长符合得很好，但在长波范围总是比实验得出的数据要高，瑞利－金斯的公式刚好相反，在长波范围符合得很好，但随着波长的减小，辐射会趋于无穷大。思想敏锐的物理学家意识到，这也许意味着经典物理学自身是有缺陷的。量子理论正是在瑞利－金斯定律黑体辐射能量分布规律上首先取得突破，进而开始了人们对微观高速物质世界运动规律的探索。

从1894年起，德国人普朗克（1858—1947）就开始注意黑体辐射问题。1899年，他从热力学定律推出了维恩公式。1900年，他了解了瑞利公式之后，便用内插法建立了一个普遍公式——普朗克公式。这个公式在高频部分与维恩公式符合，在低频部分与瑞利公式符合。当时普朗克在论文《维恩辐射定律的改进》中宣布了这一公式。为了寻找这一侥幸揣测出来的内插公式的真正物理意义，普朗克放弃了经典的能量均分原理，提出了量子假说。普朗克的量子说打破了经典物理学中关于能量连续的概念，把能量不连续的概念引入了物理学，它摆脱了"黑体辐射的紫外灾难"这一经典物理学的困境。

（三）X- 射线的发现

X 射线是偶然发现的产物，它的发现起源于对阴极射线的研究。1895 年 11 月 8 日，德国科学家伦琴（1845—1923）在实验室偶然观察到一种新型的射线。他在研究阴极射线激发玻璃壁产生荧光时，偶然发现放电管附近用黑纸密封的照相底片感光了，这说明管内发出了一种能穿透底片封层的射线。在真空管的两端施加高电压，就会出现这种新型射线，它可以穿透大多数物质。射线穿透物质形成的阴影，投射到荧光屏或照相底片上时，就变成可见的了。伦琴很快认识到自己发现的重大意义，他夜以继日地工作，一个多月后，也就是当年 12 月 28 日，伦琴向德国维尔茨堡物理学医学学会递交了《一种新的射线》的论文。伦琴将这种不可思议的射线称为 X 射线，后来科学家又将之命名为"伦琴射线"，以表示对伦琴的敬意。为了表彰伦琴具有开创性的发现和研究，1901 年，诺贝尔委员会将第一个诺贝尔物理学奖授予了伦琴。伦琴表现出一种无私奉献的精神，他执意拒绝为 X 射线申请专利，从而使之能够更广泛地为人类大众造福。

X 射线的应用前景，很快为世人所认知。X 射线穿透力极强，把手放在放电管和荧光屏之间，可以从淡淡的手影中见到透明度较差的骨影。这样，X 射线很快被应用于医学上的体内异物诊断，进而用于透视诊病和工业方面的检验分析。库里奇发现，金属钨非常适合于做 X 射线的靶子。经过许多的尝试，库里奇终于制出了用钨做靶子的 X 射线管。之后，库里奇发明用钨做阴极的 X 射线管，库里奇开始针对不同的用途开发不同的 X 射线管，有医用的，有牙科用的，有电压要求高的，也有电压要求低的。

X 射线管不但具有商业价值，而且具有科研价值。1912 年，德国人劳厄（1879—1960）提出用天然晶体的晶格作为衍射光栅，观察 X 射线的衍射现象。之后，科学家发现了 X 射线透过晶格衍射的"劳厄斑"，表明 X 射线是波长很短的电磁波。1912 年，英国的布拉格父子确立了计算 X 射线波长的新方法，后来，人们又利用 X 射线的波长来研究晶体的结构。X 射线的发现，在医学和自然科学领域宣告了一个新纪元的开始，X 射线的发现，为诊断成像奠定了基础，直至今日，对于全世界的患者都具有无可估量的价值。

（四）放射性的发现

X 射线的发现很快引起了一种新的物理现象——放射性的发现。1896 年，法国数学家彭加勒在法国科学院周例会上展示了伦琴提供的 X 射线论文和相关照片。法国物理学家贝克勒尔（1852—1908）对 X 射线与荧光或磷光物质的关系进行了系统的研究，他选择了一种铀盐作实验材料，以往的实验表明，铀盐是荧光物质在太阳暴晒后会发出荧光，而发荧光的铀盐可以使被黑纸包着的照相底片感光。贝克勒尔发现未经太阳暴晒的不发荧光的铀盐也使被黑纸包着的照相底片感光了。贝克勒尔认识到，照相底片感光与是否经过太阳暴晒、是否产生荧光无关，而是铀盐本身发出的一种新射线。通过反复实验，贝克勒尔发现铀盐本身具有放射性质。贝克勒尔认识到这是一种与 X 射线不同的，穿透力很强的另一种辐射。他称之为铀辐射，人们把它称为"贝克勒尔射线"。铀是人类发现的第一个放射性物质。

将贝克勒尔的工作推向深入的是法国物理学家皮埃尔·居里（1859—1906）和他的妻子波兰物理学家玛丽·居里（1867—1934）。居里夫人首先提出了一个有重要意义的问题，即是否还有别的元素也具有这种性质。于是，她系统地研究了当时已知的各种元素和化合物。钍也具有像铀一样的辐射特性，她建议把这种性质叫"放射性"，1898 年，居里夫人公布了此发现。随后居里夫妇接着又从沥青铀矿中分离出放射性比铀强 400 倍的新的放射性元素，他们将这种元素命名为钋，以纪念居里夫人的祖国——波兰。1902年，居里夫妇从几吨沥青铀矿渣中分离出 0.12g 的氯化镭，它的放射性是铀的 200 万倍。后来，居里夫人又用 3 年多的时间，成功地提炼出了纯镭。居里夫妇继而对放射性射线的作用，如发光作用，化学作用和生物医学作用进行了研究，还研究了磁场对镭射线的作用等。发现它几乎能穿透一切东西，能使许多物质发光，可使钻石生辉，会把细菌杀死。

1903 年，居里夫妇和贝克勒尔由于对放射性的研究而共同获得诺贝尔物理学奖。1911 年，因发现元素钋和镭，居里夫人再次获得诺贝尔化学奖，因此居里夫人成为世界上第一个两获诺贝尔奖的科学家。面对巨大的财富，居里夫人毅然放弃了申请镭的专利权，居里夫人认为，获取专利权是违背科学精神的；同样，面对两次获得诺贝尔奖，居里夫人心如止水。这令爱因斯坦敬佩不已，他认为在所有的著名人物中，居里夫人是唯一不为荣誉和金钱所颠覆的人。

镭的发现进一步促进了人们对放射性现象的研究。英国物理学家卢瑟福（1871—1937）用强磁场使铀的射线发生偏转，从而发现了放射线中的 α 射线（带正电的离子流）和 β 射线（带负电的电子流）。卢瑟福在实验基础上认识到任一个放射性过程都伴随着元素的蜕变。这一认识使传统的元素不变观念受到了巨大的冲击。放射性的发现给人类带来了原子核内部的信息，是原子核物理学和核化学的起点。

（五）电子的发现

关于阴极射线本质的探索，直接导致了电子的发现。在阴极射线本性的争论中，德国科学家大多认为阴极射线是一种以太振动，英国和法国科学家则大多支持阴极射线是带电粒子流的观点。1881 年，英国人 J.J. 汤姆逊（1856—1940）通过研究发现，阴极射线是带负电的，沿直线前进的高速微粒子流。这一发现支持了阴极射线是带电粒子流的假说。1897 年，他测量了这种粒子所带电荷与质量的比，发现它的荷质比与氢离子的荷质比相比，要大上千倍左右。其质量的数量级只有氢离子的千分之一。汤姆逊把该粒子称为"带电微粒"，指出它是一切原子的共同组成部分。后来，汤姆逊采用了英国人斯通尼（1826—1911）的说法，将这种微粒称为电子。1906—1914 年，美国人密立根（1868—1953）用油滴法测出了精确的电子电量值，证明电子的电量 e 是电荷的最基本单位，所有带电物质的电量都是 e 的整数倍。电子是人类发现的第一个微观粒子。电子的发现带动了人们开始对原子的结构，进而对原子核的结构，乃至对更深层的物质结构的研究。继电子之后物理学家们后来又发现了 400 多种基本粒子。

二、相对论的创立

爱因斯坦（1879—1955）是人类历史上最具创造性才智的人物之一。他一生中开创了物理学的 4 个领域，即狭义相对论、广义相对论、宇宙学和统一场论。他的相对论冲击了牛顿以来经典物理学理论体系，改变了传统的空间、时间观念。爱因斯坦开创了现代科学技术新纪元，被公认为是继伽利略和牛顿之后最伟大的物理学家，同时被公认为 20 世纪最伟大的科学家。

爱因斯坦出生于德国乌尔姆市的一个犹太人家庭。1900 年，毕业于瑞士苏黎世联邦理工学院。1905 年，爱因斯坦获苏黎世大学物理学博士学位，提出光子假设、成功解释了光电效应（因此获得 1921 年诺贝尔物理学奖）；同年创立狭义相对论，1915 年创立广义相对论，1933 年移居美国，在普林斯顿高等研究院任职，1955 年 4 月 18 日，爱因斯坦于美国新泽西州普林斯顿逝世，享年 76 岁。

即便被认为是天才的爱因斯坦，求学之路也不是一帆风顺的，幼年的爱因斯坦并未显现出任何天才的迹象，除数学外，在学校他的其他功课成绩平平，特别是语言类课程更是一塌糊涂，他对这些语言不感兴趣，却喜欢课外阅读科学和哲学著作。爱因斯坦从瑞士联邦工业大学毕业后想留校工作，可是却没有哪个教授愿意请他当助手，因而他一毕业就失业了。两年后，谋得了一份瑞士专利局的工作，1903 年，他与大学同学米列娃·玛丽克结婚。1902—1909，在专利局工作的 7 年，是爱因斯坦科学创造的辉煌时期，特别是 1905 年，他取得的科学成就堪称人类智慧的奇迹，这一年他完成了 6 篇论文。

1905 年 3 月，爱因斯坦论文《关于光的产生和转化的一个启发性的观点》，提出光量子假说，解决了光电效应问题。4 月向苏黎世大学提出论文《分子大小的新测定法》，取得博士学位。5 月完成论文《论动体的电动力学》，独立而完整地提出举世闻名的狭义相对性原理，开创物理学的新纪元。9 月完成了有关质能关系 $E=mc^2$ 的论文，此关系式构成了原子弹的理论基础。12 月完成又一篇布朗运动的论文。这一年因此被称为"爱因斯坦奇迹年"，而这时的爱因斯坦年仅 26 岁。

（一）狭义相对论

1905 年，爱因斯坦在德国《物理学杂志》上发表了划时代的论文《论动体的电动力学》，宣告了狭义相对论的诞生。

爱因斯坦大胆否定"以太"的存在，他认为光是以量子的形式传播的，具有粒子的性质，而不需要"以太"的存在，不需要引进一个具有特殊性质的绝对静止的空间；不论光源或光的测量者运动与否，真空中的光速永远是一个常数；由于没有"以太"的存在，宇宙中任何运动都不是一种绝对运动，一切运动都是相对于某种参考系而言的。正是由于"一切运动都是相对的"概念，使爱因斯坦的理论被称为相对论。

狭义相对论将时间和空间与观测者视为一个不可分割的整体。相对杆和钟，分别静止和匀速运动的观测者，在测量同一根杆的长度及比较同一个钟的快慢时，会得出不同的结论，物体相对于观察者运动时，沿相对运动的方向上，它的长度会缩短，速度越大，缩短越多，即运动的杆要缩短，时钟相对于观察者运动时会走得慢些；这一现象被称为"尺缩"和"钟慢"效应，它们是狭义相对论的必然后果。在物体运动速度远小于光速的情况下，相对论力学就变成了牛顿力学。

在此基础上，1906 年，爱因斯坦还提出了著名的质能方程 $E=mc^2$。质能方程即描述质量与能量之间的当量关系的方程。根据这个关系式物体在运动速度趋近光速时，质量会趋向无穷大。这个结论被电子运动的实验所证实，反映了能量向质量的转化。质能方程对于原子弹的发展是关键性的。这不仅显示可能通过轻核的核聚变和重核的核裂变释放这个能量，也可用于估算会释放的能量的量。后来随着原子核物理学的发展也证实了此方程的正确性。美国的第一艘核动力航空母舰下水时，水兵们曾在甲板上排成质能关系式的队形，以表示对这一伟大发现的纪念。

狭义相对论的创立，引起了人类时空观的一次重大变革。在牛顿力学中，质量和能量完全是两回事，它们有着各自的守恒定律。但根据狭义相对论，质量和能量也已不再是单独地存在，而是存在着质能统一体。这一发现是革命性的，它使人类对物质世界的基础有了更深刻的认识。

（二）广义相对论

狭义相对论只涉及惯性参照系，没有考虑到加速运动。爱因斯坦进一步考虑非惯性系问题，他同时也发现，狭义相对论与牛顿引力理论之间存在着矛盾，所以爱因斯坦又研究了引力问题，终于在 1915 年完成了广义相对论。

广义相对论是一个时空和引力的理论。根据广义相对论，时空的性质不但取决于物质的运动，而且也取决于物质本身的分布。物质和运动在决定时空性质方面有等价性。广义相对论进一步阐明了能量动量的存在（也就是物质存在），会使四维时空发生弯曲，万有引力不是力，是时空弯曲的经典效应。在广义相对论的空间，把绝对真空看作一个物理实体已经没有意义了。

在广义相对论的实验验证上，有著名的三大验证。第一，水星近日点的进动。在水星近日点的进动中，按牛顿理论的计算值与实际观测值相差甚远，广义相对论的计算值则与实际观测值十分接近。广义相对论被完满地解释清楚了。第二，光线在引力场中弯曲。这是引力场周围空间弯曲的必然效应。1919 年，由英国人爱丁顿（1882—1944）利用 1919 年 5 月 29 日的日全食进行观测的结果，证实了广义相对论是正确的。第三，再就是引力红移，按照广义相对论，光从引力场强的地方传向引力场弱的地方，频率会变低，谱线整体上会向红端移动，其光谱线会发生红移。1925 年，美国人亚当斯（1876—1956）对天狼星暗伴星观测的结果，确认了爱因斯坦的这一预言。自此，广义相对论理论得到了广泛的认可。

爱因斯坦的广义相对论远超同时代的科学家，爱因斯坦曾自豪地说："如果我不创立狭义相对论，5 年内肯定会有人发现它，但是如果我不创立广义相对论，50 年内也不会有人发现它。"

三、量子力学的建立

（一）量子论的诞生

重大科学理论的提出都具有一定的历史必然性。1900 年，普朗克（1858—1947）在黑体辐射的理论研究上首先取得了突破。在研究辐射问题时，运用物理学和数学方法得到了一个能量分布函数公式，此公式所计算出的理论值与实验结果非常相符，这促使普朗克寻找公式中所包含的物理含义，从而引导他提出了能量子假设。1900 年年底，普朗克提出了能量子假设，推导出了辐射公式。由此表明，物体的辐射能不是连续变化的，而是以最小能量单元的整数倍跳跃变化。这个辐射能的最小单元，称为"能量子"或者"量子"。

1905 年，爱因斯坦发展了普朗克的量子概念，在研究光电效应时提出了光量子说。不仅如此，爱因斯坦还发表了数篇论文，阐述了光量子概念，进一步假设能量不但在辐射和吸收时不连续，在传播过程中和与物质相互作用的时候也是量子化的，因此，光可以看成"能量量子"或者说"光量子"，后被称为光子。爱因斯坦用光量子假说成功解释了光电效应现象，给出了光电效应方程。爱因斯坦的光量子假说，并不是简单地回到牛顿微粒说或者否定波动说，他第一次提出了波粒二象性的概念，揭示了微观客体的波动性和粒子性的对立统一。1916 年，密立根（1868—1953）用实验结果证明爱因斯坦的光电方程是正确的。

原子结构的研究也对量子理论的突破起到重要作用。1912 年，丹麦的物理学家玻尔（1885—1962）了解到原子线状光谱的巴耳末规律，启发他发现了原子光谱和原子结构之间的本质联系。很快玻尔就用全新的结构思想写出了著名论文《原子结构和分子结构》。在这篇论文里，运用了极其重要的假定"定态假设"和"频率假设"及"对应原理"，创造性地将量子思想引入原子结构理论，解决了经典理论说明原子稳定性的困难。不仅如此，玻尔的原子模型成功地解释了氢原子光谱的规律性，还推导出了原子半径。

1923 年，法国物理学家德布罗意（1892—1987）提出了物质波理论，开创了量子力学时代。在普朗克、爱因斯坦、玻尔的启发下，德布罗意根据类比的方法设想，静质量不等于零的实物粒子如电子，和光一样具有波动性，或者说具有波粒两重性。德布罗意曾连续发表 3 篇文章，提出了"物质波"理论。德布罗意还讨论他所要找寻的"新力学"和以往的"旧理论"（包括牛顿和爱因斯坦的动力学）之间的关系，他认为这个关系就像是波动光学和几何光学之间的关系。1924—1927 年，美国物理学家戴维孙（1901—1976）和英国物理学家汤姆孙（1892—1975）先后观测到电子的波动性，证实了"物质波"的存在。

（二）量子力学的建立

量子力学有两种基本形式，即矩阵力学和波动力学。

1. 矩阵力学　1925 年由海森堡（1901—1976）首先提出，后来又与波恩（1882—1970）和约尔丹（1902—1980）等共同完成。海森堡发表的《关于运动学和动力学关系的量子论的新解释》论文，为矩阵力学奠定了基础。矩阵力学可以说是玻尔量子论辩证否定的自然结果。海森堡认为，玻尔所描述的电子在原子核外轨道上的运动模型是不可观测的，量子力学方程中只应包括可观测的原子光谱线的频率和强度。原子轨道内电子的运动状况不可观测，但原子光谱线的频率和强度是可观测的，这种情况可比喻为，我们可以观察到钟的走动，但不能确定是怎样一套齿轮在推动着钟的指针转动。矩阵力学就是用矩阵计算方法处理这类可观测的数学方程。1927 年，英国人狄拉克（1902—1984）在研究过海森堡的理论和经典理论之间的本质区别后，发表了《量子代数学》，使矩阵力学理论体系更加严密。

矩阵力学成功地说明了氢原子光谱等一系列的原子结构问题，迅速在物理学界传播开来。尽管当时的物理学家们对于矩阵力学的数学工具不熟悉，然而庆幸的是，薛定谔的波动力学也几乎同时提出。

2. 波动力学　建立量子力学的另一种数学形式——波动力学的是奥地利物理学家薛定谔（1887—1961）。1910 年，在维也纳大学获物理学博士学位，他兴趣广泛、多才多艺，不但在物理学领域成就卓越，还从事科学哲学的研究。

薛定谔的工作是在德布罗意物质波理论的影响下发展起来的。1925 年，薛定谔从爱因斯坦的论文中知道了德布罗意的工作，不久他又拿到了德布罗意的博士论文，通过仔细研读，迅速掌握了德布罗意的新思想。他不满足于德布罗意的工作，试图找到一个更为普遍的理论。1926 年，薛定谔连续发表了 6 篇论文，提出了波函数的概念，给出了描述物质波的运动方程，从而创立了波动力学。薛定谔的这一系列论文涉及了量子物理、原子模型、哈密顿光学 - 力学相似性、物理光学、光谱学、微扰理论等众多物理学领域，运用玻尔原子理论、矩阵力学、爱因斯坦波粒二象性思想和德布罗意物质波理论的内容，致力于用波函数来描述微观客体的定态运动变化，建立相应的波动方程，求解得到与实验相符的结果，创立了波动力学体系。

波动力学和矩阵力学几乎同时出现，其数学形式完全不同，但同样有效。最初双方缺乏了解，后来还是薛定谔先冷静下来，认真钻研了海森堡等人的论文，很快于 1926 年 3 月就证明波动力学和矩阵力学是完全等价的。薛定谔在认真研究了海森堡的矩阵力学后，证明了矩阵力学与波动力学的等价性，两种理论实际上是统一的。可以通过数学变换，从一种理论转换到另一种理论。在这种情况下，玻尔对薛定谔的波函数作出了统计解释，粒子波函数在空间某点的强度（振幅的平方）与粒子在该处出现的概率成正比，物质波是一种概率波。实际上，后来的电子衍射实验表明，概率波就是大量电子运动的统计结果，波函数所表示的就是电子的运动轨道。后来，波动力学与矩阵力学合在一起，统称为量子力学。

20 世纪 40 年代，美国物理学家费曼（1918—1988）提出了路径积分，也是量子力学的另一种理论形式。费曼在理论物理学和量子力学两方面都作出了巨大贡献。在理论物理学方面，他创造了一种图，能描写基本粒子的碰撞与演化，其数学模型不仅优美简洁，还能大大简化计算，后被称为费曼图。在量子力学方面，提出了路径积分理论，这个思想最初是由狄拉克提出。经典理论认为，粒子从 A 运动到 B 走过唯一一条道路，量子理论则认为，由于微观粒子的路径是不可观测的量，因此，粒子从 A 运动到 B 没有路径。狄拉克提出没有路径，也可等价地看成拥有一切可能的道路。费曼赋予狄拉克思想以数学形式，使之能够实际应用。

薛定谔波动力学是量子力学的微分形式，是局域性描述；海森伯矩阵力学是量子力学的代数形式；费曼路径积分是量子力学的积分形式，是对微观世界的整体性描述，它们彼此等价，从物理思想上来说费曼路径积分甚至更深刻。在路径积分中，量子力学与经典力学的密切关系展现得格外清楚，因此，在量子场论中有广泛的应用。

四、微观物理学

20 世纪以来，物理学由宇观、宏观、再到微观，迎来了自牛顿经典物理学创立以来的第二个辉煌。人类对物质微观结构的认识，实现了以下 3 次重大跨越：①发现原子有内部结构，由原子核和电子组成，形成了原子物理学；②发现原子核有内部结构，由质子和中子组成，形成了原子核物理学；③发现核子有内部结构，由夸克组成，形成了粒子物理学。

（一）原子物理学

1895 年 11 月 8 日，德国物理学家伦琴首次发现 X 射线，促进了电子的发现，1896 年 5 月，法国物理学家贝克勒尔发现天然放射性现象，居里夫妇引入了半衰期概念。自此，微观世界的大门向人类敞开。原子的概念，是在 2400 年前由希腊哲学家德谟克利特提出来的。其原意是"不可分割的东西"，即指原子是构成世界万物的最终单元，是不可再分割的。1897 年，汤姆逊发现了电子，揭示了原子是可分割的，但原子是电中性的，而电子是负电的，这一现象促进了对原子中带正电粒子的寻找。1904 年，汤姆逊提出布丁模型，1911 年，卢瑟福提出原子的行星模型，1913 年，丹麦物理学家玻尔在卢瑟福所提出的行星模型基础上提出了原子的量子论，然而玻尔的理论却因内在的不协调备受指责。哥本哈根学派意识到需要重新认识电子的行为，对玻尔理论作了进一步的改造。1928 年，狄拉克提出电子的运动方程——狄拉克方程，他把量子论与相对论结合在一起，完美地解释了电子自旋和电子磁矩的存在，预言了正负电子对的湮没与产生。原子是宏观到微观的第一个层次，随着近十年来空间物理学、核能技术、宇宙学、生物学等一些重要的基础学科和技术科学对原子物理学需求的强化，原子物理学诞生了一大批三级学科，像原子光谱与激光技术等下游技术也得到了飞速发展。

（二）原子核物理学

1919 年，卢瑟福用 α 粒子轰击氮，得到了氧和氢核（质子），首次用人工方法实现了从一种元素向另一种元素的转变，卢瑟福的发现，开辟了核物理学的新天地，深刻地影响了现代化学。

1920 年 6 月，卢瑟福根据原子量和原子电荷之间的差设想，原子核中可能存在着质量与质子相同的中性粒子，设计了相关实验的计划，但没有立即取得成功。1932 年 1 月，居里夫人的女儿伊雷娜·居里和她的丈夫约里奥·居里用钋源放出的 α 粒子轰击铍，发现铍在衰变时辐射出了一种贯穿力很强的不带电的粒子流，它能把氢核从含氢的石蜡中撞出。由于他们没有注意到卢瑟福曾提出的设想，便把这种中性粒子猜想为光子。卢瑟福的学生查德威克了解老师关于核中存在中子的设想并多次想找出它，在听到小居里夫妇的实验结果后，立即意识到那种贯穿力很强的粒子可能正是中子，于是马上重复他们的实验，发现中性粒子具有静止质量，其速度也比光速小得多，便得出结论，约里奥·居里夫妇所发现的中性粒子流并不是光子，而正是人们一直企图寻找的中子流。查德威克关于发现中子的札记发表在 1932 年 2 月的英国《自然》杂志上，离小居里夫妇的实验仅仅一个月。同年，海森堡和苏联人伊凡宁柯分别独立地提出了原子核是由质子和中子组成的理论，从而确认了质子和中子组成原子核的理论。

约里奥·居里夫妇 1934 年用钋源放出的粒子轰击铝靶时发现，铝靶在受到轰击时发射出了中子和质子，停止轰击时仍能持续几分钟发射出 β 射线。他们继续研究后发现，α 粒子与铝结合后变成了磷的同位素 30P，它是自然界不存在的，稳定性极差，在放出正电子后变成稳定元素硅。此外，他们还发现用 α 粒子轰击镁、硼等轻元素，亦能产生人工放射性元素，这是一个重大的发现。费米设想，用不带电的中子代替 α 粒子作为炮弹，不仅可能使稳定的轻元素成为放射性元素，而且还可能使稳定的重元素转变为放射性元素，因为中子不受原子核中正电荷的排斥。在之后的几个月里，费米发现用中子轰击银，中间放有石蜡时，银的放射性提高了 100 倍。费米认为，这是由于中子在到达银靶前先击中了石蜡中的氢核（质子），速度减慢了，在银核周围停留的时间更长了，所以比快中子更容易被银核所俘获。此后，他用水代替石蜡，进一步证明了慢中子效应，从而开创了用慢中子进行核反应的方法。当时德国人哈恩和奥地利犹太人迈特纳为了验证费米实验的结果，也用慢中子轰击了铀，但在分析生成物时，他们发现了核裂变产物钡与其他元素。迈特纳和她的侄子弗立希分析认为，铀原子核在受到中子轰击后，可能像细胞分裂那样进行了一种分裂。另外，迈特纳在比较了反应前后物质的原子量后，还发现了"质量亏损"现象。按照爱因斯坦的质能关系式，这意味着巨大能量的产生。迈特纳还将这一现象发表在 1939 年 2 月的《自然》杂志上，在一定程度上推动了原子弹的诞生。

当一个重原子核分裂成两个较轻原子核（核裂变）时，会产生质量亏损，这些损失的质量就转换成巨大的能量——原子能，这就是核能的本质。这个非同小可的发现，开创了原子时代的新纪元。利用中子撞击铀原子核时，一个铀核吸收了一个中子，而分裂成两个氢原子核，同时发生质量亏损，放出很大的能量，产生两三个新中子，进而引发链式裂变，这就是举世闻名的核裂变反应。核裂变链式反应的实现，会在极短的时间内释放出巨大的能量，这使核能作为一种新能源成为现实。利用链式裂变反应有两种方式。当铀-235（或钚-239）的质量足够而纯度又很高时，有可能使强大的核能在一瞬间就迸发出来，这就成了破坏力惊人的原子弹（自1945年7月美国第一颗原子弹试爆成功，苏联、英国、法国、中国相继试爆成功）。如果加以人为的控制，在铀的周围放一些吸收中子能力很强的"中子毒物"（例如硼），使核能缓慢地释放出来加以利用，实现这一过程的设施就是反应堆。前者是核能的军用制造核武器，后者是核能的民用发电、供热、生产放射性同位素等。当然，反应堆的另一种用途是作为核潜艇、核航空母舰等舰艇的动力，这也是军用。事实上，相较于核裂变，核聚变产生的能量更为强大。但轻核只有在高温下才能克服库仑斥力，实现聚变，而重核裂变技术的成功使这种高温条件成为可能。这种利用核聚变，在高温下获取大量原子核能的反应，称为热核反应。在20世纪50年代就已实现了氢的同位素氘和氚的原子核的核聚合反应，制造了比原子弹威力大得多的第一颗氢弹，然而用可控方式获取聚变能的努力，长期遭遇到巨大的困难。由于氢的同位素氘（可作为聚变材料）在氢元素中占1/6000，而氢在地球上，尤其在海洋中是取之不尽的。因此，在20世纪80年代，人类有史以来最大的科技合作项目"国际热核聚变实验堆"（International Thermonuclear Experimental Reactor，ITER）计划正式启动，中国于2004年加入该计划。ITER计划在2025年前建成第一座原型聚变堆，在21世纪中期建成标准反应堆。那时人类将彻底突破能源的限制。

（三）粒子物理学

在认识到原子核是由质子和中子组成的之后，物理学家们开始探索是什么力将许多带正电的质子与中子紧紧结合在一起形成原子核的，也就是说，能克服静电斥力的核力来源是什么？1935年，日本人汤川秀树提出了关于核力的介子理论，正如带电粒子通过交换光子而产生电磁作用一样，核子（质子和中子）之间由于相互交换一种粒子而产生核力场，从而把核子结合在一起，形成稳定的原子核。核力是一种强相互作用力，短程力，作用范围限制在原子核中相邻核子附近。由于这种粒子质量介于质子和电子之间，因此被称为介子。

1949年，费米和杨振宁提出了最早的强子结构模型，促使了有关强子结构与分类的研究，1956年，李政道和杨振宁在弱相互作用领域研究中推翻宇称守恒定律，极大地推动了粒子物理学的发展。1961年，盖耳曼等提出强子分类的"八重法"。不久，"八重法"预言的重子被实验证实。在此基础上，盖耳曼建立了夸克模型，认为夸克是自然界中更基本的物质组成单元。夸克模型作为当今粒子物理学最基础的模型，尽管夸克的实验找寻至今还没有成功的报道，但成功地解释了许多已知事实，把极为复杂的事情变得非常简单。

第二节 其他基础科学的发展

一、现代化学的发展

（一）元素周期律

元素及由其形成的单质与化合物的性质，随原子序数（核电荷数）的递增呈周期性的变化，这一规律称为元素周期律。元素周期律总结和揭示了元素性质从量变到质变的特征和内在依据。元素的原子核外电子层结构的周期性变化是元素周期律的本质原因。周期律的发现是化学发展过程中的一个重要里程碑。

世界万物如果追溯它的本源都是由元素组成的，比如手机，屏幕主要是玻璃，玻璃主要由硅，还有氧元素构成。芯片主要元素就是硅。我们吃的食物，含有糖、蛋白质、脂肪，这里面都有一种特别典型的元素就是碳，也就是我们也经常说到的碳水化合物，这里面主要含有碳氢氧氮这样的元素。直到 2019 年，人类确认发现的元素只有 118 种，这里还有 20 多种是人造元素。所以说，世界万物不过是由不到 100 种元素组成的。

两千多年前，古希腊的思想家恩培多克勒提出了元素这个概念。他指出，世界上的每一种物质都可以分解为 4 种元素，那就是水、土、气、火。中国人同样在距今两千年前就创立了五行体系，这个世界是由金、木、水、火、土五种物质构成的，五行之间有相生相克的复杂关系。现在通常谈到古典的元素说，首先都是从古希腊时期的四元素说开始，而实际上根据文献资料记载，中国的古典五行说，最早的出现应该是在《尚书》当中，也就是说，中国的古典五行的元素说要早于西方的四元素学说。

1869 年，俄国的化学家门捷列夫重新审视了原子学说的科学基础及测定原子量的各种方法，他发现了元素的性质随着原子量增大而呈现周期性的变化规律，此后，他做成了最初的元素周期表。1871 年，门捷列夫修改了他的第一张元素周期表，预言了在当时还没被发现的钪、镓和锗的存在和性质。1875—1886 年，多位科学家相继在自然界发现了钪、镓和锗元素，佐证了元素周期律，引起了整个科学界的震惊，也使门捷列夫成为一代宗师。

就在门捷列夫第一张元素周期表发表几星期后，德国化学家迈耶尔非常坚决地提出他才是首先发现周期律的人。1870 年，迈耶尔又发表了一张元素周期表，与门捷列夫的第一张元素周期表相比，迈耶尔区别了主族和副族。因此，西方的化学家认为迈耶尔也是元素周期律的发现人。1882 年，两人同时接受了英国皇家化学会的最高荣誉奖。

元素周期表分周期和族。每一周期的出现，实际上是原子中的一个新能级的建立。从周期上看，第一周期共有 2 种元素，第二、第三周期各有 8 种元素，第四、第五周期各有 18 种元素，第六周期有 32 种元素。从族上看，零族为"惰性"元素，化学性质极不活泼，主族与副族的差别比较大。随着元素原子序数的增加，原子核外的电子层结构呈周期性变化。因此，元素的基本性质如原子半径、电离能、电子亲和能和电负性等，也呈现明显的周期性。

　　另外，元素中文名字是近代启蒙家徐寿翻译化学元素名称的时候，巧妙地把这些名字外文的第一音节作为元素的读法。但是要用什么汉字来确定这些元素的名字？徐寿先生偶然看到了明代皇家族谱，明代皇家族谱记载了用金木水火土五行之序起名字的皇族名字，启发徐寿先生创造了今天化学元素的中文名字。

　　元素周期律的发现，是化学研究进程中的一个重要里程碑。它对化学实验工作有很强的指导性，100多年来指导着科学家们从事科学研究。元素周期律的理论还在发展，人们对物质世界的认识还在深化，随着科学的发展，新的人工合成元素的发展，将会有助于设计出新型的元素周期表。

　　元素周期律的发现，揭示了一个真理，宇宙万物的存在来自自然本身的规律，人们甚至可以依照规律去发现未知的世界。元素周期律把元素及由它们所组成的单质和化合物一起纳入一个完整的、科学的体系之中，使科学家们增强了研究的目的性和自觉性，从而使化学研究进入一个系统化的新阶段。

（二）现代化学键理论

　　化学键理论是化学中的一个核心内容。它研究化学的一个基本问题，物质是由什么构成的，是怎样构成的？随着原子学说的提出，人们知道物质是由原子构成的，那么物质中原子和原子是怎么结合在一起构成物质呢？

　　1916年，德国化学家柯塞尔（1888—1956）根据稀有气体具有较稳定结构的事实，提出了离子键模型。根据柯塞尔模型，在一定条件下，当电负性较小的活泼金属元素的原子与电负性较大的活泼非金属元素的原子相互接近时，活泼金属原子失去最外层电子，形成具有稳定电子层结构的带正电荷的阳离子；而活泼非金属原子得到电子，形成具有稳定电子层结构的带负电荷的阴离子。这些带相反电荷的离子通过静电作用结合在一起，这种化学键称为离子键。

　　电负性相差较大的元素形成分子时可形成离子键，为了描述电负性相近或相等的元素如何形成稳定的分子，1916年，美国化学家路易斯提出了经典共价键理论，但并没有阐明共价键的本质。对于有电荷排斥的两个原子如何能靠共用电子对结合起来？路易斯理论无法解释。1927年，海特勒和伦敦用量子力学求解氢分子的电子运动状态，将应用量子力学研究氢分子的结果推广到其他分子体系，发展成共价键理论。后来，1930年，鲍林等人又发展了这一理论，建立现代价键理论。现代价键理论在解释多原子分子或离子的立体结构时遇到困难，1931年，鲍林又提出杂化轨道理论。1940年，西奇维克和鲍威尔提出一种能简单判断分子几何构型的理论模型，到20世纪50年代经吉利斯皮和尼霍姆加以发展，形成价层电子对互斥理论。但是，这些理论都没有考虑整个分子的情况，因此在解释有些分子的形成、氧分子的顺磁性方面遇到困难。1932年，美国化学家马里肯和洪特等人创立了分子轨道理论。

　　1927年，化学家海特勒和伦敦用量子力学处理了H_2分子的形成过程，1930年，鲍林等人发展了量子力学对H_2分子成键的处理结果，建立起现代价键理论。其基本要点如下：第一，只有自旋相反的单电子可以相互配对形成稳定的共价键。第二，形成共价键时，成键电子的原子轨道尽可能达到最大重叠。轨道重叠程度越大，两核之间电子的概率密度越大，系统能量降低越多，形成的共价键越稳定。共价键具有饱和性和方向性的特点。共价键包括 σ 键和 π 键。根据价键理论可以解释很多分子的形成，但是人们也发现一些用价键理论不好解释的化合物，比如甲烷分子的形成，鲍林设想用"杂化"的概念来描述原子轨道的这种状态，提出了杂化轨道理论。杂化轨道理论认为，原子在形成分子的过程中，受靠近它的原子影响，倾向于将同一原子内、不同类型、能量相近的原子轨道重新组合。这种重新组合的过程称为杂化，重组后的原子轨道称为杂化轨道。

现代价键理论成功地解释了共价键的特点、形成条件及特征，但在解释氧分子的顺磁性，H_2^+ 的形成，He_2、Ne_2 等分子无法存在等问题时却遇到了困难。1932 年，马利肯和洪特提出了一种新的共价键理论——分子轨道理论，该理论认为分子中的电子围绕整个分子运动，而不属于某个原子或存在于特定的原子轨道上。分子轨道理论把分子作为一个整体来处理，分子中的电子不再属于某个特定的原子，而是在多电子、多原子核组成的势能场中运动。电子在分子中的运动状态就称为分子轨道。

价键理论和分子轨道理论都是为了解释某些实验事实所采取的量子力学模型，两者尝试从不同的角度描述原子的成键过程。其中，价键理论强调原子轨道重叠和电子自旋配对，比较形象地阐明了共价键的本质。特别是鲍林引入了杂化轨道的概念使得价键理论进一步完善。而分子轨道理论强调电子在整个分子的区域中运动，电子进入能量降低的成键分子轨道，对形成共价键有贡献。分子轨道理论能够解释一些分子的顺磁性等实验事实。

二、生命本质的探索

由于早期研究方法的限制，生物学家无法从理论上对生命的发生发展过程及生命个体的遗传信息和变异做出根本的解释和说明。早在 19 世纪后半叶，现代遗传学奠基人孟德尔著名的豌豆实验就为遗传学的研究打开了一扇大门。20 世纪 20 年代，摩尔根的果蝇实验进一步发展了孟德尔的遗传学理论。至此，遗传学三定律，即分离定律、自由组合定律及基因连锁和互换定律问世。而自 20 世纪 50 年代以来，随着化学、物理学研究的进展及其新成就在生物学领域内的应用，生物学对生命体的研究逐渐进入细胞、亚细胞及分子层面。沃森和克里克 DNA 双螺旋结构的发现带动和促使了现代生物技术的蓬勃发展。之后不到半个世纪，分子生物学取得了更多激动人心的成就，为社会发展和各行各界带来了一场前所未有的革命。

（一）基因

基因究竟是物质实体还是纯粹的信息？遗传学的研究表明，它应该是物质实体。由于基因位于染色体上，而染色体的主要成分为蛋白质和核酸，于是，人们开始了对核酸和蛋白质的研究。

早在 1869 年，瑞士化学家米歇尔就从脓细胞及鲑鱼精子中发现了一种含磷量很高的酸性物质，他怀疑这种物质可能在细胞发育过程中起着极为重要的作用，称这种物质为"核素"。我们现在已经知道米歇尔发现的物质，其实就是脱氧核糖核酸（DNA），它作为染色体的一个组成部分而存在于细胞核内，是决定生物性状的遗传物质。这是人类首次分离出来的 DNA 物质。

1893 年，德国化学家科赛尔在研究胸腺和酵母的核酸时，就发现戊糖是酵母核酸的成分之一。此后，他的学生，美国的生物化学家莱文通过实验测定这戊糖就是核糖。莱文在对不同来源的核酸分析时发现，核酸具有 4 种碱基，并且它们的克分子数相等。这些数据导致了"四核苷酸假说"。按照"四核苷酸假说"，所有核酸的 4 种碱基都是等量的，而每一种碱基位于一个核苷酸上，核酸是由核苷酸组成的聚合体，这就意味着核酸是由 4 种核苷酸依照某种确定不变顺序组成的。依据这种假说，核酸只是一种与糖原类似的重复的多聚体，这种结构不可能产生那种对于遗传物质来说必不可少的多样性。这种看法使得核酸丧失了作为遗传物质所具备的复杂性，因此，"四核苷酸假说"实际上否定了核酸是遗传物质的设想。

另一方面，蛋白质化学的研究揭示出的蛋白质构成的多样性与生命的多样性呈现出某种平行的关系。1902 年，德国化学家费歇尔提出氨基酸之间以肽链相连接而形成蛋白质的理论。通过实验发现，组成蛋白质的氨基酸可以达到 20 种之多，这与单调的 4 种核苷酸形成了鲜明对照。此时，大多数专家认为，蛋白质很可能在遗传中起主要作用。如果核酸参与遗传作用，也必然是与蛋白质连在一起的核蛋白在起作用。因此，生物学家们普遍倾向于认为蛋白质是遗传信息的载体。基因是由蛋白质组成的，而核酸只不过在遗传过程中发挥某些辅助的生理作用罢了。

基因与蛋白质（酶）之间的关系问题，最后是由比德尔和塔特姆的工作所揭示的。比德尔和塔特姆在对链孢霉进行生化遗传学研究后指出，从遗传学观点来看，一个生物体的发育和功能，主要是由一个完整的生化反应系统构成的，这些生化反应以某种方式受到某些基因的控制，据推测，这些基因本身就是这个系统的一个部分，它们或者是以酶的方式直接起作用，或者是决定着酶的特异性，从而控制或调节这个系统中的特异反应。于是，他们在 1946 年提出了"一个基因一个酶"的假说。该假说奠定了基因和酶之间控制关系的思想，开创了现代生化遗传学。

（二）DNA

1928 年，英国微生物学家格里菲斯用 S 型和 R 型肺炎双球菌给小家鼠进行实验，结果发现无荚膜的 R 型菌从死的有荚膜的 S 型菌中获得了物质，使无荚膜菌转化成了有荚膜菌。之后格里菲斯又在试管中做了实验。他发现把死了的有荚膜菌与活的无荚膜菌同时放在试管中培养，无荚膜菌全部变成了有荚膜菌。这意味着某些遗传信息被"转化因子"转移了。然而，"转化因子"又是什么呢？当时的科学水平还不能回答。

到了 20 世纪 40 年代，人们最终知道决定生物代谢的物质主要是生物大分子蛋白质和核酸。核酸包括脱氧核糖核酸（DNA）和核糖核酸（RNA）两大类。DNA 主要分布在细胞核里，而 RNA 在细胞核和细胞质中均有分布。"转化因子"究竟是蛋白质还是核糖，仍然困扰着人们。

1944 年，美国细菌学家艾弗里、麦克劳德和麦卡蒂在格里菲思的肺炎双球菌转化实验的基础上，进行更加细致的研究。最终发现，只有 DNA 能够使无荚膜 R 型病菌转化成有荚膜 S 型病菌。这就意味着格里菲斯发现的"转化因子"就是 DNA，即 DNA 就是遗传信息的载体。几乎与此同时，奥地利生物学家查伽夫通过对核酸中 4 种碱基的含量进行重新测定，彻底否定了莱文的"四核苷酸假说"，为探索 DNA 分子结构提供了重要的线索和依据。

为 DNA 是遗传物质提供令人信服的直接证据的是美国噬菌体小组中的两位成员赫尔希和蔡斯。1952 年，他们为了排除艾弗里、麦克劳德和麦卡蒂实验中的不确定成分，采用了先进的同位素标记技术，通过标记噬菌体的 DNA 或蛋白质外壳侵染大肠杆菌的实验。这个实验证明，DNA 有传递遗传信息的功能，而蛋白质则是由 DNA 的指令合成的。这一结果很快令学术界接受。

为了探究 DNA 的结构，在英国生物学家威尔金斯、美国加州理工学院教授鲍林、伦敦大学富兰克林、剑桥数学家约翰·格里菲斯及化学家多诺休等人的帮助或影响下，沃森和克里克于 1953 年 4 月 25 日在《自然》杂志上公布了 DNA 的双螺旋结构模型。沃森和克里克指出，"在这种结构中，两条链围绕着一条共同的轴线缠绕，通过核苷酸碱基之间的氢键彼此连接起来……两条链都是右手旋转的螺旋，但原子在糖–磷主链上的顺序是反方向的，成对地垂直于螺旋轴线。糖和磷酸基团在外侧，而碱基在内侧"。碱基的组合严格遵循着 A–T、G–C 的规则，这一规则被称为碱基配对原则。这一原则很好地解释了 DNA 的遗传功能。

DNA 双螺旋结构模型的建立，是生物学史上划时代的事件，这个 20 世纪生物学领域最伟大的发现宣告了分子生物学时代的到来。现在看来，DNA 结构模型由沃森和克里克建立似乎蕴含着某种必然性。因为该模型的建立不只是单纯地考虑它的化学结构，还必须考虑它作为遗传物质应具备的生物学特性。因此，DNA 结构模型至少要解决以下 4 个方面的问题：①模型要反映出具有携带和传递遗传信息的功能；②模型能说明 DNA 自我复制机制；③模型能说明引起生物突变的原因；④模型必须符合化学规律，特别是要符合查伽夫规则，而沃森与克里克的组合，恰好满足了建立模型所要求的知识结构。

（三）密码子和中心法则

DNA 双螺旋结构模型的提出，从生物学的角度，很好地解释了 DNA 分子的两种不同的功能，自我复制功能和异体催化功能为 DNA 储存遗传信息作出了很好的说明。

沃森和克里克在制作 DNA 模型时，已经想到 DNA 的自行催化的繁殖机制。这种机制称半保留复制，即原先的链保留，而后分开来，分别成为新链的模板。由于 DNA 在复制过程中严格遵循碱基配对原则（即 A–T、G–C），每一条旧链与新链所形成的 DNA 分子与母链完全一致，它保证了亲代 DNA 分子能够按照严格的碱基顺序，将自身的遗传信息稳定地传递给后代，从而使子代表现出亲代的生物学特征。为了验证这一猜想，1958年，梅塞尔森和斯塔尔用稳定的同位素15N作DNA标记，才证明DNA的复制正是如沃森和克里克所描述的那样，是一种半保留式的复制。此后，赫伯特·泰勒用3H标记蚕豆根尖细胞的DNA，通过放射自显影证实了真核生物的DNA复制也符合半保留模型。

此后，人们发现DNA不仅具有自我催化功能，还具有异体催化功能，DNA作为遗传物质决定着蛋白质的合成并控制代谢过程。DNA中的碱基只有4种，而蛋白质中的氨基酸却有20种，如何才能把DNA的核苷酸顺序与相应多肽链的氨基酸顺序联系起来？物理学家伽莫夫提出了只有3个碱基才能组成对应1个氨基酸的密码的观点。1961年，生化学家尼伦贝格用实验证明了UUU（U为尿嘧啶核苷酸）三联体为苯丙氨酸的密码子。这个结果一经宣布，立刻引起了轰动。于是一场破译遗传密码的竞赛由此展开，结果很快就将64种密码子全部破译。到了20世纪60年代中期，DNA自我催化和异体催化功能的一般性质已经基本弄清。

随后，人们弄清了异体催化需要核糖核酸（RNA）参与。RNA有三种，分别称为信使RNA（mRNA）、转运RNA（tRNA）和核糖体RNA（rRNA），它们各自担负着特定的功能。异体催化分两步进行：第一步是以DNA作为模板合成一个mRNA，这个过程被称为转录。由于碱基配对原则，tRNA上的碱基排列顺序与DNA上的碱基排列顺序互补（其中T被U取代），tRNA就成了DNA的"副本"。接下来便是mRNA在tRNA上将转录来的信息变换成一定结构的多肽链（蛋白质），这个过程叫翻译。tRNA呈三叶草结构，其上都有一个特定的"反密码子"，能识别遗传密码，它的另一端和特定的氨基酸相结合。处在核糖体内的mRNA，由每个特定的tRNA携带着某种氨基酸，借助反密码子在mRNA上找到自己的位置，按照mRNA核苷酸排列顺序，把不同的氨基酸排列起来组成多肽（蛋白质）。遗传信息从DNA经过RNA到蛋白质的流动规则，被称为"中心法则"。此后，有人发现在有些病毒中存在着生物信息由RNA向DNA流动的情况，这一过程被称为反转录。

自20世纪60年代中期以来，DNA决定生物代谢和性状的微观机制已基本弄清，人们清楚地认识到，基因实际上就是DNA大分子中的一个片段，是控制生物性状的遗传物质的功能单位和结构单位。基因对性状的控制是通过DNA控制蛋白质的合成来实现的。一旦人们认清了生命活动的本质，便可以在此基础上对基因进行操作，按照人类的意志定向改造生物，使之造福人类。

（四）现代生物技术

DNA限制性内切酶和DNA连接酶的发现，以及一整套DNA体外重组技术的建立，使得基因工程开始发展。1985年，穆利斯等人首创了一种称为聚合酶链式反应（PCR）的DNA扩增技术，能够以极微量的DNA为模板进行DNA的大量扩增，这项技术的发明使得对微量DNA的检测和研究成为可能，成为分子生物学领域一项极为重要的研究工具。

原核生物基因组的研究对于探讨致病性微生物致病机制及其防治策略、寻找新基因的应用领域等都具有重要作用；基因工程的微生物还能够用于生物可降解塑料聚羟基脂肪酸酯（PHA）、神经酰胺、透明质酸等多种化学化工品的合成，对这些微生物的分子生物学改造在提高产量或缩短发酵周期方面取得了巨大成效；基因工程彻底改变了传统生物科技的被动状态，使得人们可以克服物种间的遗传障碍，定向培养或创造出自然界所没有的新的生命形态，以满足人类社会的需要；医学领域的研究是分子生物学技术研究与开发最活跃、成就最大的领域，其突出进展主要包括基因工程多肽药物和疫苗的开发和应用、基因诊断和基因治疗、疾病相关基因的发现及功能研究等，用基因工程技术开发出的干扰素、胰岛素和抗体等，成为近年来增速最快的新型治疗手段。

生命科学被称为 21 世纪的科学，建立分子生物学基础上的生物技术已经成为许多国家研究与开发的重点，成为国际科技竞争、经济竞争的新热点，生物产业已经成为继信息产业之后的又一个新的经济增长点。

三、勘探地球的构造

哥白尼关于地球自转的学说，近代以来被人们普遍接受了，但地球表层的大陆是活动的还是固定的？这个问题仍然长期存在争议，而地学的研究就是要为我们揭开地球的神秘面纱。现代地球科学经历了 18 世纪的萌芽、19 世纪的百家争鸣、20 世纪现代全球构造理论的统一阶段。进入到 20 世纪初，各学派的代表人物就地质构造提出了比较系统的学说。大陆漂移说、海底扩张说、板块构造说 3 个学说的诞生，奠定了近现代地学的理论基石，标志着地学革命进入了一个新的历史时期。

（一）大陆漂移说

1912 年，德国人魏格纳（1880—1930）在马尔堡科学协进会作了题为《大陆的水平位移》的演讲，首次提出了关于大陆漂移的假说。1915 年，魏格纳写成了《大陆和海洋的形成》一书，从地球物理学、地质学、古生物学和生物学、古气候学、大地测量学等 5 个方面详细论述了大陆漂移说。

大陆漂移说设想全世界的所有大陆原来是一个被整海（泛大洋）包围着的整陆（泛大陆），由于潮汐和地球自转的作用，大陆破裂成几块，慢慢向各个方向移动，经过几亿年的时间，这些移动形成了世界各大洋大洲今日的面貌。南美洲大西洋沿岸巴西东端的直角突出部分和非洲西海岸的几内亚湾凹槽非常地吻合，相邻大洲的地质、岩石构造上都遥相呼应，非洲南端和南美洲阿根廷南部的岩石序列一致，两岸的古生物化石具有密切关系，随着现代科学的发展，更是为大陆漂移提供了很多直接的证据。经过精确的大地观测数据表明，我们生活中的大陆仍存在缓慢而持续的移动中。大陆目前所处的位置是经过了几亿年漂移的结果。

魏格纳的学说比较圆满地解释了大西洋两岸轮廓的相合，以及两岸地形、地质构造、古生物群落的相似性，也解释了南半球各大陆古生代后期冰碛层的相似分布。但是，魏格纳对于大陆漂移的驱动力没有给出满意的解释，是什么力使整陆分裂了？是什么力使它们漂流移动？对这些问题的探索，进一步推进了大陆运动理论的发展。

（二）海底扩张说

探索大陆静止还是运动，以及大陆运动的原因和模式，离不开对海洋地质的研究，只有海洋和大陆在一起才能构成完整的地球表面。

美国普林斯顿大学的赫斯（1906—1969）在1960年提出了海底扩张说，1961年，美国海岸和大地测量局的迪茨（1914—？）也发表了《从海底扩张看大陆和洋盆的演化》的文章，明确提出了海底扩张的术语。1962年，赫斯以《海洋盆地的历史》为题，发表了关于海底扩张说更为详尽的观点。海底扩张说认为，在地壳的水平运动中，洋壳是被动地从对流源区传送到它的潜没处；裂谷则由来自地幔的新物质所填充；地幔对流驱使超基性物质从大洋中脊裂缝中上升，产生新的洋壳，海底因此扩张。海底扩张说假设尽管海洋是古老的，但洋底是年轻的，洋壳不断生成和减灭着。海底扩张说后来也得到了一系列的证明。

（三）板块构造理论

被称为地学革命的板块构造理论确立于20世纪60年代，是一种新的全球构造学说。板块构造说的理论是在大陆漂移学说、海底扩张学说的基础上发展起来的，至今仍在大地构造中占据主导地位，板块构造理论是对全球地壳活动方式作出的概括和总结。

1966年，加拿大著名学者威尔逊提出板块构造说。板块构造理论认为，地壳板块是地幔软流圈上的刚性块体，板块的边界处是构造运动最活跃的地方，在这里存在3种边界应力，即板块相对运动时产生挤压力、背离运动时产生引张力、相互滑过时产生的剪切力。板块边界是中洋脊、转换断层、俯冲带和地缝合线，由于地幔对流，板块在中洋脊分离、扩张，在俯冲带和地缝合线俯冲、消减。全球被分为欧亚、美洲、非洲、太平洋、大洋洲、南极6大板块和若干小板块；全球地壳构造运动的基本原因是这些板块的相互作用；板块强度很大，板块的边缘是构造运动最剧烈的地方，主要变形在其边缘部分。根据板块构造理论，大西洋在扩大，太平洋在缩小，红海和加利福尼亚湾在不断开裂。

板块构造理论集大陆漂移、海底扩张、转换断层为一体，在理论表述上具有最大的简洁性和严密的逻辑性，使地球科学各个领域取得了前所未有的统一。地球作为人类生存的居所，人类对于地球海陆的演化及内部的构造，还没有完全了解。但是，大陆漂移、海底扩张、板块构造理论已经成了现代地球科学的基本概念。

（四）大地力学和地洼学说

中国的两位杰出地质学家李四光（1889—1971）和陈国达（1912—2004）为世界地学作出了突出成绩。

1.李四光　创立了地质力学，运用他的地质力学理论，研究地壳运动与矿产分布规律，相继发现了大庆油田、胜利油田等，用事实彻底否定了名噪一时的美国斯坦福大学教授布莱克威尔德早在 1922 年提出的中国贫油论，这对新中国成立初期的经济建设作出了巨大的贡献。由于他的巨大成就，被誉为"地质之父"。

2. 陈国达　1956 年，中国科学家陈国达将一种既不属于地台，也不属于地槽的具有 3 层结构的新型活动区，称为地洼区，由此提出了地洼学说。他认为地壳运动主要是热力和重力共同作用的结果。地洼学说的创立，引起国内外学术界的重视，也奠定陈国达"地洼学说之父"的地位。

四、现代数学的前沿

数学是理性世界的基础，很多学科的发展都离不开数学。数学是一门逻辑推理的学问，具有高度的抽象性、逻辑的严密性、应用的广泛性 3 大特点。19 世纪的数学研究氛围空前活跃、研究人才辈出、研究成果众多，逐渐形成了以巴黎、柏林和哥廷根为中心的 3 个数学中心。20 世纪的数学在分析数学、非欧几何学和几何学、代数学、集合论等领域有了较好的发展。

希尔伯特也被称为"数学界的无冕之王"，天才中的天才，他 17 岁进入哥尼斯堡大学学习，22 岁取得博士学位，1942 年，获柏林科学院荣誉院士。希尔伯特的工作领域广泛、贡献巨大，不仅解决了代数不变式、代数数域理论、几何基础、积分方程等当时的热门问题，而且还穿插着研究了狄利克雷原理、变分法、华林问题、特征值问题及所谓的"希尔伯特空间"等。上述领域的每个成就都足以使希尔伯特作为一流数学家名留史册。

对于 20 世纪的数学发展真正起到深远影响的还是希尔伯特于 1900 年提出的 23 个数学问题。1900 年 8 月 6 日，在巴黎召开的国际数学家大会上，38 岁的希尔伯特发表了题为"数学问题"的著名演讲，希尔伯特在演说中根据当时数学研究的成果和发展趋势，他高屋建瓴地提出了 23 个重要的数学问题，涉及大多数主要的数学分支学科。

希尔伯特的 23 个问题大多为数学的基础理论问题，被认为是 20 世纪数学的制高点，涵盖了数学的各个方面，分属以下 4 大块：1 ～ 6，是数学基础问题；7 ～ 12，是数论问题；14 ～ 18，属于代数和几何问题；13 及 19 ～ 23，属于数学分析问题。对这些问题的研究，有力地推动了 20 世纪数学的发展，在世界上产生了深远的影响。

这些问题提出后，吸引了大批一流的数学家，美国数学会 1976 年评定的 1940 年以来的十大数学成就中，有 3 项是和希尔伯特的 23 个数学问题有关。其中，我国数学家陈景润就在其第八个"素数问题"的研究上作出了突出的贡献。

第三节　新兴科学的兴起

随着现代基础科学如物理、化学和生物等科学的发展，20 世纪逐渐形成了一些新兴科学，如系统论、信息论和控制论等，不仅在现代科学理论和研究方法上取得了革命性的进展，而且也对世界社会、经济、文化等诸多方面产生了深远的影响。

一、信息论

光、声、电可以是信息的载体，语言、文字、电话和无线电通信等都是人类借助这些载体创造的传递信息的工具。信息论是用数学方法来描述信息传递过程中的某些规律的一门新科学。信息论是运用概率论与数理统计的方法研究信息、信息熵、通信系统、数据传输、密码学、数据压缩等问题的应用数学学科。信息系统就是广义的通信系统，泛指某种信息从一处传送到另一处所需的全部设备所构成的系统。

在电讯通信的长期实践中，人们致力于提高通信系统的效率和可靠性时，发现要想提高效率，尽可能减少能量损耗，就要用较窄的频带；而要提高可靠性，就是要消除和减少噪声，以提高通信质量。要同时实现以上两个要求，便会面临如下问题：提高了传输速率，就会有噪声干扰；减少噪声干扰，信息传输速率就会降低。推动信息论产生的直接动因是第二次世界大战期间和战后通信事业迅猛发展的需要。

申农被称为"信息论之父"。1948年，申农（1916—2001）和韦弗（1894—1978）在《贝尔系统技术学报》上发表了"通信的数学理论"，标志着信息论的诞生。申农不仅从理论上阐明了通信的基本问题，提出了通信系统的模型，而且给出了测量每个消息平均信息量的数学公式。申农超越了具体的通信系统，认为一般的通信系统包括信息源、发送机、信道、接收机、消息接收者五个部分，它仅仅从技术和数学关系的方面来研究消息的传递，使复杂问题简单化了。

由于现代通信技术飞速发展和其他学科的交叉渗透，信息已不仅仅是通信领域中的概念，而成为现在称之为信息科学的庞大体系，和人类社会生活的各个方面联系起来了。目前，人类已进入信息社会，信息论的方法正在被应用到生命科学、物理学、化学、电子学、人工智能等一系列学科。一个内容广泛的信息科学正在飞速发展。信息产业是当今社会中发展最快、潜力最大、效率最高、影响最广泛的重要产业之一，没有信息论，就不会出现网络通信、远距离控制、移动通信和卫星导航，现如今这些和我们的生活息息相关的核心技术都是以现代信息论为科学指导的。

二、系统论

系统是自然界客观存在的东西。从地球、动物和人类社会本身，都是一种系统。系统论，是研究系统的结构、特点、行为、动态、原则、规律及系统间的联系，对其功能进行数学描述的新兴学科。现代系统论的发展有两个主要线索：一个是从研究生物有机体角度产生的一般系统论；另一个是从研究技术工程及劳动管理角度产生的系统工程学。

1. 一般系统论　系统论的一条主线是美籍奥地利生物学家贝塔朗菲（1901—1971）创立的一般系统论。20世纪20年代生物学中有机体概念的建立，启发了贝塔朗菲一般系统论的提出。他发表文章表达了系统论思想，强调把有机体作为一个整体或系统来考虑。1932年，他发表了《理论生物学》。1937年，他提出了一般系统论原理，奠定了这门科学的理论基础。1945年，他公开发表了《关于一般系统论》。1968年，贝塔朗菲发表了专著《一般系统理论基础、发展和应用》，该书被认为是一般系统论的代表作。

2. 系统工程学　其本质上是一种以运筹学为工具和方法的工程管理学。系统工程主要是以人工系统为研究对象，将其看作整体，运用现代科学技术方法，进行系统分析、系统设计、系统模拟，以便更好地达到预期目标。20 世纪 30 年代，贝尔电话公司的工程师们在采用固有的传统方法设计较大项目时，因其不能满足要求，进而提出了系统概念和系统思想、系统方法这类术语，于 1940 年首创了系统工程学这个名词。1957 年，美国的哥德和迈克尔合著的《系统工程学》一书出版，论述了系统工程最重要的数学工具——运筹学，为系统工程学初步奠定了理论基础。1965 年，迈克尔进一步编写了《系统工程学手册》，论述了系统工程学方法论、系统环境、系统元件、系统理论、系统技术、系统数学等，基本上概括了系统工程学的各个方面，使其成为一个比较完善的体系。20 世纪 50 年代后期以来，以中国钱学森（1911—2009）为代表的科学家，推进了系统工程学在中国航天工业中的应用，取得了极大的成就。20 世纪 70 年代前后，系统工程学开始突破传统的工程范围，推广到经济系统和社会系统，以解决许多复杂的社会 – 技术系统和社会 – 经济系统的管理问题。

三、控制论

工业革命以来，随着机器生产的发展，人们对机器的控制和调节越来越重要，20 世纪初期，机器工业进入到流水线生产的阶段，电子技术和电气机械也有了较好的发展，对机械和电力系统的结构、功能和稳定性的研究也有了进步。控制论是为了适应 20 世纪 40 年代的生产和高度自动化管理水平的需要而建立的。控制论是自动控制、通信工程、计算机技术、统计力学、神经生理学和生物学以数学为纽带形成的新学科，其实质是在理论上将技术科学与生物科学沟通起来，在技术上开发出能够进行智能模拟的自动机器。

1943 年，维纳、罗森勃吕特和毕格罗三人发表了《行为、目的和目的论》的论著，从反馈角度找出了神经系统和自动调节机器之间的一致性，这是控制论萌芽的重要标志。1948 年，维纳进一步出版了《控制论》一书。这本书将控制论定义为关于机器和生物的通信和控制的科学，标志着控制论的诞生。1946—1947 年，维纳和罗森勃吕特共同进行有关反馈主题的神经方面的实验工作，取得了许多有效的实验数据。1948 年，维纳出版《控制论》，标志着这门学科的正式诞生。

20 世纪 50—60 年代是控制论发展的时期，1954 年，科学家钱学森首创了工程控制论，1956 年，苏联人庞特里亚金发表的《极大值原理》论文，都是工程控制论方面的重要经典之作。接着神经控制论、生物控制论、经济控制论、社会控制论等相继问世。目前控制论还在向许多领域渗透，在形成大系统理论和智能控制两个方向上迅速扩展。

控制论把人的行为、目的及其生理基础和机械、电子运动联系起来，揭示了生命和机器之间的关联性，使物理系统与生命系统之间不再是对立。20 世纪 70 年代以来，控制论的发展同电子计算机的发展紧密联系在一起，受到了人们的日益重视。

【思考题】

1. 简述电子、X 射线放射性的发现及其意义。

2. 简述爱因斯坦狭义相对论和广义相对论对物理学的意义。

3. 简述量子力学的物理意义。

4. 人类对物质微观结构的认识，实现了哪几次重大跨越？

5. 试述元素周期律的发现过程及意义。

6. DNA 分子的双螺旋结构是谁发现的？有何意义？

第九章　现代高技术与第三次技术革命 ▷▷▷▷

　　现代高技术是指在信息技术、材料技术、能源技术、生物技术、空间技术等领域迅速发展和广泛应用的一系列先进技术，它们对社会、经济和文化产生必然的影响，是20世纪40年代以来，信息技术和通信技术的快速发展引发的一场全球性技术变革。第三次技术革命起源于20世纪40—60年代，主要以信息技术和通信技术的飞速发展为核心驱动力。这一阶段的技术革命在许多方面与以往有着不同的特点。信息技术的进步带来了计算能力的指数级增长，使得数据处理、存储和传输更加便捷。互联网的普及使得信息的普及更加广泛，人们能够随时随地获取所需的信息。移动通信技术的发展使人们能够通过手机、平板电脑等设备实现全球范围内的联系。物联网的兴起，将物理世界与数字世界连接起来，创造出更加智能化的环境和生活方式。

　　现代高科技与第三次技术革命共同构建了高度数字化、信息化的时代。这些技术的迅猛发展，不仅推动了科技创新，也深刻改变了人们的生活方式、社会结构和经济格局。变革不仅为人类创造了新的机遇，也带来了新的挑战，需要全球范围内的合作与思考来应对。

第一节　信息技术

　　信息技术，是主要用于管理和处理信息所采用的各种技术的总称。它主要是应用计算机科学和通信技术来设计、开发、安装和实施信息系统及应用软件。它也常被称为信息和通信技术。主要包括计算机技术、网络技术、通信技术和微电子技术等。信息技术的发展大致经历了古代信息技术、近代信息技术和现代信息技术3个不同的发展时期。

一、计算机技术

　　计算机是由电子器件及相关设备和系统软件组成的自动化的系统机器。现代电子计算机用途广泛，几乎可以用于所有的行业和领域，完成算术运算、逻辑操作、数据处理、符号处理、图像处理、图形处理、文字处理、逻辑推理等功能。它的出现不仅在技术领域造成了巨大的影响，而且在经济、社会、文化等多个领域带来了巨大的变革。

　　世界上第一台由美国军方制造的电子数字计算机，诞生于1946年的美国宾夕法尼亚大学莫尔学院，被称为"埃尼阿克"（Electronic Numerical Integrator and Computer，ENIAC），总共用了18800只电子管，功耗大约为150kW，总重量达30吨，占地170m^2，耗电150kW，造价48万美元。每秒可从事5000次加法运算，400次乘法运算，比当时最快的计算工具快 300 倍，是继电器计算机的 1000 倍，手工计算的 20 万倍。ENIAC 的问世，具有划时代的意义，表明电子计算机时代的到来，是计算机发展史上的一个重要里程碑。

计算机经过半个多世纪的发展，已经从一个庞然大物精简成一台掌上电脑，同时运行效率、功能种类出现了翻天覆地的变化。时至今日，电子计算机的成熟发展，已经将应用领域从单纯的运算数据演变成了全领域的服务模式。计算机的发展目前已经历了四代，电子管计算机（1945—1956），晶体管计算机（1956—1963），中、小规模集成电路（1964—1971），大规模和超大规模集成电路（1971—至今），多数人认为第五代电子计算机是智能计算机，具有广博的知识，会自动学习，能够思维推理。第四代计算机与第五代计算机的区别主要是在软件方面。而在硬件方面，第四代计算机与第五代计算机基本没有分界线。作为第五代计算机一般具有自然友好的人机界面、体积小、功效高、可靠性强、能类似人的大脑进行逻辑思维推理等特点。

电子计算机技术是第三次技术革命的核心，可以代替人类脑力劳动快速完成庞大的数据分析，还能模拟人类智能的某种能力。它的出现，催生了数字化转型，重新定义了产业模式和商业流程，为全球范围内的即时沟通和信息共享提供了基础，改变了人们获取和传播信息的方式。在医疗、教育、金融等领域，计算机技术的应用也带来了显著的成效，提高了服务质量和效率。未来计算机技术将继续引领科技创新，推动社会进步。

二、网络技术

网络技术是指将分布在不同地理位置具有独立功能的多台计算机，用通信设备和通信链路连接起来，在网络操作系统和网络协议及网络管理软件的管理协调下，实现资源共享、信息传递的系统。

计算机网络从产生到发展，总体来说可以分成以下 4 个阶段：面向终端的计算机网络、面向资源共享的计算机网络、开放式标准化的计算机网络和网际互联与高速发展的计算机网络。

1. 计算机网络的分类　计算机网络的分类方法有很多，按照不同的标准，可以从不同的角度对计算机网络进行分类，按照覆盖范围可以分为局域网、城域网、广域网；按照传输介质可分为有线网和无线网；按照使用范围可以分为公用网和专用网；按照网络拓扑结构，可以分为总线型网络、星型网络、环形网络、树型网络和网状型网络等。

2. 网络技术的应用　网络技术是目前计算机应用的热点，随着信息时代的到来和未来需求的变化，计算机的普及和技术的不断进步，计算机网络的应用发展会更加迅速。目前，可以将较为常见的网络应用，归纳为以下几个方面：信息检索；现代化的通信方式；办公自动化；企业的信息化；电子商务与电子政务；远程教育；丰富的娱乐消遣。

互联网作为人类社会中的一项重要技术革命，使得信息的收发和处理变得十分方便。它是连接世界、改变生活、推动社会发展的有力工具。它连接着人类的智慧，将全球融为一个严丝合缝的整体。以网络为核心的新信息经济时代已经到来。然而，我们也需要在充分发挥互联网的积极作用的同时，认真思考和解决其可能带来的问题和挑战，如信息隐私、网络安全等问题，需要持续关注和解决。

三、通信技术

通信技术是人类社会发展中关键的一部分，它使人们能够跨越时空限制进行信息交流和沟通。从最初的烟火信号到无线通信网络，通信技术经历了一系列发展，为社会的进步作出了巨大的贡献。通信的实质就是实现信息的有效传输，它不仅要将有用的信息进行无失真、高效的传输，而且还要在传输的过程中减少或消除无用信息和有害信息。

早在古代，人类就开始尝试通过声音、视觉的方式进行沟通。古代文明如古埃及、中国和希腊都使用过信鸽、烟火信号等来传递简单的信息。但是，这些方式受限于地理距离和天气等因素的影响，无法满足长距离、实时的通信需求。

19世纪，电磁感应现象的发现和电报的发明，引发通信技术的重要突破。1831年，英国物理学家法拉第发现电磁感应，英国科学家摩尔斯于1837年首次成功传输电报信号，随后电报系统迅速传播开来。电报技术允许信息以电信码传播。1866年，第一条跨大西洋电报缆成功连接了欧洲和美洲，使跨洋通信成为可能。

1876年，亚历山大·格雷厄姆·贝尔发明了电话，这项技术允许人们通过电信号进行实时的语音通话。电话技术的出现，使得人们能够在远距离之间进行直接的沟通，彻底改变了人们的生活方式和商业模式。电话技术得到迅速普及，电话网络迅速覆盖了世界各地。

20世纪初，无线电技术的发展使通信不再局限于电缆和线路。意大利科学家马可尼于1901年成功实现了无线电信号的低频频谱传输，拉开了无线电通信的序幕。无线电技术在军事、航空和广播等领域的快速应用，为信息传输带来了更大的灵活性。

20世纪中叶，卫星通信技术的发展使全球范围内的通信变得更加便捷。1962年，第一颗通信卫星"提康德罗加"发射，成功开启了卫星通信的新时代。卫星通信技术不仅支持电话和电视广播，还在数据传输、天气预报等方面发挥了重要作用。

20世纪末，数字化技术和通信技术的融合催生了互联网的诞生。互联网使信息可以以数字化的方式在全球范围内传播，开创了新的信息传输模式。从最初的局域网到全球范围的互联网，从简单的电子邮件到社交媒体和在线视频，互联网已经成为现代社会的一部分。

进入21世纪，移动通信技术的迅速发展，使人们能够随时随地进行通信。从2G、3G到4G，每一代移动通信技术都带来了更高的数据传输速度和更广的数据传输容量。目前，5G技术的推出，为物联网、自动驾驶等领域提供了更大的潜力和可能性。

通信技术依然在飞速向前发展，人工智能、物联网、量子通信等技术的兴起，将为通信带来新的变革。随着技术的进步，可以预计通信将变得更加高效、智能和安全，进一步推动社会的发展。

四、微电子技术

微电子技术是现代电子工程领域中的一个重要分支，涉及微小尺寸的电子器件、电路和系统设计。它的发展对电子产品的性能、尺寸和能效等方面产生了巨大的影响。主要研究半导体材料、器件、工艺、集成电路设计等方面基本知识和技能，进行集成电路版图设计及集成电路封装、测试等。微电子技术是当代信息技术的基础，是随着集成电路的发展而产生的。

微电子技术的雏形，可以追溯到 20 世纪 50 年代，当时的电子元件开始逐渐从晶体管发展到集成电路。1958 年，杰克·基尔比首次提出了集成电路的概念。随着半导体技术的发展，第一块集成电路在 19 世纪 60 年代初问世，其上集成了一个晶体管。

20 世纪 70 年代，金属氧化物半导体（MOS）技术的出现引领了微电子技术的进一步发展。MOS 技术具有更高的集成度和外部功耗，为微电子器件和电路的缩小创造了条件。1971 年，英特尔推出了第一款微处理器，引起了微电子技术在计算机领域的重要应用。

20 世纪 90 年代，大规模集成电路（VLSI）和超大规模集成电路（ULSI）技术的发展使集成度大幅提升。微电子芯片上可以容纳数百万甚至上亿个晶体管，从而实现了更复杂的功能和更高的性能。这段时间见证了计算机、通信、消费电子等领域的快速发展。

进入 21 世纪，微电子技术逐渐涉足纳米尺度，面临着新的挑战和机遇。一方面纳米尺度下，量子效应等问题开始出现，需要采用新的材料和设计方法。另一方面，多核处理器的兴起，使得芯片上集成了多个处理核心，因此计算需求迫切增长。

当代微电子技术的关键问题之一是能源效率。为了降低功耗，人们提出了许多低功耗设计和制造技术，以适应绿色环保的需求。此外，物联网的发展也推动了微电子技术的创新，要求设计更小型、高负载的芯片，以支持连接存储设备的庞大网络。微电子技术作为电子工程领域的关键分支，经历了从早期探索到现在的多元发展。它在计算机、通信、医疗、智能制造等领域中发挥着重要作用，不仅改变了人类的生活，也推动了科技的进步。超高容量、超小型、超高速、超高频、超低功耗是信息技术无止境追求的目标，是微电子技术迅速发展的动力。随着科技的不断发展，微电子技术将继续在新的领域创造更多的可能性。

第二节　材料技术

材料是构成物质实体的基本元素，广泛存在于我们生存的环境中。材料技术是通过对不同种类的材料进行研究、开发和应用，满足特定需求，提高生活质量的高技术。材料与材料技术在现代社会中具有关键作用，影响着工业、科技和生活的各个方面。人类利用材料的历史，就是人类不断发展进步的历史，每一种重要新材料的发现和应用，都把人类支配自然的能力提高到一个新的水平，因此，材料的发展也成为人类文明的重要标志，人类文明曾被划分为旧石器时代、新石器时代、青铜器时代、铁器时代等，由此可见，材料的发展对人类社会的影响深远。随着 21 世纪物理学、化学的进展，对材料微观结构及其与材料性能之间关系的研究也逐渐深入，大大开拓了材料科学的研究领域，扩展了材料的种类、功能和应用范围。

材料的分类方法有很多种。从物理化学属性来分，可分为金属材料、无机非金属材料、有机高分子材料和不同类型材料所组成的复合材料；从用途来分，又分为电子材料、航空航天材料、核材料、建筑材料、能源材料、生物材料等；从材料的使用性能来分，可以分为结构材料与功能材料。

一、金属材料

金属材料是一类由金属元素组成，广泛应用于工业、建筑、交通、电子等领域的重要材料，是人类物质生产最常见的材料之一。它具有优良的导电性、导流性、可塑性和强度，常用于制造结构零件和导电元件。其独特的性能和多样化的应用使金属材料成为人类社会发展的一部分，在各个工业领域得到广泛应用。

金属材料根据其成分、性质和应用分为结构金属材料、功能性金属材料、电子材料、高温合金、生物医用金属等。

金属材料的使用可以追溯到古代文明。大约在公元前 4000 年，古人就掌握了冶炼铜的技术，最早的金属材料是纯铜；随后青铜的发现（铜与锡的合金）进一步提高了材料的硬度和强度，人们可以用此制造各种工具和器具。铁是人类社会进步的重要标志。大约公元前 1500 年，冶炼技术逐步完善，人们开始制造并使用铁制品，如工具和武器。进入工业时代，钢铁的大规模生产使得铁路、桥梁、建筑行业等得以迅速发展，从而推动了交通、工业等领域的发展。同时，铝的生产技术突破，使得铝成为轻质金属的代表，被广泛应用于航空、航天等领域。随着科技的发展，新的金属合金和制备技术不断得到改进和保障。20 世纪，不锈钢的发明，扩展了金属材料的应用领域。后来，高强度的钛合金在航空、医疗等领域得到广泛应用。当代金属材料的研发一直在持续进行，先进的合金设计、纳米材料、高温材料等领域取得了重大突破，为现代社会的发展提供了支撑。

金属材料作为人类社会发展中的关键组成部分，在不同的历史时期得到了不断的创新和发展。从古代冶炼到高科技现代材料，金属材料一直在推动着工业、科技和文明的发展进步。在未来相当长的时期内，金属材料仍将占据材料工业的主导地位，其独特的性质和使用性能是不可能完全被其他材料替代的。因此，发展金属材料，尤其是新型金属材料，仍是材料科学技术面临的重要课题。

二、无机非金属材料

无机非金属材料是一类不包含金属元素的材料，通常具有较高的硬度、绝缘性，以及耐高温、耐腐蚀等特点，被广泛应用于工业、建筑、电子、医疗等领域。根据不同的性质和应用，主要可以分为以下几个类别。

（一）陶瓷材料

陶瓷是无机非金属材料的重要类别，包括多种不同的材料，如可调节硅、碳化硅等。陶瓷材料具有高硬度、耐磨性、高温稳定性，常用于生产瓷器、耐火材料、电子陶瓷等。

陶瓷的历史可以追溯到古代文明时期。早在大约 1 万年前，人类就开始使用黏土制作简单的陶器，如储存容器和饮食器皿。这些早期的陶瓷制品主要通过手工制作和自然干燥完成。随着人类历史文明的发展，人们逐渐掌握了陶瓷窑烧制作的技术。大约在公元前 3000 年，古代文明如古埃及、中国、印度等已经开始使用陶瓷窑烧制品，提高了陶瓷制品的质量和稳定性。窑烧使得陶瓷能够在高温下烧制，增强了其硬度和耐用性。中国被认为是陶瓷发展的重要中心。公元前 1600 年左右，中国开始制造早期的瓷器。随着时间的推移，中国的瓷器工艺逐步完善，如青花瓷、汝瓷、景德镇瓷等。中国的瓷器不仅在国内广泛应用，还通过丝绸之路传播到世界各地。8—13 世纪，伊斯兰世界在陶瓷制作方面取得了重要成就。伊斯兰陶瓷通常以精致的几何和植物图案装饰，以及采用特殊的釉料和颜色。14—17 世纪，欧洲对陶瓷的制作和装饰产生了积极的影响。意大利的美琳多瓷和荷兰的德尔夫特蓝瓷成为当时的代表。欧洲各地纷纷开展陶瓷生产，出现了不同的风格和工艺。18 世纪，工业革命带来了陶瓷生产的技术革新。18 世纪末，英国的斯波德瓷和韦多伍德瓷等开始采用机械化生产。随着现代科技的进步，陶瓷工艺逐步实现了自动化和精细化，制成了更多品种的陶瓷产品，如瓷砖、卫生陶瓷、电子陶瓷、复合陶瓷等。复合陶瓷是一种耐高温的陶瓷，它的主要用途是制造一些耐高温的东西，或者是在高温的环境下使用。超导陶瓷也是现代陶瓷的一个重要的种类，超导陶瓷就是一种具有超导体作用的陶瓷，超导陶瓷一般用于电子产品的零件制造等领域。

陶瓷作为一种古老的不断发展的材料，在人类历史中扮演着重要的角色。从早期的手工制作到现代的高科技陶瓷，其发展历程见证了人类技术和文明的进步。

（二）玻璃

玻璃是一种非晶无机非金属材料，它的主要成分为二氧化硅和其他氧化物。另有混入了某些金属的氧化物或者盐类而显现出颜色的有色玻璃，以及通过物理或者化学的方法制得的钢化玻璃等。有时把一些透明的塑料也称作有机玻璃。它的制备和应用历史悠久，见证了人类科技进步和文明发展的轨迹。

世界最早的玻璃制造技术出现在大约公元前 3000 年的古埃及和古巴比伦地区。古代人们将天然的硅酸盐矿物石英加热后冷却，形成了早期的玻璃物品，如珠宝、饰品等。古罗马时期，玻璃制作技术得到了进一步发展，制成了玻璃、窗玻璃等，威尼斯成为玻璃制造的中心，其制造技术在整个欧洲得到了传播。威尼斯玻璃工匠创造了各种彩色玻璃、吹制玻璃技术等，开创了玻璃制造的新时代。17 世纪，英国的乔治·拉文斯克罗夫特发明了平板玻璃制造技术，使玻璃得以大规模生产。19 世纪，法国化学家路易斯·巴斯德发明了玻璃的制造方法，为现代玻璃工业的发展奠定了基础。20 世纪，玻璃工业得到了迅速发展。法国科学家阿尔贝·米歇尔发现了玻璃的非晶态结构，为玻璃的性能和应用提供了理论基础。随着工业化和技术的发展进步，玻璃制造技术不断创新，如浮法玻璃生产技术的发明，使得玻璃制品的质量和产量大幅提高。当代玻璃制造已进入高级阶段。先进的玻璃工艺，如激光玻璃成型、纳米玻璃制备等，使玻璃的功能和性能不断提高。

玻璃在光学、电子、航天、汽车通信等领域得到广泛应用，随着科技的不断进步，玻璃作为一种多功能材料，将在更多领域得到创新应用。新型玻璃材料、高性能玻璃制备技术的发展将推动玻璃工业进入更加多元化和高效的时代，为人类社会的可持续发展作出贡献。

（三）水泥

水泥是一种重要的建筑材料，用于制造混凝土和其他建筑结构。它具有良好的强度、稳定性和耐腐蚀性，广泛应用于建筑、基础设施和工业领域。水泥主要由石灰、硅、铝和铁等原料经过热处理后制成。它在与水混合后会发生水化反应，形成坚固的结构体，即水泥石。这使得水泥非常适合用于建造各种建筑和基础设施，如楼房、桥梁、道路等。水泥具有相应的抗压强度和稳定性，可以在不同的环境条件下长期使用。

早在大约公元前 3000 年的古埃及和古巴比伦时期，就开始使用含有石灰成分的材料来固定砖块和石头。这些材料类似于现代水泥的前身。古罗马时期，人们开始使用石灰和火山灰混合的材料，制造出一种类似水泥的混合物。这种材料被用于建造罗马的建筑物，如大型水道和拱桥。现代水泥的制造开始于工业革命时期。1824 年，英国发明家乔瑟夫·阿普顿·艾森普特发明了一种名为"波特兰水泥"的材料，是一种现代水泥的混合物，其水化反应能够迅速形成并增强。到了 20 世纪，随着工业化的发展，水泥工业取得了巨大的进步。不断改进的生产工艺、原料配比及混凝土技术，使水泥得以广泛应用于各种建筑和基础设施项目。当代水泥工业不断进行创新，也一直在探索更环保、高性能的水泥材料。绿色水泥、高性能混凝土等技术不断发展，满足了现代建筑和基础设施的需求。全世界的水泥品种目前已经有 100 多种，2007 年水泥年产量约 20 亿吨。中国在 1952 年制订了第一个全国统一标准，确定水泥生产以多品种多标号为原则，将波特兰水泥按其所含的主要矿物组成改称为矽酸盐水泥，后又改称为硅酸盐水泥。2010 年，中国水泥产量达到 18.68 亿吨，产量占比全球 50% 以上，2022 年，中国以 21.30 亿吨的水泥产量位居世界第一。

水泥是建筑材料的重要组成部分，从古代文明的初创，到现代工业化的大规模生产，水泥在建筑领域的作用持续增强，同时不断地研发和创新，也将在未来为建筑业作出更大的贡献。

（四）耐火材料

耐火材料是一种能够在高温环境下保持稳定性和功能的特殊材料。它们具有优异的耐高温、耐腐蚀和耐磨损等特性，被广泛应用于冶金、玻璃、陶瓷、钢铁等工业领域，以及高温设备如火炉、炉窑等。

早在古代文明时期，人们就开始使用天然材料，如泥土、石英、白垩等来制作耐火材料。这些材料用于制造窑炉、砖块等，满足了当时冶炼和陶瓷生产的需要。随着科技的发展，耐火材料的制备和应用逐步提升。工业革命带动了冶金和化工等工业的迅速发展，耐火材料的需求也大大增加。19 世纪末，人们开始使用硅砖、镁砖等制造耐火材料，以满足工业设备的严格要求。20 世纪，随着高温技术的广泛应用，耐火材料的研发进入了新的阶段，出现了一些新型耐火材料如耐火浇铸料、高铝砖、碳化硅等。耐火材料的研究和创新一直在持续进行，先进的制备工艺和材料设计使耐火材料在高温、腐蚀等极端条件下表现出更加卓越的性能。此外，绿色环保的耐火材料研究，也逐步成为研究的热点，满足可持续发展的需求。

三、高分子材料

高分子材料是一类由重复单元组成的大分子化合物，通常由大量原子或分子通过共价键或其他化学键连接而成。这些材料具有高灵活性、可塑性及多样化的性能和应用。高分子材料在现代工业、医药、电子、能源等领域中具有广泛的应用。

根据结构和性质，高分子材料可分为几种主要类型，如塑料、橡胶、纤维等。塑料是一种具有可塑性的高分子材料，常用于制造日常用品、包装材料等。橡胶是具有弹性的高分子材料，广泛应用于橡胶制品和轮胎制造。纤维是细长的高分子链结构，可用于制造纺织品、绳索等。

高分子材料根据其来源，可分为天然高分子材料和合成高分子材料。天然高分子是存在于动植物及生物体内的高分子物质，主要包括天然纤维、天然树脂、天然橡胶和动物胶等。这些天然高分子材料为生命的起源和发展奠定了基础。早在人类社会的起始阶段，人们就开始利用天然高分子材料作为人类的生活和生产资料，掌握了相应的加工技术。比如，利用蚕丝、天然棉和动物毛织成织物，利用木材和棉花制造纸张等。合成高分子材料主要是指塑料、合成橡胶和合成纤维这三大主要合成材料，同时包括各种涂料、胶黏剂、离子交换树脂等。塑料、合成纤维和合成橡胶，被称为现代高分子三大合成材料。合成高分子材料在天然高分子材料的基础上具备了一些更优异的性能，包括更低的密度、更强的耐磨性、更好的耐腐蚀能力及良好的电绝缘性能等。

（一）塑料

塑料是一种由高分子化合物组成的合成材料，具有广泛的应用领域和多样化的性能特点。它具有可塑性、轻质、耐腐蚀等特点。

塑料的发展历史可以追溯到 19 世纪末，最早的塑料由天然高分子材料如胶、乳胶等制成。20 世纪 20 年代，硬质聚氯乙烯（PVC）和热塑性塑料开始问世。20 世纪 40 年代，聚乙烯开始商业化生产。50 年代，工程塑料在汽车、电子领域开始应用。此外，还不断生产出高性能塑料和可升级塑料。迄今为止，塑料产业在全球范围内持续创新和应用，在各个领域都产生了较大的影响，为现代社会的发展作出了重要贡献。同时，也面临着回收利用和环保的挑战。

（二）合成橡胶

合成橡胶是一种人工合成的高分子材料，具有类似天然橡胶的弹性和可塑性，广泛应用于轮胎、密封件、橡胶制品等领域。合成橡胶的发展历史可以追溯到 20 世纪。最早的合成橡胶研究始于 1909 年，德国化学家弗里茨·霍夫曼成功合成了第一个合成橡胶——丁苯橡胶，但其性能并不理想。直到 20 世纪 30 年代，美国化学家华莱士·卡罗瑟斯成功合成了具有实用价值的合成橡胶——氯丁橡胶，用于航空领域。合成橡胶在军事需求下的大规模生产推动了橡胶的发展，满足了轮胎、胶管等多种用途。

随着科技进步，合成橡胶的品种不断增加，包括聚丁二烯橡胶、丁苯橡胶、丁胶橡胶、氯丁橡胶等。这些合成橡胶在不同领域有着广泛的应用，不仅提高了产品性能，还减少了对天然橡胶的过度依赖。然而，合成橡胶产业也面临着环保和可持续发展的挑战，促使科学家不断研究、开发更环保的生产方法和可再生材料，以推动合成橡胶领域的创新性发展。

（三）合成纤维

合成纤维是一类人工合成的纤维材料，广泛覆盖服装、家居纺织品、工业材料等领域。它的发展历史可以追溯到 19 世纪，到了 19 世纪末，随着工业化的推进，人们对更多纤维材料的需求不断增加。20 世纪初，开始出现合成纤维，最早的一种合成纤维是人造丝，由英国化学家查尔斯·克劳福德于 1910 年发明，但其性能并不十分优越。直到 20 世纪 30 年代，其强度和耐用性都取得了很大的提升，开创了合成纤维的新时代。20 世纪 50 年代至 60 年代，聚酯纤维和尼龙纤维等品种问世，丰富了合成纤维的品种，它们在服装和家居纺织中广泛应用。20 世纪 70 年代以后，高性能合成纤维开始出现，如芳纶纤维、碳纤维等，这些纤维具有更高的强度、耐热性和耐化学性，适用于航空航天、体育器材等领域。

随着科技的发展，合成纤维的品种和性能不断改进和拓展。同时，环保和可持续发展也逐渐成为合成纤维产业的关注重点，国内外研究人员一直在努力寻找更环保的生产方法和可降解的合成纤维材料。

四、复合材料

复合材料是由两种或多种不同性质的材料组合而成，从而获得综合性能的新型材料。它在工程、航空航天、汽车、建筑等领域中广泛应用，具有质量轻、高强度、耐腐蚀等特点。

复合材料，可以分为以下 4 大主要类别：①纤维增强复合材料，采用玻璃纤维或碳纤维嵌入基体材料中，增强强度和刚度；②颗粒复合增强材料，通过在基体中添加微小颗粒来增强性能；③层合复合材料，由多层不同方向的材料结合组成，提供多向性能；④结构复合材料，将不同的材料复合组合成整体结构，以实现特定的目标。

人类很早就开始使用复合材料，如从古至今沿用的稻草或麦秸增强黏土和已使用上百年的钢筋混凝土均由两种材料复合而成。20 世纪 40 年代，因航空工业的需要，发展了玻璃纤维增强塑料，从此出现了复合材料这一名称。50 年代以后，陆续发展了碳纤维、石墨纤维和硼纤维等高强度和高模量纤维。70 年代出现了芳纶纤维和碳化硅纤维。这些高强度、高模量纤维能与合成树脂、碳、石墨、陶瓷、橡胶等非金属基体或铝、镁、钛等金属基体复合，构成各具特色的复合材料。进入 21 世纪以来，全球复合材料市场快速增长，亚洲尤其中国市场增长较快。市场规模方面，2020 年，全球复合材料市场价值达到 860 亿元左右，受疫情影响，较 2019 年有所下降；2021 年，市场规模上升到 888 亿美元。产量方面，2020 年受疫情影响，复合材料供给下降至 1120 万吨；到 2021 年，在疫情得到有效控制下，全球复合材料产量恢复至 1210 万吨。

随着科技的进步，材料的制造工艺和性能不断得到改进。复合材料的研究深度和应用广度及其生产发展的速度和规模，已成为衡量一个国家科学技术先进水平的重要标志之一。它们在提供轻量化解决方案、改善产品性能等方面具有巨大的潜力，然而，复合材料的成本和回收问题，仍然是亟待解决的问题和挑战，环境与能源问题已成为世界上每个国家生存和发展的关键。

五、信息材料

信息材料是一类能够在信息传输、存储和处理中发挥关键作用的功能材料。它们通过利用电磁、光学、声学等物理性质，实现了信息的高效传递和处理，广泛应用于通信、计算机、显示技术等方面。信息材料的发展为现代科技进步和数字化社会的崛起打下了坚实的基础。

信息材料可以按照其功能和应用领域，进行以下分类：

1. 光电子材料　此类材料在光学和电子领域中具有重要作用，包括半导体、光电传感器、光电探测器、太阳能电池等。半导体材料，如硅和化合物半导体等，被广泛应用于集成电路和光电子器件。

2. 磁性材料　用于数据存储、传感和电子设备。硬磁材料用于磁盘驱动器，软磁材料用于变压器和磁性装置。

3. 光学材料　指具有光学特性，能够改变光的传播和反射等特性的材料。如用于激光、显示技术和光学镜头的材料。

4. 导电材料　导电材料如金属、导电聚合物等，在电子设备中用于传输和处理电信号。

5. 功能性陶瓷材料　用于声波器件、振荡器等领域，如压电陶瓷、铁电陶瓷等。

信息材料的发展历史可以追溯到 20 世纪早期。早在 20 世纪 20 年代，放大器和收音机的发明，引领了电子领域的兴起。随着半导体材料，如硅的广泛应用，20 世纪 50—60 年代诞生了集成电路，从而推动了信息技术的高速发展。20 世纪 70 年代，器件通信的兴起使光学材料得到了极大的发展，实现了信息的高速传输。20 世纪 80—90 年代，计算机通信技术的迅速发展带来了对信息材料的更多需求。高质量的材料在硬盘驱动器中得到广泛应用，导电材料为电子器件提供了高效的电子传输。进入 21 世纪，随着移动通信、人工智能、量子计算等技术的兴起，信息材料面临新的挑战和机遇。二维材料、量子点等新型材料在信息处理和存储领域展现出巨大潜力。信息材料在不同领域的不断演进和创新，为现代社会的数字化和智能化提供了有力的支撑，促进了人类社会的科技进步和发展。

六、新能源材料

新能源材料，是指在可再生能源领域及能源转换、存储等领域中，用于采集、转换、传输、存储和利用的新型能源材料。这些材料具有特定的物理、化学性质，能够在太阳能、风能、水能、地热能等可再生能源的利用中发挥重要作用，从而推动能源领域的可持续发展。新能源材料的研究和应用，旨在减少对传统能源的依赖，减少环境污染，为未来能源的供应提供更加可靠、清洁的解决方案。

新能源材料可以根据其在不同能源领域的应用，进行以下分类：

1. 太阳能材料　用于太阳能电池的材料，如硅、钙钛矿材料等。这些材料能够将太阳光转化为电能，广泛应用于光伏发电系统。

2. 风能材料　用于风力发电的材料，如玻璃纤维、增强塑料、复合材料等。这些材料具有耐用性和轻质特性，有助于提高风力发电效率。

3. 储存材料　用于能源储存系统，如锂离子电池、超级电容器等。这些材料储存并释放能量，平衡能源供需。

4. 地热能材料　用于地热发电和供暖的材料，如热导率高的陶瓷材料等。这些材料有助于有效利用地壳内部的热能。

5. 氢能源材料　用于制备氢能源和燃料储存液的关键材料，如金属氢化物、催化剂等。这些材料在氢能源领域具有重要的应用价值。

新能源材料的发展历史可以追溯到 20 世纪，但在近几十年内取得了飞速发展。20世纪初期以来，太阳能电池材料处于发展的初级阶段，效率较低。随着对可再生能源的需求增加，20 世纪 70 年代至 80 年代，太阳能、风能等领域的技术取得了重大突破，新型材料的应用越来越广泛。进入 21 世纪，随着环境问题的凸显，新能源材料的研究和开发进入高速发展时期，钛矿太阳能电池、储存材料等新型材料不断涌现和发展，推动了新能源技术的快速发展。

新能源材料的发展，不仅有助于减少对化石燃料的依赖，还推动了能源领域的技术创新。尽管目前仍面临成本、效率等挑战，但随着科技进步和环保意识的提升，新能源材料必将在未来能源体系中发挥更大的作用，推动能源产业向清洁、可持续的方向发展。

第三节　能源技术

能源是人类社会发展的基石，世界经济增长的动力。纵观历史，每一次生产力的跨越、科技发展的进步，都与能源变革脉脉相通。当今时代，因为快速发展的经济，对能源的需求也日益增长，能源的短缺问题，逐渐成为限制当今社会发展的关键原因之一。能源技术是指用于生产、转换、传输和利用能源的一系列工程和科学方法。它的核心是从传统化石燃料到可再生能源的各种技术，如石油、天然气、煤炭等传统能源的开采和利用，太阳能、风能、水能、地热能等可再生能源的捕获、转换和存储技术。能源技术的发展对能源的高效利用、环境保护和可持续发展至关重要。随着技术的进步，太阳能电池、风力发电、能源存储系统等新型能源技术不断发展，为能源产业高效转型和创新提供了机遇。

一、能源技术发展的历史阶段

　　能源资源是一种综合性自然资源，是为人类提供能量的天然物质。纵观人类历史发展长河，人类经历了柴薪能源时期、煤炭能源时期和石油天然气能源时期，向新能源时期发展。无数研究人员仍坚韧不拔地为人类进步寻找更新、更安全、更绿色的能源。

　　1. 柴薪时期　火的使用，是人类在能源利用上的第一个里程碑，它使人类脱离了茹毛饮血的时代。100多万年前，我们的祖先在生产劳动中，发现一些物品相互摩擦可以产生火花。经过了长久的实践，渐渐地发现了钻木取火的现象，因此，早期人类学会了取火。在人类社会早期，能源主要来源于木材和其他可燃的有机物，如柴薪。人们用木材取暖、做饭和制造工具。然而，随着人口的增加和能源需求的增加，柴薪的持续供应受到挑战，土地和森林资源减少也开始成为问题。

　　2. 煤炭时期　随着工业革命的到来，煤炭逐渐成为主要的能源来源。在这个时期，蒸汽机成为生产的主要动力，促进了工业快速发展，生产水平有了显著提高，逐步替代手工业生产，打开了工业革命的新纪元，同时加速了西方国家工业化的进程。煤炭成为19世纪资本主义工业化的动力基础。煤炭的广泛应用，推动了机械化和工业化的发展，改变了人们的生活和生产方式。然而，煤炭的大量燃烧会造成温室效应，导致环境污染和气候变化等问题。

　　3. 石油时期　1859年，美国钻出世界上第一口油井，揭开了人类开采石油的序幕。20世纪中叶以后，世界工业国能源消耗转变为以石油和天然气为主。1965年，石油首次取代煤炭。20世纪70年代以后，世界石油和天然气消费量已占据首位。石油的发现和开采，引领了一个新的能源时代。石油广泛应用于交通、工业、农业等领域，极大地促进了经济的发展。同时，石油也成为国际政治和经济竞争的焦点。长期对石油的过度依赖，导致了能源安全和环境问题，如能源资源匮乏和碳排放量增加。

　　4. 新能源时期　自20世纪70年代以来，全球性的能源短缺、环境污染和气候变暖问题日益突出，积极推进能源革命，大力发展可再生能源，加快新能源推广应用，已成为各国、各地区培育新的经济增长点和建设资源节约型、环境友好型社会的重大战略选择。可再生能源，如太阳能、风能、水能等开始得到广泛关注和应用。太阳能电池、风能发电机、生物质能等新技术的发展，为能源领域带来了新的可能性。同时，能源储存技术、智能电网等的发展，也支撑着新能源技术的普及和应用。各国都把新能源的开发利用，作为 21 世纪发展战略的重要目标，掀起了新一轮新能源开发利用的热潮，给新能源产业带来了跨越式发展的机遇。

二、能源的分类

能源的各种形式都是直接或者间接地来自太阳或地球内部所产生的热能。依据不同的分类标准，可分为以下几类。

1. 按其来源分类　分为：①来自太阳辐射的能量，如太阳能、煤、石油、天然气、水能、风能、生物能等；②来自地球内部的能量，如核能、地热能；天体引力能，如潮汐能。

2. 按其使用类型分类　分为：①常规能源，如煤、石油、天然气、水能、生物能；②新能源，如核能、地热能、海洋能、太阳能、风能等。

3. 按其属性分类　分为：①可再生能源，如太阳能、地热能、水能、风能、生物能、海洋能等；②非可再生能源，如煤、石油、天然气、核能等。

4. 按其转换和传递的过程分类　分为：①一次能源，是指自然界直接存在的能源形式，如煤、石油、天然气、太阳能、风能；②二次能源，是指通过对一次能源的转换和加工而获得的能源形式，如电能、燃气、热能等。

三、新能源技术

新能源技术，是指利用可再生资源和先进技术，开发清洁、可持续能源的技术方案。新能源技术，主要包括以下几种。

1. 太阳能利用技术　太阳能，是指到达地球表面及大气层中的太阳辐射能。它是一种无污染的、清洁的、巨大的可再生能源。太阳能利用技术，主要有光热转换、光电转换、光化学转换和储能技术。

各国越来越重视太阳能的开发。世界上第一座太阳能热电站，是法国的奥德约太阳能热电站，其为以后的太阳能热电站的建立和发展打下了基础。1981 年，法国、德国和意大利联合建造的世界首座并网运行的塔式太阳能电站正式投入运行。1982 年，美国建成了一座大型塔式太阳能热电站。美国现已修建了 10 多个太阳池，进行研究试验。澳大利亚已建成一个 3000 平方米的太阳池，将用它发电。1953 年，美国贝尔电话公司研制成世界上第一个硅太阳能电池。1958 年，美国就用太阳能电池为"先锋 1 号"卫星供电。中国在 1958 年开始研究太阳能电池，1971 年，将太阳能电池用于中国的第二颗人造卫星上。1984 年，中国试制成功了太阳能汽车——"太阳号"。目前，世界上第一架完全用太阳能电池作动力的飞机"太阳挑战者"号已试飞成功。此外，太阳能热管、太阳灶等近年也有很大的发展。太阳能热管出现于 1964 年，现已广泛应用。截至目前，太阳能热水器已在我国各地特别是农村地区广泛使用。

2. 水能利用技术　水能是一种可再生能源，水能主要用于水力发电。水力发电将水的势能和动能转换成电能。水力发电的优点是成本低、可再生、无污染。缺点是分布受水文、气候、地貌等自然条件的限制大，容易被地形、气候等多方面的因素所影响，我国还在研究如何更好地利用水能。

水能在中国和西方国家都有着悠久的发展历史。中国古代早有水车、水磨等应用，将水能转化为机械能用于生产。而西方国家在工业革命后，开始大规模利用水力发电。18 世纪末，水轮机被广泛应用于纺织、矿业等领域。20 世纪 60 年代，美国尼亚加拉瀑布的发电站成为水力发电的标志性工程。近年来，随着环保意识的提升，水能在中国和西方国家引起了广泛关注。中国在长江、黄河等主要河流上兴建了水电站，如刘家峡水电站、长江葛洲坝电站和长江三峡工程，目前已经成为全球最大的水力发电国。西方国家则注重技术创新，提升水能利用效率，不断发展潮汐能、海洋能等新兴水能技术。中国和西方国家水能的发展都经历了从传统应用到现代化应用的转变，为能源的可持续发展贡献了重要力量。

3. 海洋能利用技术　海洋能是海水运动过程中产生的可再生能源，主要包括温差能、潮汐能、波浪能、潮流能、海流能、盐差能等。潮汐能和潮流能来自月球、太阳。海洋蕴藏着极大的能量。海洋能利用技术，是指将各种海洋能转换成为电能或其他可利用形式的能的技术。

海洋能的发展历史可以追溯到早期的潮汐发电和海洋温差发电实验。然而，直到近几十年，随着能源需求和可再生能源的崛起，海洋能才逐渐受到关注。20 世纪晚期，潮汐能和海流能成为主要研究方向，发明了潮汐涡轮机，建成了潮汐发电站。随着技术进步，波浪能和温差能等也逐步被开发利用。近年来，海洋能技术取得重要进展，各国不断投资于海洋能研究和项目建设。尽管面临技术、环境和经济等挑战，海洋能作为潜力巨大的清洁能源在能源转型中正逐步展现出其巨大潜力。

4. 地热能利用技术　地热能是一种利用地壳内部热能的可再生能源。地球内部的热量源源不断，来自地核的热量逐渐形成至地壳，形成了地热能资源。地热能利用主要有两种方式，直接利用和地热发电。直接利用，包括供暖、温室种植、温泉疗养等，而地热发电则通过热水或蒸汽驱动涡轮机发电。地热能的优势在于可以稳定、持续地供能，不受气候变化的影响，且在一些地区具有巨大的优势，然而，地热能的开发需要考虑地质条件、技术及成本等因素。

早在古希腊、罗马时期人类就开始利用温泉供暖和休闲。现代地热能的开发始于20 世纪，第一个地热发电站于 1904 年在意大利的拉德雷诺建成，是一座小型地热电站，它是用地热蒸汽推动涡轮机发电。20 世纪中叶，冷战时期美苏竞赛推动了地热技术的发展，尤其是在美国西部的加利福尼亚、内华达等地兴建了多个地热发电站。近年来，随着可再生能源的兴起，新技术的引入及对环境友好型能源的需求，使地热能得到更广泛的开发和应用。

5. 风能利用技术　风能是一种重要的可再生能源，通过吸收和利用风的动能来进行发电或执行机械工作。风能的利用主要可以分为两种方式，风力发电和风能直接利用。风力发电，是利用风力驱动风轮产生电能；而风能直接利用，则主要包括风帆助航、风车提水等。风能的优势在于无污染、可再生及分布广泛，但同时面临着密度低，不稳定，地域差异大等问题。

早在大约 5000 年前，古埃及和中国就开始利用风能驱动帆船和风车磨坊等机械驱动。现代风能的利用，始于 20 世纪 70 年代的能源危机，推动了对可再生能源的研究。第一个商业化的风力发电站于 1979 年在美国建成，技术的不断进步和政策的支持推动了风能的快速发展。21 世纪以来，风力发电技术取得了显著突破，风能已经成为全球范围内重要的能源之一。各国纷纷投资兴建大规模风能项目，致力于减少对化石燃料的依赖，实现清洁能源的可持续利用。

6. 生物质能利用技术　生物质能，是太阳能以化学能的形式储存在生物质中的能量形式，是一种可再生能源，它直接或间接地来源于绿色植物的光合作用。它一直是人类生存的重要能源之一，在整个能源系统中占有重要地位。目前生物质能利用技术，主要是利用气化、固化、液化、沼气技术和生物质能发电技术等。

古代人类就开始利用木材、动物粪便等生物质材料作为燃料，进行生活和烹饪。在工业革命之前，木材是主要的燃料来源。随着工业化的到来，煤炭逐渐取代了生物质作为主要能源。然而，随着环境问题和对能源持续关注的增加，生物质能重新受到关注。20 世纪后半叶，生物质能的发展进入了新的阶段，通过先进的技术，如生物质发电、生物质液化和沼气技术等，将生物质转化为电力、燃料和化学品。近年来，我国对生物质能的开发利用逐渐重视，已连续在 4 个"五年计划"中将生物质能利用技术的研究与应用列为重点科技攻关项目，还制定了一些如《中华人民共和国可再生能源法》等法律法规，提出了生物质能发展的目标和任务，明确了相关扶持政策。有了这些政策和技术支持，相信生物质能的未来必定会生机勃勃。如果能够利用现代科学技术，加以充分利用生物质能，将可解决当前全球性的能源危机。

7. 氢能利用技术　氢能是一种高效、清洁的能源形式，通过将二氧化碳作为燃料来产生热能或电能，被视为 21 世纪最具发展潜力的清洁能源。在氢的制取方面，科学家们在水中放入催化剂，用阳光分解水来制取氢。此外，人们还研究出热化学法、离子体法、细菌法等制氢方法。在氢的贮存、运输和利用方面，近年来也取得较多研究成果，但仍面临很大挑战。

人类对氢能的利用，始于 200 年前，在 20 世纪后半叶，随着对能源安全和环境问题的关注增加，氢能作为清洁能源受到重视，世界上许多国家和地区都开展了氢能研究。20 世纪 70 年代，第一辆氢能燃料电池汽车诞生。20 世纪 90 年代，日本等国开始推进氢能研发。21 世纪以来，对氢能的利用迅速发展，尤其是在可再生能源和电动汽车领域。中国和美国、日本、加拿大、欧盟等都制定了氢能发展规划，中国已在氢能领域取得了多方面的进展，氢能技术研发和产业化方面的不断进步，有望使中国成为氢能技术领先的国家之一，但要实现氢能技术的广泛应用，仍需时间和研究人员的持续努力。

第四节　空间技术

空间技术，是指利用科学、工程和技术手段，探索、利用和开发太空的综合性技术。它包含了很多子领域，如人造地球卫星、火箭技术、载人航天、空间站、深空探测等。空间技术的应用领域非常广泛，涵盖通信、导航、气象预报、地球观测、科学研究等。空间技术，被认为是第三次技术革命的标志之一，也是衡量一个国家科技和工业发展水平的重要指标之一。随着人类对宇宙的探索日益深入，空间技术的开发对我们的生活、科学研究和经济发展产生了深远的影响。同时，空间技术也面临着技术挑战和风险，但人类持续的创新和合作使得太空更具有可探索性和可利用性。

一、人造地球卫星

人造地球卫星，是指环绕地球运行（至少一圈）的无人航天器，简称人造卫星或卫星。人造地球卫星，按运行轨道分类，可以分为低轨道卫星、中高轨道卫星、地球静止轨道卫星。人造卫星，按用途分类，可以分为科学卫星、技术试验卫星、应用卫星。

人造地球卫星的发展史可以追溯至 20 世纪中期以后，经历了很多重要的过程和技术进步。20 世纪 50—60 年代，是人造地球卫星的探索阶段。1957 年，苏联成功发射了世界上第一颗人造地球卫星——斯普特尼克 1 号。这个历史性的事件标志着太空时代的开始，引起全球范围内对太空探索的热潮。1959 年，苏联的月球 3 号成为第一个飞越月球并向地球传回影像的探测仪，为后世的月球探寻奠定了基础。1962 年，美国发射了第一个全球定位系统（GPS）的前身——Transit 卫星，为后续导航系统的发展打下了基础。1969 年，美国的阿波罗 11 号成功将宇航员送上月球，这是人类历史上的重要里程碑。

20 世纪 70 年代至今，是通信和导航卫星的发展阶段。20 世纪 70 年代，人造地球卫星在通信领域取得突破，通信卫星通过提供全球范围内的通信服务，改变了人们的通信方式，即使在遥远地区也可以实时联系。20 世纪 80 年代，导航卫星系统开始崭露头角。美国的全球定位系统（GPS）成为第一个成功实现全球导航和定位的全球系统，为航空、航海、交通和军事等领域提供了准确的定位和导航能力。20 世纪 90 年代至今，全球各国继续推出自己的导航卫星系统。欧洲的伽利略系统、俄罗斯的格洛纳斯系统和中国的北斗卫星导航系统都在不断地发展和完善，全球导航系统呈现出多样化和高可靠性。

二、运载火箭

运载火箭，是一种专门设计用于将卫星、宇航员、太空探测器等有效载荷送入太空的载具。它由多个级别（阶段）组成，每个级别都携带燃料和氧化剂，通过燃烧产生强大的推力以克服地球引力，采用接力的方式，将载荷送入特定轨道或目的地。运载火箭，分为一次性火箭和可重复使用火箭，前者在完成任务后被弃置，而后者可以返回地球多次使用。在全球范围内，许多国家和组织都在积极开发和利用运载火箭，它们推动了太空探索、通信、导航、科研等领域的发展，也为人类深入探索太空提供了重要工具。

运载火箭的发展历史可以追溯到古代中国的火箭发明，现代运载火箭的发展可以追溯到 20 世纪初，俄罗斯的康斯坦丁·采尔多卡夫斯基和美国的罗伯特·戈达德开始研究火箭动力学理论。他们的研究为后来的运载火箭技术打下了坚实的基础。然而，第一次世界大战阻碍了对其进一步的研究。20 世纪 20 年代末和 30 年代初，德国科学家赫尔曼·奥伯特和韦纳·冯·布劳恩成立了德国国家社会主义航空协会（Verein für Raumfahrt，VFR），开始进行火箭研究。他们的成果包括建立舒特森火箭发动机工厂，成功发射了世界上第一枚液体燃料运载火箭。第二次世界大战期间，德国继续进行火箭研究，奥伯特和冯·布劳恩的团队开发出强大的 V-2 导弹。这些导弹催生了现代运载火箭的概念，成为后来美国和苏联太空探索的重要技术基础。战后，第二次世界大战期间的火箭技术和科学家被美国和苏联分别秘密转移至两国。苏联的谢尔盖·科罗廖夫、美国的威尔利·莱伯和约瑟夫·伯顿分别领导着各自国家的火箭研究计划。

1957 年世界上第一颗人造卫星——苏联斯普特尼克 1 号的成功发射，被视为太空竞赛的开始，着实引发了美国在太空探索领域的加速发展。1961 年美国的阿波罗 11 号任务成为历史上首个载人登月任务。宇航员尼尔·阿姆斯特朗成为第一个登上月球的人。这一壮举，标志着人类空间探索的新篇章，激励了世界各国进一步发展运载火箭技术。此后，运载火箭技术不断发展。美国的太空发射系统和阿特拉斯 V 火箭，以及俄罗斯的联盟号和质子火箭，成为载人和无人任务的主要工具。此外，本世纪以来，私人企业如 SpaceX 和 Blue Origin 也进入了这一领域，推动了火箭技术的进一步改进和商业化发展。

运载火箭的发展历史是一个充满挑战和突破的过程。从古代发明到现代科技，火箭的用途和技术不断改进，为太空探索和通信提供了重要的支持。随着技术的进步，我们有望看到更加强大和可靠的运载火箭出现，继续推动人类探索宇宙的边界。

三、载人航天

载人航天，是指将人类送入太空进行探索、研究和居住的活动。它主要包括载人飞船、航天飞机和空间站 3 个方面。

（一）载人飞船

载人飞船，是一种用于将宇航员送入太空并安全返回地球的航天器。它是实现载人航天的关键部分，承载着人类进入太空，进行科学研究、技术试验和空间探索的使命。

载人飞船的发展历史，可以追溯到 20 世纪 50 年代。当时，苏联和美国成为两个主要的太空强国，竞相发展载人飞船技术。苏联的"东方号"飞船和美国的"水星号"飞船是最早的载人飞船。它们都是单座的飞船，只能搭载一名宇航员进行短期太空任务。随着技术的进步，载人飞船开始实现了多人和长期太空居住的能力。20 世纪 60 年代，苏联的"联盟号"和美国的"阿波罗号"成为载人飞船的代表。苏联的"联盟号"是世界上首个真正意义上的多人载人飞船，它成功地进行了多次载人任务和空间站对接，而美国的"阿波罗号"则实现了将宇航员送上月球并返回地球的壮举。20 世纪 70—80 年代，苏联继续发展其载人飞船技术，成功实施了多次空间站任务，如"索洛弗号""米尔号"等。同时，美国也推出了航天飞机项目，航天飞机既可以作为载人飞船，又能够进行科学实验和运输任务。1981 年，美国的"哥伦比亚号"成为世界上首个成功进行多次航天任务的载人航天器。

随着载人飞船的发展，它也面临越来越多的挑战和风险。高昂的成本、复杂的维护和安全隐患使得载人飞船的发展在 21 世纪初逐渐停止。目前，只有少数国家继续使用载人飞船进行太空探索和任务。载人飞船的发展，现在已经进入了合作阶段，国际空间站成为世界上多个国家共同建设和运营的太空平台。其中，俄罗斯的"联盟号"飞船成为主要的载人运输工具，负责将宇航员送往国际空间站，执行返回任务。随着技术的不断进步和国际合作的加强，载人飞船将继续发展。未来，随着私人航天公司的兴起，商业载人航天活动也将增加，为人类的太空探索带来更多机遇和挑战。

（二）航天飞机

航天飞机，是一种具有重复使用能力的航天器，能够像飞机一样进入大气层外的太空，任务结束后，返回地球表面。它结合了传统火箭的垂直发射和飞机的水平飞行特点，代表了航天技术的重要发展方向。

1957 年苏联发射了第一颗人造卫星"斯普特尼克 1 号"，引发了一场国际航天竞赛。为了降低发射成本，实现可重复使用，20 世纪 60 年代，美国国家航空航天局（National Aeronautics and Space Administration，NASA）提出了多种航天飞机的概念，最终发展催生了"双子星"计划。其中，X–15 飞机成为可重复使用技术的重要先驱。然而，最具代表性的航天飞机，还是美国的"航天飞机"计划（Space Shuttle Program）。该计划于 1972 年开始，第一架航天飞机"哥伦比亚号"于 1981 年首次飞行。航天飞机采用了垂直发射、飞行和水平降落的方式，可以进行多次任务，如运载卫星、进行科学研究、修复太空望远镜等。然而，航天飞机计划也面临着严峻挑战，包括高昂的维护成本和安全隐患等。在苏联方面，虽然没有类似美国的航天飞机，但他们仍在 20 世纪 80 年代初开展了"布尔加"航天飞机项目，尝试将一架可重复使用的飞机与一架火箭联合发射，而且该项目成功实施。然而，在整个航天飞机发展史上，安全隐患成为一大问题。1986 年，"哥伦比亚号"返回大气层时解体，导致七名宇航员遇难。这一事件使人们对航天飞机的可靠性和安全性产生了怀疑。随着时间的推移，维修成本和技术限制也使得航天飞机计划不再可靠。因此，美国于 2011 年结束了航天飞机计划，最后一架航天飞机"奋进号"完成自己最后一次飞行任务，正式宣告退役。

航天飞机作为航天技术发展的一个重要方向，经历了从概念到实际应用，再到逐步淡出的历程。尽管航天飞机计划面临着严峻的挑战，但仍然在航天技术的演进中留下了重大的影响。

（三）空间站

空间站是在太空中建造的人类居住和工作的设施。它通常由多个模块组成，是供宇航员进行各类科学实验、技术开发和太空任务的场所。空间站可以是临时性的、长期驻留的或者多国合作的。

空间站的概念，最早可以追溯到 20 世纪 50 年代。当时，苏联科学家提出了在地球轨道上建造一个永久太空的想法。1957 年，苏联发射了第一颗人造卫星"斯普特尼克 1 号"，激烈的太空竞赛从此开始。此外，苏联于 1971 年发射了世界上第一个空间站"礼炮号"，开启了空间站的时代。然而，最具代表性的空间站当属国际空间站（International Space Station，ISS）。ISS 是一个国际合作项目，涵盖了美国、俄罗斯、欧洲、日本、加拿大等多个国家。该项目于 1998 年开始，国际空间站是迄今为止最大、最复杂的空间站，它由多个模块组成，提供了多个实验室、居住区和科研设施，可以在其中居住和工作数月甚至数年，开展物理学、生物学、医学等领域的科学研究。

空间站的发展历史中也有许多重要的里程碑。例如，1986 年，苏联发射的"和平号"空间站，成为世界上第一个供使用者参观的空间站，奠定了太空旅游的基础。中国分别于 2011 年和 2016 年发射的"天宫一号"和"天宫二号"空间实验室，展示了中国在空间站领域的潜力。

空间站不仅为科学研究提供了独特的环境，也对国际合作和技术创新产生了重要影响。通过国际合作，不同国家的宇航员能够在同一空间站上共同工作，分享知识和经验，加速科学进步。空间站的建设和运营，也推动了航天技术的发展，包括生命支撑系统、太空工程、轨道控制等方面的创新。

载人航天的发展历程，涵盖了载人飞船、航天飞机和空间站 3 个方面。随着科技进步和国际合作的不断深入，载人航天取得了长足的发展，为人类太空探索和科学研究开辟了新的篇章。

四、空间环境的探测

空间环境的探测，是对太空中各种物理、化学和辐射条件的研究和分析。了解空间环境，有助于深入理解宇宙中的各种现象，保障太空和航天器的安全，以及推动太空科学的发展。

空间环境探测的发展历史，可以追溯到 20 世纪早期。1957 年苏联发射的第一颗人造卫星"斯普特尼克 1 号"，标志着人类首次进入太空时代。此外，美国、苏联等国家陆续发射了一系列卫星，用于探测太阳辐射、地球磁场、宇宙射线等。这些卫星为研究太空环境提供了重要数据。20 世纪 60 年代，美国开始推动"阿波罗"计划，旨在将人类送上月球。在这个过程中，科学家们也开始关注卫星在太空中的安全和健康。为了解决这些问题，美国发射了一系列环绕地球的"阿波罗"试验飞行，这些飞行为后来的月球登陆提供了关键数据，也为太空环境探测奠定了基础。20 世纪 70 年代，太空探测进入了一个新的阶段。美国国家航空航天局（NASA）启动了"航天飞机"计划，这使得卫星能够长时间在太空中工作和生活。1972 年，美国发射了"先驱者 10 号"和"先驱者 11 号"，分别前往木星和土星，为研究外行星环境提供了宝贵的数据。

随着太空探测技术的不断进步，人类开始了更深入的研究。1990 年，美国哈勃太空望远镜发射升空，成为第一个在太空中观测宇宙的望远镜。哈勃太空望远镜的发现，改变了我们对宇宙的认识,包括黑洞、星系和行星等。国际空间站(ISS)的建设,也为空间环境的研究提供了新的平台。后来,太空公司也参与了太空环境探测,SpaceX、Blue Origin 等公司推动了太空探测的商业化和创新,促进了探测技术的发展。此外,小型卫星(如立方卫星)和纳米卫星的发展,也为空间环境探测提供了更加灵活和经济的解决方案。通过不断发展的探测技术,人类深入了解了太空中的各种现象,保障了太空和航天器的安全,推动了太空科学的发展,为人类在太空探索中开辟了新的可能性。

　　航天技术经过多年的发展,取得了巨大的进步。从最初的火箭发射,到如今的可重复使用的火箭,航天器的运载和无人探测任务已成为常态。卫星技术的发展,使通信、导航和气象预报变得更加准确和便捷。空间探测不断取得突破进展,我们对太阳系和行星等有了更多的了解。国际合作推动航天事业发展,各国间共同开展研究项目,共享资源与经验。未来,航天技术将继续发展,推动人类探索更远的太空,进一步拓展人类的视野和科学知识。

第五节　生物技术

　　生物技术,是一门利用生物学原理、方法和工具来开发新产品、服务和应用的技术体系。它涵盖了广泛的生命科学领域,包括基因工程、蛋白质工程和克隆技术等。其中,基因工程技术是现代生物技术的核心。生物技术的发展,已经深刻影响了医药、农业、环境保护等领域。生物技术已经在许多领域取得了重大突破。在医药领域,生物技术的高效使药物研发更加精确,产生了许多新型药物,如生物类似药物和个性化药物。在农业领域,生物技术有助于培育具有抗病虫害、耐逆性和高产性的作物,为粮食生产提供了新的可能性。在环境保护中,生物技术可用于生态修复、污染治理等。生物技术作为一个应用广泛的科技领域,已经深刻地改变了我们的生活和产业。

一、基因工程技术

　　基因工程技术,是一种利用生物学原理和分子生物学方法,对生物体的遗传物质进行修改和调整的技术。通过基因工程技术,可以插入、删除、修饰或替换生物体的基因,从而改变生物体的基因。这项技术的出现,引发了巨大的科学、医学和伦理学的讨论,也为人类社会带来了革命性的影响。

　　基因工程技术的发展,始于 20 世纪 70 年代,早期的研究主要集中在细菌和真核防腐等简单的生物体上。其中,1973 年,斯坦利·科恩和赫伯特·博伊尔首次成功构建了重组 DNA,这被认为是基因工程技术的奠基之举。此外,基因克隆、限制性内切酶、DNA 连接酶等关键技术的发展,使得人们能够在体外操作 DNA,将外源基因导入细胞中,实现基因的增殖和表达。

　　20 世纪 80 年代,基因工程技术取得了一系列重要的进展。其中,一个重要的里程碑是首次成功将外源基因导入植物细胞中,从而导出具有新性状的植物细胞。1983 年,美国的植物细胞科学家们成功制作了第一株模式作物拟南芥,这一系列基因工程技术在植物领域的应用取得了重要突破。模式作物的出现，为农业带来了新的可能性，比如提高作物产量、抗虫抗病性等。

20 世纪 90 年代，基因工程技术进一步发展，基因敲除技术和基因敲入技术的出现，使得人们能够直接操纵目标基因，实现对基因功能的精确调控。此外，通过蛋白质工程技术，人们可以设计和构建具有特定功能的基因。功能性的蛋白质为药物研发和生物制药提供了新的途径。

进入 21 世纪，基因工程技术在许多领域持续取得突破性进展。CRISPR–Cas9 技术的出现，革命性地改变了基因编辑领域，使得基因组编辑更加高效、精准和便捷。这项技术被广泛用于研究和治疗遗传性疾病。另外，合成生物学的兴起，也为基因工程技术带来了新的可能性，人们可以通过合成 DNA 序列来构建新的生物体或改造已有的生物体。

随着基因工程技术的进步，也引发了伦理和安全等方面的问题。食物的安全性、人类染色体基因编辑的道德考量等问题引起了广泛关注和讨论。基因工程技术的发展历程，经历了从基础实验室研究到广泛应用的过程，它改变了生命科学、医学和农业等领域的发展方向。随着技术的不断进步，基因工程技术将继续为人类带来更多的创新和应用，同时需要在伦理、法律和安全等方面进行适当的引导和监管。

二、蛋白质工程

蛋白质工程，是一门利用生物学、生物化学和分子生物学等知识，通过人们改变蛋白质的结构、功能和性能，设计和构建新型蛋白质或改进现有蛋白质的过程，它是基因工程的延续。蛋白质工程的发展，旨在创造具有特定功能的蛋白质，满足医药、工业、农业等多个领域的需求。

20 世纪 50—70 年代，是蛋白质工程的基础研究阶段，这一时期的状态在于了解蛋白质的结构和功能。蛋白质的三维结构分析，使科学家们能够更好地了解蛋白质的工作原理，为后来的工程化设计奠定了基础。

20 世纪 80—90 年代，是蛋白质工程的蛋白质改造阶段。在这个阶段，科学家们开始尝试改造已有的蛋白质，制造出具有新的特性的蛋白质。通过点突变、蛋白质碎片的组合，以及蛋白质的组合等方法，人们成功地设计出了新型蛋白质，如蛋白质酶和一些抗体药物。

20 世纪 90 年代到 21 世纪初，是基因工程与生物技术的融合阶段。随着基因工程和生物技术的快速发展，蛋白质工程迎来了一个新的时代。其中，最重要的突破之一，就是蛋白质工程与分子生物学技术的结合，特别是重组蛋白质的大规模生产。这使得科学家们能够利用微生物、真核细胞或植物等表达系统，高效生产大量蛋白质。

21 世纪至今，是合成生物学的兴起阶段。合成生物学，是指通过合成 DNA 序列来构建新的生物体或改造已有的生物体。科学家们可以通过合成 DNA 片段，设计和合成具有特定功能的蛋白质，甚至是人工合成新型酶、蛋白质组等。

蛋白质工程的发展，带来了许多重要的应用。在医药领域，蛋白质工程产生了许多重要的药物，如抗体药物、重组蛋白质药物等。在农业领域，改良的蛋白质被用于提高作物的产量和提高抗病虫害能力。在工业领域，蛋白质酶被广泛应用于纺织、食品加工等领域，从而提高生产效率。蛋白质工程，是一门融合了生物学、生物化学和分子生物学等多学科知识的技术，它的发展历程经历了从基础研究到应用创新的不断演变。随着现代生物技术的不断进步，蛋白质工程必将继续为医药、农业、工业等领域带来新的机遇和突破。

三、克隆技术

克隆（clone）技术，是一种利用生物学和细胞学原理，通过人工手段复制生物体、细胞或基因组的技术，也被称为无性繁殖。通过克隆技术，可以生成与原始生物相同或相似的复制体，在医学、农业等领域都具有重要意义。

20 世纪初至 20 世纪 50 年代，是克隆技术的早期独立分离阶段。德国生物学家汉斯·施瓦内尔于 1902 年首次尝试在蛙胚胎中进行独立分离实验，试图将两个细胞分割成四个独立的细胞块，产生克隆。然而，这种方法的成功率较低且仅适用于少数动物。在 20 世纪 50 年代，英国的罗伯特·布拉克等科学家成功在小鼠上实现了早期胚胎分裂，获得了较高的成功率。这一阶段的实验为后来克隆技术的发展奠定了坚实基础。

20 世纪 60—80 年代，是克隆技术的细胞分裂阶段。科学家开始尝试在早期分裂阶段分离细胞，将这些细胞克隆为动物。20 世纪 70 年代，英国生物学家斯蒂夫·威尔成功地通过细胞分裂方法克隆了样本。然而，该方法的成功率仍然很低，技术上难度更大。

20 世纪 90 年代至 20 世纪末，是克隆技术的核移植技术阶段。核移植技术是克隆技术的一个重要突破。1996 年，苏格兰生物学家伊恩·威尔穆特通过将一个独立的细胞核移植到无核的卵细胞中，成功克隆培育出一只名为"多莉"的克隆羊。这是首次实现通过核移植克隆动物的目标。

21 世纪初至今，是克隆技术的其他克隆方法的出现和应用的阶段。在 21 世纪，克隆技术得到了进一步的发展和改进。除传统的核移植技术外，还出现了一些新的克隆方法，如细胞核替代技术、人工移植技术等，这些方法不仅可以用于动物的克隆，还可以用于研究人类疾病模型，以及保护濒危物种等。

克隆技术的发展，经历了从早期细胞分离到核移植技术不断完善的历程，在科学、医学和农业等领域取得了重大的进展。随着技术的进步，克隆技术的应用领域将不断扩展，但也需要精细处理，其中的伦理和社会问题，在科学、伦理、法律等多个方面，需要进行合理的调整和规范。

四、人类基因组计划

人类基因组计划（Human Genome Project，HGP），是一个里程碑性的国际科研合作项目，旨在解析人类基因组的结构和功能。该计划的开展，不仅深刻影响了生命科学领域的发展，还对医学、生物技术和伦理学等领域产生了很大影响。人类基因组计划的主要目标是鉴定和定位人类所有基因，确定基因组的序列，研究基因在健康和疾病中的作用。该计划旨在揭示人类基因组的组成、结构和功能，为医学研究提供依据。人类基因组计划的启动，标志着生物技术和生物信息学领域的巨大进步。

人类基因组计划的雏形始于 20 世纪 80 年代初。1984 年，美国能源部（United States Department of Energy，DOE）提出了第一个关于人类基因组计划的想法。同时，美国国立卫生研究院（National Institutes of Health，NIH）也加入了这个项目。此时，技术水平尚可实现整个基因组的测序，而这个计划的提出，引发了科学界对基因组研究的兴趣。

20 世纪 90 年代，正式启动了人类基因组计划。美国国家卫生研究院和美国能源部等机构合作，共同推动了这一项目的进展。与此同时，国际基因组计划（International Genome Project，IGP）也在英国启动，这两个计划共同推动了全球范围内的基因组研究。随着技术的发展，人类基因组计划取得了重要进展。1996 年，人类基因组计划宣布已经完成了 1% 的基因组探索，这是这一计划进展的重要里程碑。

进入 21 世纪，人类基因组计划取得了更大的突破。2000 年，科学家宣布已经完成了人类基因组测序工作的初步阶段，发布了第一个基因组草图。这一突破，被认为是生物学领域的一次革命，为进一步的基因组研究和应用奠定了基础。人类基因组计划于 2003 年正式完成，早于最初预期的时间。这项工作的完成，意味着人类基因组的每一个碱基都被探测和识别，人类基因组计划取得了巨大的成就。

人类基因组计划，是科学史上的重要事件，推动了生命科学的进步，为医学和生物技术的发展带来了很大的机遇。人类基因组计划，为个体化医疗和精准药物设计奠定了基础，使得医学可以更有针对性地对个体化基因组特征进行定制化治疗。此外，基因组研究也促进了对遗传性疾病、癌症等疾病机制的重点深入理解。这一计划的成功，不仅为基因组研究奠定了基础，也引发了一系列伦理、法律和社会问题。随着基因信息的获取变得更加容易，如何保护个人隐私、处理基因受歧视等问题，成为社会亟待解决的难题。

【思考题】
1. 简述当代高技术及其特点。
2. 简述新能源技术在当代社会的作用。
3. 简述人造地球卫星的分类。
4. 如何看待基因工程？

第十章　中国现当代科学技术的发展与成就 ▷▷▷▷

16 世纪以后，随着文艺复兴的兴起，近代科技革命在西方发生，科学技术得到迅速发展，欧洲成为现代科学的发源地。中国从明代末期以后，对外长期实行"闭关锁国"的政策，影响了先进科学技术的传播和发展，中国的科学技术处于相对停滞的状态，逐渐拉大了与西方国家的距离。1840 年鸦片战争之后，中国又沦为半殖民地半封建社会，一个有着光辉灿烂历史的文明古国就这样退出了世界科技舞台。19 世纪后期，清政府开展洋务运动，西方科学技术开始成规模进入中国，但 20 世纪前半叶的中国，动荡不安，发展科学技术的条件极差，所以发展依然缓慢。

1949 年 10 月 1 日，新中国成立，当时全国从事科学技术的人员不超过 5 万人，仅有 30 多个专门的研究机构，中国的科学技术不得不在一片"废墟"上重新建立。经过 70 多年的不断努力，各基础学科从机构设置到研究队伍的培养，均有了较全面的布局与发展，也取得了极大的成就；应用技术的研究与技术成果的转化，以及软科学事业都得到了快速发展。中国科技的进步，不仅为中国政治、经济、文化作出了巨大的贡献，也为中国在新世纪的和平发展，提供了强有力的支持。

第一节　基础学科

基础科学，是以自然现象和物质运动形式为研究对象，探索自然界发展规律的科学。其包括数学、物理学、化学、生物学、天文学、地球科学、逻辑学等七门基础学科及其分支学科、边缘学科。基础科学，是当代科学体系的重要组成部分，其研究成果是整个科学技术的理论基础，对技术科学和生产技术起指导作用。新中国成立后，我国确立了基础研究的主要领域，经过科学工作者的不断努力，我国的基础科学水平取得了令人瞩目的成就。

一、数学

中国传统数学，在宋元时期达到高峰，以后逐渐走下坡路。1919 年"五四运动"以后，中国近代数学在西方的影响下，重登历史舞台，发展至今。一般以 1949 年新中国成立为标志，划分为两个阶段。

中国近代数学，开始于清末民初的留学活动，较早出国学习数学的有 1903 年留日的冯祖荀，1908 年留美的郑之蕃，1910 年留美的胡明复和赵元任，1911 年留美的姜立夫，1912 年留法的何鲁，1913 年留日的陈建功和留比利时的熊庆来（1915 年转留法），

1919 年留日的苏步青等。其中，胡明复 1917 年以论文《具边界条件的线性微积分方程》取得美国哈佛大学博士学位，成为中国以现代数学研究获得博士学位的第一人。他们回国后，积极发展数学教育，成为著名数学家和数学教育家，为中国近现代数学发展作出重要贡献。我国最初只有北京大学 1912 年成立时建立有数学系，自国外留学回来的数学家担任教授，中国各地的大学纷纷创办数学系，开始培养中国自己的现代数学人才。1920 年，姜立夫在天津南开大学创建数学系，1921 年和 1926 年熊庆来分别在东南大学（今南京大学）和清华大学建立数学系，不久，武汉大学、齐鲁大学、浙江大学、中山大学陆续设立了数学系，到 1932 年，各地已有 32 所大学设立了数学系或数理系。

解放以前的数学研究集中在纯数学领域。在分析学方面，陈建功的三角级数论取得了震惊世界的成就；在数论与代数方面，华罗庚等人的解析数论、几何数论和代数数论，以及近世代数研究等多领域作出卓越贡献；在拓扑学方面，江泽涵是首位将拓扑学引进中国的数学家，一贯以主要精力从事拓扑学的教学和传播，为中国拓扑学人才的培养作出了不可磨灭的贡献；在概率论与数理统计方面，许宝騄在一元和多元分析方面得到许多基本定理及严密证明。此外，李俨和钱宝琮开创了中国数学史的研究，他们在古算史料的注释整理和考证分析方面做了许多奠基性的工作，使我国的民族文化遗产重放光彩。

新中国成立后，于当年 11 月成立中国科学院。1951 年 8 月，中国数学会召开新中国成立后的第一次全国代表大会，讨论了数学发展方向和各类学校数学教学改革问题。我国的数学研究也取得了长足的进步。华罗庚的《堆垒素数论》（1953）、苏步青的《射影曲线概论》（1954）、陈建功的《直角函数级数的和》（1954）和李俨的《中算史论丛》（5 辑，1954—1955）等专著相继出版。除在数论、代数、几何、拓扑、函数论、概率论与数理统计、数学史等学科继续取得新成果外，还在微分方程、计算技术、运筹学、数理逻辑与数学基础等分支有所突破，有许多论著达到世界先进水平，同时培养了一大批优秀数学家。

20 世纪 60 年代后期，中国的数学研究基本停止，后经多方努力状况略有改变。1970 年，《数学学报》恢复出版并创刊《数学的实践与认识》。1973 年，陈景润在《中国科学》上发表题为《大偶数表示为一个素数及一个不超过两个素数的乘积之和》的论文，在哥德巴赫猜想的研究中取得突出成就。此外，中国数学家在函数论、马尔可夫过程、概率应用、运筹学、优选法等方面也有一定创见。

1978 年 11 月，中国数学会召开第三次代表大会，标志着中国数学的复苏。1978 年，恢复全国数学竞赛，1985 年，中国开始参加国际数学奥林匹克数学竞赛。1981 年，陈景润等数学家获国家自然科学奖励。

20 世纪 80 年代以来，中国数学研究发展很快，从原来的中国科学院数学研究所又分立出应用数学研究所和系统科学研究所。由陈省身担任所长的南开数学研究所向全国开放，发挥了独特的作用。北京大学、复旦大学等著名学府也成立了数学研究所。这些研究机构的数学研究成果正在逐渐接近国际水平。

进入 21 世纪，中国将核心数学，非线性问题的数学理论和方法，金融和高科技中的数学建模、计算与运筹决策，复杂系统的建模、分析、控制与优化作为重点方向与领域，以逐步形成中国自己的研究风格和理论体系。当今，我们的现实生活越来越依赖数学，从网络计算、信息安全和生物医学技术到计算机软件、通讯、投资和金融等都离不开数学。这种依赖性，不仅表现在依赖于那些已经发现的数学上，而且也依赖于纯粹数学的一些最新突破。一个国家数学发展的水平，往往也是反映该国科技、经济发展程度与综合国力的一个重要标志。

二、物理学

20 世纪量子力学和相对论的诞生，决定了理论物理学在现代科学中的核心地位。20 世纪初，一批中国学者到西方国家学习现代物理学知识，开展物理学的研究工作，清末最早的留学生中有何育杰、夏元瑮、李耀邦、张贻惠、胡刚复、梅贻琦、赵元任等；民国初年有叶企孙、颜任光、丁燮林（即丁西林）、李书华、饶毓泰等；以后有吴有训、严济慈、周培源等。他们大都对当时物理学前沿的基础研究有所建树。他们回国以后，觉察到在中国发展物理学，需要培养大批人才，又限于当时中国的社会现实条件，继续进行研究工作有困难，所以大部分人以从事教学工作为主，又成为教育家。正是由于他们的辛勤努力，"五四运动"以后，中国物理学教育发展加快，中国物理学队伍逐渐形成。1918 年，北京大学设立物理学系，这是中国第一个大学物理学系，随后南京高等师范学校（后来的东南大学）、1925 年清华大学、1928 年交通大学等相继设立物理学系。1928 年 6 月，南京国民政府创办中央研究院，开展磁学及地磁测量、光谱学和无线电等方面的专门实验研究工作。1929 年 9 月，在北平（今北京）建立了北平研究院，李书华创办了该院的物理研究所，由严济慈任所长，开展感光材料、光谱、水晶压电现象、水晶浸蚀图像、重力加速度与经纬度测量等研究工作。

新中国成立后，我国物理学研究陆续开辟了许多新的研究领域，如半导体物理、激光物理、低温物理、高压物理、水声学、空间物理、等离子体物理、生物物理、非晶态物理、表面物理等。改革开放以来，科教兴国的战略为物理学在中国的发展提供了新的机遇，注入了新的活力。国家大幅度增加了对科技和教育的投入，包括建立国家自然科学基金资助自由探索，启动"863"计划、攀登计划和"973"计划，结合国家需求，推动前沿物理研究。国家"科教兴国"战略的实施和中国物理学会各方面的努力，为中国物理学的大发展，创造了极为有利的环境和条件，在物理学的各个领域都出现了空前良好的发展势头。进入 21 世纪，物理学仍然是最重要的基础学科之一，中国的物理学研究水平不断提高。中国科学院物理研究所、中国科学院高能物理研究所、中国科学院等机构在高能物理、量子物理、天体物理等领域取得了一系列重要成果。

1. 量子力学　是 20 世纪物理学的重要分支之一，主要研究微观粒子的行为和性质。国内的量子力学研究已经涉及多个领域，如量子计算、量子通信、量子物态、量子光学等。其中，量子计算是目前国内量子力学研究的热点之一。在这个领域，国内的研究团队已经取得了一些重要的成果，如量子纠缠态的制备和控制、量子隐形传态等。国内的量子力学研究也得到了一些国际上的认可。例如，2017 年，中国科学家在国际上首次实现了地星量子隐形传态，这一成果被誉为"量子通信的重大突破"，引起了国际上的广泛关注。

1999 年，潘建伟参与完成的量子态隐形传输实验获得突破性进展，被《科学》杂志列为全球十大科技进展，实现突破大气等效厚度的量子纠缠和量子密钥分发，绝对安全距离超过 100 公里和 200 公里的量子密钥分发及全通型量子通信网络等。在此基础上，世界上第一颗量子卫星"墨子"，在甘肃酒泉卫星发射中心成功发射升空。"墨子"号是世界上首次实现卫星和地面的量子通信。2016 年 8 月 16 日，不仅是中国值得纪念的一天，也是世界值得纪念的一天，量子通信在这一天打开了新篇章。2017 年 6 月 15 日，全球顶尖杂志《科学》将我国的这一成果作为该杂志的封面。加拿大量子技术专家托马斯更是公开发表言论说，中国的量子技术处于全球领先地位。美国量子力学专家亚历山大·谢尔吉延科更是表示，这是一个英雄史诗般的实验。

2. 核物理研究　核物理是 20 世纪发展起来的研究物质微观结构的前沿学科。中国核物理的正式起步大约在 20 世纪 50 年代。1955 年，周恩来总理亲自批示于北京大学成立了中国第一个高校涉核专业——物理研究室，之后更名为技术物理系。北京大学技术物理系为中国核专业的起步作了巨大的贡献，培养了将近 3000 名高等技术人才，这些人在之后大多成为中国核物理技术发展的领军人物。

中国核物理研究，主要为了解宇宙起源、天体演化的微观物理，粒子物理标准模型在核物理中的实验、核技术应用等领域，取得了一定的成就。

于敏（1926—2019），是中国自主培养的杰出核物理学家，国家最高科技奖获得者，"共和国勋章"获得者，中国"氢弹之父"。他在氢弹原理突破中解决了热核武器物理中一系列基础问题，提出了从原理到构形基本完整的设想，起了关键作用。此后长期领导核武器理论研究、设计，解决了大量理论问题。对中国核武器进一步发展到国际先进水平，作出了重要贡献。

3. 粒子物理研究　粒子物理学，是研究物质的基本构成和相互作用的学科，是现代物理学的重要分支之一。中国物理学家在粒子物理学领域的研究取得了许多重要成果。

1959 年，王淦昌（1907—1998）领导的研究小组，从 4 万对底片中找到了一个产生反西格玛负超子的事例，发现超子的反粒子，引起国际学术界轰动。为任何基本粒子都有反粒子这一相对论量子力学的理论提供了新证据，从而在基本粒子研究工作中作出重要贡献。

1988 年 10 月，我国第一座高能加速器——北京正负电子对撞机首次对撞成功。这是我国继原子弹、氢弹爆炸成功，人造卫星上天之后，在高科技领域又一重大突破性成就。它的建成和对撞成功，为我国粒子物理和同步辐射应用研究开辟了广阔的前景。

21 世纪以来，中国物理学家在粒子物理学领域的研究取得了更多的成果。2012 年，中国科学家在中国的大亚湾实验室发现了一种新的中微子振荡现象，这一发现为中微子物理学的研究，提供了新的线索。

三、生物学

中国近代生物学发展可分为 3 个阶段，分别为起步阶段（19 世纪末—20 世纪初），发展阶段（20 世纪 20—50 年代），现代化阶段（20 世纪 60 年代至今）。

起步阶段，中国的生物学家们主要受到西方生物学的影响。他们通过翻译和阅读西方生物学的经典著作，学习了西方生物学的基本理论和方法。研究领域主要集中在植物学和动物学方面，通过对自然界的观察和实地考察来进行研究。他们的研究成果主要是一些植物和动物的分类和描述，以及一些基础的生物学知识。

发展阶段，中国的生物学研究逐渐得到了发展和壮大。中国的生物学家们开始在各个领域进行深入的研究，涉及的领域包括植物学、动物学、微生物学、生态学、遗传学等。中国的生物学家们开始建立自己的研究机构和实验室，开展各种生物学研究。尤其在新中国成立后，在政府的高度重视下，生物学得到全面发展，已初步形成科目较为齐全的研究体系，相继取得了一系列的研究成果。

现代化阶段，中国的生物学研究进入了现代化阶段。中国的生物学家们开始采用现代化的科学技术和方法，开展各种前沿的生物学研究。基因组学、生物医学、系统演化与古生物学、生态学与生物多样性等领域，为我国近年来生命科学的主要领域。

1. 基因组学领域　基因组学，是对生物体所有基因进行集体表征、定量研究及不同基因组比较研究的一门交叉生物学学科，主要研究基因组的结构、功能、进化、定位和编辑等，以及它们对生物体的影响。

破译人类遗传密码，不仅被认为是达尔文时代以来，生物学领域最重大的事件，同时被认为是人类历史上最重要的科研工程。"人类基因组计划"于 1990 年在美国首先启动，1999 年 9 月，中国作为唯一一个发展中国家参与其中，负责测定人类基因组全部序列的 1%，也就是三千万个碱基的排序。中国科学家仅用半年便高质量完成其检测任务，使我国成为世界上少数几个能独立完成大型基因组分析的国家。通过参与这一计划，中国科学家得以在短时间内学习并追赶发达国家的先进生物技术，先后完成了水稻基因组、小麦 A 基因组、SARS 冠状病毒的基因组研究，以及对熊猫、家猪、家鸡、家蚕等动物基因组的测序和分析工作，使中国的基因组学研究得以跻身世界前列。

2018 年 10 月 4 日，华大在国际顶级学术期刊《细胞》上发表了迄今为止最大规模的中国人基因组学大数据研究成果。这是由中国科学家主导，历时两年，对 14 余万中国人无创产前基因检测数据进行深入研究的成果。华大的研究小组主要从中国人群体遗传学、复杂性状的全基因组关联分析、中国人病毒感染图谱等 3 个方面，揭秘中国人群体中的生物大发现。此次研究揭示了中国汉族与少数民族群体的遗传特点，发现了中国人群的遗传特征分布同时受到丝绸之路等历史因素与近代人口大规模迁徙的影响。研究还发现了多个随着纬度的变化而在频率上呈现明显差异的基因，展现了饮食、气候等因素对中国人群的演化所起到的作用。

2. 生物医学领域　生物医学，是综合医学、生命科学和生物学的理论和方法而发展起来的前沿交叉学科，基本任务是运用生物学及工程技术手段研究和解决生命科学，特别是医学中的有关问题。新中国成立后，中国生物医学研究得到了飞速的发展，各种新技术和新方法不断涌现。这些技术和方法为疾病的预防、诊断和治疗提供了更为精准的手段，让人们对未来健康和医学发展充满了希望。

1965年9月，经过7年攻关，中国科学家成功合成结晶牛胰岛素，这也是世界上第一个人工合成的蛋白质。人工合成牛胰岛素，标志着人类在探索生命奥秘的征途中迈出了关键性一步。它促进了生命科学的发展，开辟了人工合成蛋白质的时代，在生命科学发展史上产生了重大影响，也为中国生命科学研究奠定了基础。

2003年4月，中国军事医学科学院微生物流行病研究所与中国科学院北京基因组研究所通力合作，成功地完成了对冠状病毒的全基因组序列测定。冠状病毒全基因组序列测定的成功，为追踪冠状病毒的来源，研制非典型性肺炎的诊断制剂、疫苗和治疗药物奠定了坚实的基础。2003年6月，中国科学院院士、军事医学科学院放射医学研究所所长贺福初率领科研攻关小组，完成非典冠状病毒的天然结构的蛋白鉴定。这项研究，对于进一步阐明非典冠状病毒特性、发病机制及疫苗、新药的研究，具有重要的指导意义。

3. 系统演化与古生物学领域 1985年，当时还是古脊椎所研究生的吴肖春在云南禄丰盆地发现巨颅兽化石标本，但因为标本太小，很久都不能将覆盖着沉积物的化石暴露出来，研究人员也推测它不过是一块骨头碎片的化石。直到1992年，一些中外学者开始重新研究这件化石，请哈佛大学的技师对其进行修理。到了1994年，人们终于知道这件头骨化石代表着一种新的哺乳动物，此后又用了几年对其进行详细的研究。科学家们从该种动物身上找到了大头颅、中耳比较进化，以及耳骨和下颚分离等明显的现代哺乳动物特征，而此前这些特征仅能在1.5亿年后的动物身上找到。科学家们认为，这一化石可能属于一种新的物种，他们最终将之确认为侏罗纪早期的哺乳动物。2001年，研究小组终于在《科学》杂志上发表论文，将这种动物命名为"吴氏巨颅兽"，种名"吴氏"，赠予发现者吴肖春博士。对此发现，早年就读于南京大学的罗哲西说："对科学家而言，用化石记录追踪重要哺乳类特征的起源，一直是一项挑战，这次的发现对试图勾勒最早哺乳类演化历史具有广泛含义，它填补了哺乳动物进化史中4500万年前的空白。"

寒武纪大爆发，被称为古生物学和地质学的一大悬案，自达尔文以来就一直困扰着进化论的学术界，中国云南澄江动物化石群再现了距今5.3亿年前海洋生物的真实面貌，为揭示寒武纪大爆发的奥秘，提供了极其宝贵的证据，被国际古生物学界誉为"20世纪最惊人的科学发现"。澄江动物群主要由多门类的无脊椎动物化石组成，门类相当丰富，保存非常精美，发现的动物群达40多个门类，180余种动物。其中，不仅有大量海绵动物、腔肠动物、腕足动物、环节动物和节肢动物，还有一些鲜为人知的珍稀动物，以及形形色色的形态奇特、现在还难以归入任何已知动物门的化石。2022年7月，由中国科学院南京地质古生物研究所研究员朱茂炎领导的"地球－生命系统早期演化"研究团队和南京大学地球科学与工程学院教授姜宝玉课题组联合研究发现，澄江动物群产出的云南虫，其咽弓具有脊椎动物独有的细胞软骨结构，确认了云南虫是脊椎动物的最原始类群。

4. 生态学与生物的多样性领域　中国科学院多年来在生物多样性领域取得多项重要成果。在生物多样性资源现状的研究方面，从 20 世纪 50—60 年代起，中国科学院先后组织 850 所大专院校和研究所进行了 40 多次自然资源综合科学考察，积累了极为丰富的第一手资料。一代代科研人员艰辛编撰一系列志书，如《中国植物志》《中国动物志》《中国孢子植物志》《中国真菌志》《中国迁地栽培植物大全》《中国化石植物志》等，以及《中国植被图》《中国植被志》等著作，基本实现了在国家水平摸清主要生物类群和植被类型的目标。自 2008 年起，《中国生物物种名录》每年发布年度名录，2021 年的版本名录，包括 11.5 万个生物物种。中国幅员广大、环境多样、生物多样性极为丰富。据不完全统计，2020 年中国发表的新物种超过 2400 种，占全球新发表物种总数的 10%以上。其中，高等植物 312 种、脊椎动物 100 种、昆虫类 1322 种、真菌类 669 种。在生物多样性资源的收集和保藏方面，由中国科学院战略生物资源计划支持的《中国科学院生物资源目录》，汇集了中国科学院 40 个研究所 73 家生物资源库馆的 735 万份生物资源数据，包括生物标本、植物资源、生物遗传资源、实验动物资源及生物多样性监测网络资源，形成了完整的数据系统。中国西南野生生物种质资源库保存 17468 种、25.8万份生物种质资源。其中，野生植物种子 10601 种、85046 份，占中国种子植物物种总数的 36.3%；动物组织材料 2200 种、微生物种质材料 2280 种，使我国的特有种、珍稀濒危种及具有重要经济、生态和科学研究价值的物种安全得到有力保障，是全球生物多样性保护的重要设施之一。

此外，中国科学院院士吴征镒（1916—2013），是一位具有国际声誉的植物学家、植物区系研究权威学者，他论证了中国植物区系的 3 大历史来源和 15 种地理成分，提出了北纬 20° ～ 40° 的中国南部、西南部是古南大陆、古北大陆和古地中海植物区系和发展的关键地区的观点；提出东亚植物区的概念，认为它是最古老的植物区；还提出了被子植物起源"多系 – 多期 – 多域"的理论。

中国科学院院士张亚平（1965—），致力于分子进化和基因组多样性研究，重点研究动物分子系统学、家养动物的起源与驯化机制、亚洲人群的遗传多样性与进化、动物适应进化的遗传机制等。在分子水平系统内澄清了一些动物类群的演化之谜，建立起中国最大的野生动物 DNA 库。

四、天文学

1543 年，哥白尼《天体运行论》一书的出版，标志着近代天文学的开端。清代刊行的《西洋新法历书》以第谷天文学说为基础，同时也介绍了托勒密、哥白尼、开普勒、伽利略及古希腊和中世纪的一些重要的天文学家。但中国人首次接触近现代天文学是 1859 年中国学者李善兰与英国人伟烈亚合译《谈天》，原名《天文学纲要》，全书不仅对太阳系的结构和运动有比较详细的叙述，还介绍了有关恒星系统的一些内容。

1873 年，法国天主教会在上海建立徐家汇天文台，这是最早在中国建立的近代天文机构。主要开展天文、气象和地球物理等综合性观测和研究工作，同时为各国海运和中外商界提供气象和时间等服务。1900 年，建立佘山天文台，配置了当时亚洲最大的 40cm 折射望远镜，开展星团、星云、双星、新星、太阳和彗星等的观测研究工作。

1911 年，辛亥革命后，中国于 1912 年采用世界通用的公历，但保持了传统特色，以"中华民国"纪年。当时的北洋政府将钦天监更名为中央观象台，其工作只是编日历和《观象岁书》（即天文年历）。1934 年 8 月，中国人自己建立的第一个现代天文学研究机构——紫金山天文台建成，标志着中国现代天文学研究的开始。其任务是观测天体方位，以从事理论天文学研究；观测天体形态、光度、光谱，以从事天体物理学研究；编历授时；测量经纬度及子午线等。紫金山天文台，被誉为"中国现代天文学的摇篮"。1935 年 5 月，紫金山天文台首次发现 1 颗小行星，国际行星中心按紫金山天文台的意愿，将其命名为"中国"号。

新中国成立至 1978 年，我国从无到有地建立了射电天文学、理论天体物理学和高能天体物理学及空间天文学等学科，在天文年历编算、天文仪器制造等方面，组织起自己的时间服务系统、纬度和极移服务系统，在诸如世界时测定、光电等高仪制造、人造卫星轨道计算、恒星和太阳的观测与理论、某些理论和高能天体物理学的课题，以及天文学史的研究等方面，取得不少重要的成果。

改革开放后，中国天文学的发展突飞猛进。天文台、站的建设与装备，天文研究，天文教育，天文普及方面，都出现了前所未有的崭新面貌。

中国天文学的研究范围，涵盖了从太阳系到银河系的所有领域，取得了一批重要研究成果。例如，景益鹏研究团队提出的暗物质晕三轴椭球模型，对暗物质晕的形状，做了空前高精度的研究；紫金山天文台常进研究团队，利用先进薄电离量能器，观测高能电子，发现宇宙线电子谱能量远远超过 1000 亿电子伏特，这仍是一个有待解答的谜题；国家天文台赵刚团队，在恒星化学元素丰度研究上，取得了一系列新进展；南京大学戴子高团队，对伽马射线暴的研究提出了新方向；国家天文台韩金林团队推演出银河系旋臂结构，同时还发现了银河系的星系盘和晕的磁场结构；南京大学郑兴武团队，运用甚长基线干涉测量及微波激射源，首次对银河系中的一些远距离激射源进行了视差测量，推导出它们的具体距离，精度高达 0.05 毫角秒。此外，国家天文台汪景琇团队，首次识别了大规模日冕物质抛射源区，一些太阳的全球性的磁耦合现象，也被识别出来。

在天文台（站）建设方面，2020 年 1 月 11 日，500 米口径球面射电望远镜（中国天眼）正式开放运行。中国天眼位于中国贵州省黔南布依族苗族自治州境内，是中国国家"十一五"重大科技基础设施建设项目。中国天眼开创了建造巨型望远镜的新模式，建设了反射面相当于 30 个足球场的射电望远镜，灵敏度达到世界第二大望远镜的 2.5 倍以上，是目前世界上最大、最灵敏的单口径射电望远镜，能够接收到 100 多亿光年以外的电磁信号，大幅拓宽人类的视野，用于探索宇宙的起源和演化。

五、地质学

虽然中国历代都对生活的地域和环境有着丰富的较为朴素的地学认识，但是中国真正意义上的近代地质学却是在传播和引入西方近代科学文化的过程中逐渐形成的。1853—1854年，墨海书馆印制慕维廉编译的第一部中文版西方地理学百科全书《地理全志》，书中首次使用中文"地质"一词。这是中国人第一次通过读物直接阅读到"地质"的概念。

1909年，京师大学堂（今北京大学）设地质学门，但还没有自己的地质学家。1911年，中国地质事业创始人丁文江（1887—1936），获英国格拉斯哥大学动物学、地质学双学士学位后回国。同年夏天，另一位中国地质学创始人章鸿钊（1877—1951）由日本东京帝国大学地质系毕业，获理学学士学位归国。1913年初，中国第一位地质学博士翁文灏（1889—1971）由比利时鲁汶大学毕业回国。三人的归来，使得中国第一次有了自己的地质学家。丁文江、章鸿钊、翁文灏和后来回国的李四光（1889—1971），被称为我国地质学的四大奠基者。

新中国成立之初至60年代中期，随着新中国经济建设的大规模展开，对矿产资源的迫切需求，拉动了中国的地质事业，地质科学进入了蓬勃发展的时期。1958年，中国开展了全国范围1∶200000大规模区域地质调查，积累了数量巨大、门类齐全的极其珍贵的第一手资料。这些基础地质素材，描述了林林总总的各类地质实体和五光十色的地质现象，构筑了中国地质科学及其各个分支学科的坚实基础。

改革开放后，中国引进西方地学理论，扩大地质岩石学、矿产资源学、地质工程学领域的研究面，国家设立许多专业性地质学杂志和社团，形成了地质学的学术交流体系，重点开展矿产资源勘探研究、救灾评估研究等。地质学作为"六五""七五""八五"连续3个为期5年的国家科技攻关项目，以及各个系统、各个行业组织的，为数众多的科研项目的运行，推动了中国地质科学重建和迅速发展的步伐。

1. 区域地质调查　是一项综合性的地质调查研究工作，是各项地质工作的基础和先行步骤，历来受到各国地质部门和地质界的高度重视。区域地质调查工作的基本任务是，运用一切地质理论和技术方法，就指定地区的地质条件和矿产资源远景进行深入、系统的综合调查和研究，作出科学的评价，从而为矿产普查工作指明方向，为经济建设和地质环境评价提供基本地质资料，为科学研究开辟道路。

1949年之前，中国地质工作十分落后，虽有少数学者在一些地区，如广西、福建、江西、四川、江苏、北京等地做过一些地质调查工作，为地质事业作出了一定的贡献，但就全国来说，地质研究程度是很低的。新中国成立后，中国地质工作进入了一个新的历史时期，区域地质调查工作得到了迅速的发展，取得了丰硕的成果，积累了丰富的经验。中国从1995年起，进行1∶200000区域地质调查，至1997年，已经完成全国陆地面积88%以上图幅的测制及大量相关工作，为全国年代地层学框架的建立，奠定了基础。1999年国家设立国土资源大调查专项，中国的国土认知水平显著提高，为地质找矿提供了有力的支撑和引领，也为国家重大建设提供了重要基础保障。

2. 石油天然气勘探　中国石油资源较为丰富，但勘探开采发展较晚。虽然在20世纪20—30年代已经在陕北高原、河西走廊、四川盆地及天山南北进行油气地质调查，但真正大规模的石油勘探还是在新中国成立后。1955年，全国第一届石油普查工作会议召开，提出全国的石油勘探方案，中国开始了空前规模的石油普查活动，10 月 29 日，发现了新中国第一个油田——克拉玛依油田。1959 年 9 月，中国地质工作者在黑龙江省发现世界级特大油田，首次打出自喷工业油流，这是国庆十周年给党中央、毛主席送上的厚礼，故被命名为"大庆油田"。

通过 20 世纪 50 年代开始的石油普查勘探工作，中国建立了陆相石油勘探的整套技术。此外，中国也是个海洋大国，从 20 世纪 60 年代开始进行海域油气资源调查。1966 年在渤海建立了第一座正式海上平台，同年 12 月 31 日渤海第一口探井开钻，1967 年 6 月 14 日，喜获工业油流，从此揭开了海洋石油勘探开发的序幕。20 世纪 90 年代以来，中国海洋勘探领域取得了众多成就。中国是世界上第一个开发井底深海天然气的国家，也是世界上第一个完成海底天然气开采的国家。2021 年，中国首个自营超深水大气田"深海一号"成功投产，标志着中国海洋石油工业勘探开发和生产能力实现了从 300 米到 1500 米超深水的历史性跨越，使中国海洋石油勘探开发能力全面进入"超深水时代"。

3. 矿产资源勘探　中国有着丰富的矿产资源，新中国成立 70 年来，矿产资源勘查历经 2 个时期、6 个发展阶段。自新中国成立到 21 世纪初的 50 年里，取得了丰硕成果，发现与评价了江西德兴等一批矿床，满足了中国当时经济发展的需求。21 世纪初，特别是地质大调查和找矿突破战略行动实施以来，新发现矿产地 2700 余处，铀、铜、钼、钨、金、铅、锌、锰、石墨、锂等矿种，发现了一批世界级超大型矿床，初步形成了 75 个能源资源保障基地，东西并重的矿产勘查格局已经呈现。

截至 2021 年年底，全国已发现 173 种矿产。其中，能源矿产 13 种，金属矿产 59 种，非金属矿产 95 种，水气矿产 6 种。2021 年，中国地质勘查投资增长 11.6%。其中，非油气矿产地质勘查投资自 2013 年以来，首次实现正增长。2021 年，全国新发现矿产地 95 处。鄂尔多斯、准噶尔、塔里木、四川和渤海湾等多个盆地油气勘查取得突破，煤炭、金矿、"三稀"（稀有、稀土、稀散）等矿产勘查，取得重大进展。

第二节　高新技术

高新技术的概念，是由高技术的概念延伸而来的。中国的高新技术，是指"国家高技术研究发展计划"（简称 863 计划）中选择的对中国未来经济和社会发展有重大影响的生物技术、航天技术、信息技术、激光技术、自动化技术、能源技术和新材料等 7 个高技术领域内的新技术。1996 年 7 月，国家科技领导小组批准，将海洋高技术作为 863 计划的第八个领域。

一、航天技术

新中国成立后，中国的航天事业取得了一个个从无到有、令世人瞩目的成就。中国是世界上第五个独立研制和发射地球静止轨道通信卫星的国家；是世界上第三个掌握卫星回收技术的国家，同时达到国际领先水平；拥有自主建造、独立运行的空间站。中国发展航天事业的宗旨如下：探索外太空，扩展对地球和宇宙的认识；和平利用外太空，促进人类文明和社会进步，造福全人类；满足经济建设、科技发展、国家安全和社会进步等方面的需求，提高全民科学素质，维护国家权益，增强综合国力。中国发展航天事业，贯彻国家科技事业发展的指导方针，即自主创新，重点跨越，支撑发展，引领未来。

（一）航天发射基地

中国现在拥有五大航天发射基地，分别是酒泉卫星发射中心、太原卫星发射中心、西昌卫星发射中心、文昌卫星发射场、中国东方航天港，具备陆地和海上发射能力。

1. 酒泉卫星发射中心　又称"东方航天城"，始建于1958年10月，是中国创建最早、规模最大的卫星发射场，是中国唯一的载人航天发射场，也是世界三大载人航天发射基地之一。主要用于测试及发射长征系列运载火箭、中低轨道的各种试验卫星、应用卫星、载人飞船和火箭导弹的发射，同时负有残骸回收、航天员应急救生等任务。先后执行110次航天发射任务，成功将145颗卫星、11艘飞船、11名航天员送入太空。自建成后，先后完成了中国的第一枚地对地导弹发射、第一次导弹核武器试验、第一颗人造地球卫星"东方红一号"、第一颗返回式人造地球卫星、第一次"一箭三星"、第一次为国外卫星提供发射搭载服务、第一艘载人飞船等。特别是党的十八大以来，成功发射了"天宫二号"、"神舟十一号"、世界首颗量子科学实验卫星"墨子号"、首颗暗物质粒子探测卫星"悟空"、首颗硬X射线调制望远镜卫星"慧眼"等，所执行的47次航天发射任务"发发成功、次次圆满"。作为中国航天母港，酒泉卫星发射中心开创了中国航天史上的20多个第一，在长期的实践中，中心孕育出"两弹一星"精神、载人航天精神和东风精神。

2. 太原卫星发射中心　始建于1967年，是中国完全自主建设的第一座发射中心。具备了多射向、多轨道、远射程和高精度测量的能力，担负太阳同步轨道气象、资源、通信等多种型号的中、低轨道卫星和运载火箭的发射任务。1968年12月，中国自己设计制造的第一枚中程运载火箭在此发射成功，先后成功发射中国第一颗太阳同步轨道气象卫星"风云一号"、第一颗中巴资源一号卫星、第一颗海洋资源勘查卫星等，创造出中国卫星发射史上的9个"第一"。随着中国航天发射技术越来越多地走向国际市场，太原卫星发射中心也承揽发射多颗国外商业卫星。20世纪90年代，连续6次，以一箭双星方式，成功将美国摩托罗拉公司12颗铱星，送入太空预定轨道，此后，还成功发射巴西、欧盟等国家和地区的4颗商业卫星。本次成功发射中巴第三颗"资源一号"卫星，在国际上享有高科技领域"南南合作典范"的美誉。

3. 西昌卫星发射中心　又称"西昌卫星城"，始建于1970年，于1983年建成。主要用于广播、通信和气象卫星进入地球同步轨道的发射任务。先后成功发射中国第一颗试验通信卫星、实用通信卫星、国际商业卫星、导航卫星、月球探测卫星、数据中继卫星和第一枚大推力捆绑式运载火箭等多项"第一"。首次承担整星整箭出口发射任务等多个第一，跃居世界十大航天发射场之列。特别是为中国航天史，取得了以下3个"第一"：1984 年 4 月，成功发射中国第一颗地球同步轨道卫星；1986 年 2 月，成功发射中国第一颗通信广播卫星——"东方红二号"，"东方红二号"的发射成功，结束了中国租用外国卫星看电视的历史；1990 年，成功发射中国承揽的商务卫星——"亚洲一号"。此外，西昌卫星发射中心，是中国首个完成 200 次发射的航天发射中心，创造了中国航天史上新的纪录。从"1"到"100"，西昌卫星发射中心用时 32 年，而从"100"到"200"仅用 6 年时间，在传承长征精神、"两弹一星"精神、载人航天精神的伟大实践中，培育、践行了新时代北斗精神、探月精神，铸就了西昌航天精神。

4. 文昌航天发射场　2014 年 11 月建成，隶属于西昌卫星发射中心，是中国首个开放性滨海航天发射基地，也是世界上为数不多的低纬度发射场之一。文昌航天发射场，可以发射长征五号系列火箭与长征七号运载火箭、长征八号运载火箭，主要承担地球同步轨道卫星、大质量极轨卫星、大吨位空间站和深空探测卫星等航天器的发射任务。文昌航天发射场与酒泉、太原、西昌 3 大卫星发射场相比，具有以下不可超越的优势：一是三面临海，射向范围宽等突出优势；二是距离赤道近，能得到地球自转赋予的向东的初速度，使火箭节省更多燃料，寿命可延长；三是使中国今后更大直径重型火箭运输成为可能；四是将大大提高火箭残骸坠落的安全性。文昌航天发射场的建成和投入使用，形成了中国沿海内陆相结合、高低纬度相结合、各种射向范围相结合的发射场格局，使中国航天发射场整体布局更为合理、体系更为完善。

5. 中国东方航天港　东方航天港是中国唯一一个运载火箭海上发射母港。2019 年 7 月 30 日，我国启动实施"中国东方航天港"项目，拟在山东烟台打造中国首个海上发射母港。海上发射必须选择地理位置优良、能够适应低星角发射的海域，山东烟台海阳港位置独立、安全，可满足小倾角、太阳同步轨道等多种轨道卫星的发射需求，具备发展商业航天产业的天然优势。截至 2022 年，东方航天港已具备年产 20 发固体运载火箭总装测试能力和海上发射支持保障能力，并已引进 12 个航空航天产业相关项目，涉及星箭研发制造、卫星数据应用、航天高端配套、空天运输及搭载服务、航天文化旅游、航天科技应用等领域。从 2019 年至 2024 年，东方航天港圆满完成多次发射任务，例：2020 年 9 月 15 日，在黄海海域，长征十一号海遥二运载火箭（简称"长十一火箭"）成功将 9 颗"吉林一号"高分 03-1 组卫星送入预定轨道；2023 年 9 月 5 日，东方航天港总装出厂的谷神星一号海射型运载火箭在山东海阳黄海海域发射成功；2024 年 1 月 11 日，全球现役最大固体火箭"引力一号"从东方航天港号发射船上发射升空，云遥一号 18-20 星共 3 颗卫星成功进入预定轨道。

（二）人造地球卫星

中国航天事业，起始于 1956 年，1970 年 4 月 24 日，中国第一颗人造地球卫星——"东方红一号"，在酒泉卫星发射中心发射成功，成为继苏、美、法、日之后，世界上第五个独立研制并发射人造地球卫星的国家，开创了中国航天史的新纪元。截至 2023 年，中国拥有的卫星数量为 499 颗，位居世界第二，主要分布于通信、气象、导航和科学研究等领域。

1. 返回式卫星　1975 年 11 月 26 日，中国首次成功地发射了第一颗返回式卫星，使中国成为世界上第三个能从地球轨道上回收卫星的国家。返回式卫星主要应用于国土资源普查、大地测量，以及河流海岸监测等方面，还进行了大量的搭载科学试验，取得了丰硕成果。卫星在城乡规划、水利建设、地质资源勘探、考古及空间育种等众多领域，发挥了重要作用，获得了明显的经济效益和社会效益。从 1974—2006 年，中国先后进行了 24 次返回式卫星的发射。其中，23 颗返回式卫星顺利入轨，22 颗成功回收，是中国最成功的航天计划之一。用返回式卫星，不仅可以进行遥感、微重力实验和新技术试验，还为中国掌握载人飞船返回技术，提供了重要借鉴。

2. 气象卫星　风云气象卫星是中国于 1977 年开始研制的气象卫星。其主要任务是获取中国国内及中国国外大气、云、陆地、海洋资料，进行有关数据收集，用于天气预报、气候预测、自然灾害和全球环境监测等。1988 年 9 月，中国第一颗极轨气象卫星风云 1 号 A 星发射进入预定轨道，传回的遥感卫星图像，得到世界气象部门的认可。1990 年和 1999 年，先后发射了两颗第一代极轨气象卫星，即风云 1 号 B 和 C 气象卫星。1997 年和 2000 年，又先后发射了两颗静止轨道风云 2 号气象卫星，组成了中国气象卫星业务监测系统，成为继美、俄之后，世界上同时拥有两种轨道气象卫星的国家。"风云 1 号"和"风云 2 号"气象卫星的发射成功，结束了中国气象预报卫星数据长期依赖国外卫星的历史。

3. 导航卫星　2000 年 10 月，中国自行研制的第一颗导航定位卫星"北斗导航试验卫星"，在西昌卫星发射中心发射成功，准确进入预定轨道，为"北斗导航系统"的建设，奠定了坚实的基础。从此，中国逐步摆脱了对国外导航系统的依赖。同年 12 月，第二颗北斗导航试验卫星升空并入轨。2003 年 5 月，中国成功将第三颗"北斗一号"导航定位卫星送入太空。3 颗"北斗一号"工作星，组成了完整的卫星导航定位系统，可以确保全天候、全天时提供卫星导航信息，标志着中国成为继美国全球卫星定位系统（GPS）和苏联（俄罗斯）的全球导航卫星系统（GLONASS）后，在世界上第三个建立了完善卫星导航系统的国家。2004 年，启动"北斗二号"系统工程建设；2012 年年底，完成 14 颗卫星（5 颗地球静止轨道卫星、5 颗倾斜地球同步轨道卫星和 4 颗中圆地球轨道卫星）发射组网。"北斗二号"系统在兼容"北斗一号"系统技术体制的基础上，增加无源定位体制，为亚太地区用户提供定位、测速、授时和短报文通信服务。2009 年，启动"北斗三号"系统建设；2018 年年底，完成 19 颗卫星发射组网，完成基本系统建设，向全球提供服务；2020 年 6 月，"北斗三号"最后一颗全球组网卫星在西昌卫星发射中心点火升空，完成 30 颗卫星发射组网，全面建成"北斗三号"系统。"北斗三号"系统继承北斗有源服务和无源服务两种技术体制，能够为全球用户提供基本导航（定位、测速、授时）、全球短报文通信、国际搜救服务，中国及周边地区用户还可享有区域短报文通信、星基增强、精密单点定位等服务。

（三）运载火箭技术

中国运载火箭技术起源于 20 世纪 60 年代，长征系列运载火箭是中国自行研制的航天运载工具。1970 年，"长征一号"运载火箭首次发射"东方红一号"卫星的成功，完成了中国火箭运载技术的自主研究和开发，标志着中国人独立自主地掌握了进入空间的能力。自此以后，中国火箭技术的发展，进入了一个全新的时代。

长征系列火箭的发展，共经历了以下 5 个阶段：第一阶段，基于战略导弹技术起步；第二阶段，是按照运载火箭技术自身发展规律研制的火箭；第三阶段，为满足商业发射服务而研制；第四阶段，是为载人航天需要而研制的；第五阶段，是为适应环保及快速反应的需要而研制的运载火箭。

长征火箭已经拥有退役、现役共计 4 代 20 种型号，具备发射低、中、高不同地球轨道，不同类型卫星及载人飞船的能力，同时具备无人深空探测能力。

长征系列运载火箭技术的发展，为中国航天技术提供了广阔的舞台，推动了中国卫星及其应用，以及载人航天技术的发展，有力支撑了以"载人航天工程""北斗导航"和"月球探测工程"为代表的中国国家重大工程的成功实施，为中国航天的发展提供了强有力的支撑。

（四）载人航天工程

中国载人航天工程，于 1992 年 9 月 21 日由中国政府批准实施，代号"921 工程"，是中国继"两弹一星"之后，又一项国家重大科技工程，也是中国航天事业创立以来，规模最庞大、系统最复杂、可靠性和安全性要求最高的工程。

1."神舟一号"飞船 是中国自主研制的第一艘无人实验飞船，于 1999 年 11 月 20 日在酒泉发射场升空并准确进入轨道，经过 21 小时 11 分的太空飞行，顺利返回地球。"神舟一号"标志着中国航天事业迈出了重要步伐，对突破载人航天技术具有重要意义，是中国航天史上的重要里程碑。

2."神舟二号"飞船 是我国第一艘正样无人飞船，于 2001 年 1 月 10 日发射成功，飞船按预定计划，在太空飞行 7 天后返回。"神舟二号"航天飞船发射返回，标志着中国载人航天事业取得了新的进展，向实现载人航天飞行迈出了重要的一步。

3."神舟三号"飞船 是一艘正样无人飞船，飞船技术状态与载人状态完全一致，于 2003 年 3 月 25 日发射成功，4 月 1 日顺利返回。"神舟三号"飞船的顺利返回，表明中国载人航天工程技术日臻成熟，为最终实现载人飞行打下坚实基础。

4."神舟四号"飞船 是在"神舟一号""神舟二号""神舟三号"飞行试验成功的基础上，经过进一步完善研制而成，除没有载人外，技术状态与载人飞船完全一致。于 2002 年 2 月 25 日发射成功，是神舟飞船在无人状态下考核最全面的一次飞行试验。此外，在这次飞行中，载人航天应用系统、航天员系统、飞船环境控制与生命保障分系统全面参加了试验，先后在太空进行了对地观测、材料科学、生命科学试验及空间天文和空间环境探测等研究项目。

5."神舟五号"飞船 是中国首次发射的载人航天飞行器，于 2003 年 10 月 15 日在酒泉发射中心成功发射，将航天员杨利伟送入太空，"神舟五号"连续围绕地球飞行 14 圈后顺利返回，精准着陆。中国首次载人航天飞行成功，标志着中国成为继俄罗斯和美国之后，第三个有能力独自将人送上太空的国家。

6."神舟六号"载人飞船 是中国第二艘搭载太空人的飞船，也是中国第一艘执行"多人多天"任务的载人飞船，于2006年10月12日发射成功。航天员费俊龙、聂海胜乘"神舟六号"进入太空，于16日顺利返回。"神舟六号"飞行任务的成功，标志着实现了中国载人航天工程的第一步，即"发射载人飞船，建成初步配套的试验性载人飞船工程，开展空间应用实验"的任务目标。

7."神舟七号"载人飞船 于2008年9月25日21点从中国酒泉卫星发射中心载人航天发射场升空，载有翟志刚、刘伯明、景海鹏3名航天员，其主要目的是实施中国航天员首次空间出舱活动，突破和掌握出舱活动相关技术，同时开展卫星伴飞、卫星数据中继等空间科学和技术试验。9月27日16时，翟志刚出舱作业，实现了中国历史上第一次的太空漫步，令中国成为第三个有能力把航天员送上太空并进行太空漫步的国家。

8."神舟八号"无人飞船 于2011年11月1日发射成功，发射升空后两天，与此前发射的"天宫一号"目标飞行器进行了空间交会对接。组合体运行12天后，"神舟八号"飞船脱离"天宫一号"并再次与之进行交会对接试验，这标志着中国已经成功突破了空间交会对接及组合体运行等一系列关键技术。11月16日，"神舟八号"飞船与"天宫一号"目标飞行器成功分离，返回舱于11月17日返回地面。"神八"的成功发射，以及与"天宫一号"实现对接，使中国成为继美国、俄罗斯之后，世界上第三个自主掌握空间交会对接技术的国家，标志着中国已经初步掌握自动空间交会对接技术。

9."神舟九号"飞船 于2012年6月16日18时37分在酒泉卫星发射中心发射升空，载有景海鹏、刘旺、刘洋（女）3名宇航员。6月18日约11时，转入自主控制飞行，14时左右，与"天宫一号"实施自动交会对接，这是中国实施的首次载人空间交会对接，也标志着中国已经初步掌握了自动空间交会对接技术。

10."神舟十号"飞船 也是中国第五艘载人飞船，于2013年6月11日成功发射，载有聂海胜、张晓光、王亚平（女）3名宇航员。"神舟十号"载人飞船，作为中国载人航天工程天地往返运输系统首次应用性飞行任务，在为期15天的太空飞行中，飞行乘组3名航天员按预定计划，完成进驻"天宫一号"、飞船与"天宫一号"自动和手控交会对接、进一步考核和巩固了交会对接技术，验证了航天员在轨驻留保障技术。

11."神舟十一号"飞船 于2016年10月17日在中国酒泉卫星发射中心成功发射，载有景海鹏、陈冬两名宇航员。"神舟十一号"飞船入轨后，两天内完成与"天宫二号"的自动交会对接，形成组合体，航天员进驻"天宫二号"，组合体在轨飞行30天。航天员在太空中期驻留试验，为了更好地掌握空间交会对接技术、开展地球观测和空间地球系统科学、空间应用新技术、空间技术和航天医学等领域的应用和试验。

12."神舟十二号"飞船 于2021年9月17日发射成功，载有聂海胜、刘伯明、汤洪波3名宇航员。"神舟十二号"载人飞行任务是空间站关键技术验证阶段第四次飞行任务，也是空间站阶段首次载人飞行任务。"神舟十二号"飞船的成功发射，意味着中国第一座自主研发的空间站开始进入一个全新的篇章，开始验证解决有较大规模的、长期有人照料的空间应用问题。

13."神舟十三号"飞船 于2021年10月16日发射成功，载有翟志刚、王亚平（女）、叶光富3名航天员。航天员在轨飞行期间，先后进行了两次出舱活动，开展了手控遥操作交会对接、机械臂辅助舱段转位等多项科学技术实（试）验，验证了航天员长期驻留保障、再生生保、空间物资补给、出舱活动、舱外操作、在轨维修等关键技术。"神舟十三号"飞船首次实施实现了快速返回，进一步提升了航天员舒适度及任务实施效率。

14."神舟十四号"飞船 于2022年6月5日10时发射成功，是中国空间站进入建造阶段的首发载人飞船，也是"神舟十三号"的应急救援飞船，于2021年进驻酒泉卫星发射中心，首次创造了待命长达7个月的纪录。"神舟十四号"飞船载有陈冬、刘洋（女）、蔡旭哲3名航天员，3名航天员在轨驻留6个月期间，先后进行3次出舱活动，完成空间站舱内外设备及空间应用任务相关设施设备的安装和调试，开展一系列空间科学实验与技术试验，在轨迎接两个空间站舱段、1艘载人飞船、1艘货运飞船的来访，与地面配合，完成了中国空间站"T"字基本构型组装建造，与"神舟十五号"航天员首次完成在轨交接班，见证了货运飞船与空间站交会对接最快世界纪录等众多历史性时刻。2022年12月4日，"神舟十四号"载人飞船返回舱在东风着陆场成功着陆，"神舟十四号"载人飞行任务取得成功。飞行乘组在空间站组合体工作、生活了183天，见证并推动中国人的太空家园"越建越大"，推动中国空间站完成建造，转入在轨运营阶段。

15."神舟十五号"飞船 于2022年11月29日发射成功，载有费俊龙、邓清明、张陆3名航天员。2022年11月30日7时，"神舟十五号"飞船3名航天员进驻中国空间站，与神舟十四号航天员乘组首次实现"太空会师"。2023年2月10日，"神舟十五号"航天员组经过约7小时的出舱活动，完成出舱活动全部既定任务。2023年6月4日，"神舟十五号"载人飞船返回舱在东风着陆场成功着陆，"神舟十五号"载人飞行任务取得成功，"神舟十五号"飞行任务是中国空间站建造阶段的最后一棒，也是空间站应用与发展阶段的第一棒，具有承前启后的重要作用。

（五）空间站

中国空间站，又称天宫空间站，是中国自主研发的国家级太空实验室。1992年，中国政府就制定了载人航天工程"三步走"发展战略，建成空间站是发展战略的重要目标。

中国空间站，包括天和核心舱、梦天实验舱、问天实验舱、载人飞船（神舟系列飞船）和货运飞船（天舟系列货运飞船）5个模块组成。各飞行器既是独立的飞行器，具备独立的飞行能力，又可以与核心舱组合成多种形态的空间组合体，在核心舱统一调度下，协同工作，完成空间站承担的各项任务。

2000年，中国开始研制中国航天史上的第一个空间实验室——"天宫一号"，这也是中国在空间技术领域的一个里程碑。2020年5月5日，搭载新一代载人飞船试验船和柔性充气式货物返回舱试验舱的长征五号B运载火箭首飞成功，中国空间站在轨建造任务拉开序幕。长征五号 B 运载火箭首飞成功后，中国将先后发射天和核心舱、问天实验舱和梦天实验舱，进行空间站基本构型的在轨组装建造。2022 年 11 月 3 日，空间站梦天实验舱顺利完成转位，空间站"T"字基本构型在轨组装完成。2022 年 12 月 31 日，国家主席习近平在新年贺词中向全世界郑重宣布，中国空间站全面建成。

空间站的核心舱命名为"天和"，是中国空间站的管理和控制中心，具备长期自主飞行能力，可支持 3 名航天员长期在轨驻留，支持开展舱内外空间科学实验和技术试验，是中国研制的最大、系统最复杂的航天器。问天实验舱，是中国空间站的第二个舱段，也是首个科学实验舱。问天实验舱，配置了与核心舱一样的航天员生活设施，同时，舱外配置了 1 个小型的机械臂，既可以单独使用，也可以跟核心舱的大机械臂组合使用，共同完成航天员的出舱、舱外设施照料、巡检等任务。梦天实验舱，是中国空间站第三个舱段，也是第二个科学实验舱，与空间站天和核心舱、问天实验舱实现控制、能源、信息、环境等功能的并网管理，共同支持空间站开展更大规模的空间研究实验和新技术试验。

天宫空间站为我国自主研发，向世界开放，展现了中国航天越来越强大的实力。中国有着几千年的"问天"梦。从 1970 年"东方红一号"卫星成功发射拉开中国探索宇宙奥秘的序幕，中国航天通过自力更生、自主创新，不断打破国外技术的封锁和垄断，解决了一大批"卡脖子"的关键难题，大大缩小了与世界的差距。从神舟飞船载人遨游太空，到"嫦娥"奔月探索未知，从北斗卫星组网导航，到"天宫二号"搭建中国"太空之家"，中国航天取得了一项项举世瞩目的成就，完成了众多人类探索创举。众多国家申请参与中国空间站合作，充分印证了中国航天的实力，表明中国航天技术和经验正在受到越来越多国家的认可。

（六）探月工程

探月工程是指利用航天器对月球进行的各种探测。2004 年，中国正式开展月球探测工程，命名为"嫦娥工程"。嫦娥工程分为"无人月球探测""载人登月"和"建立月球基地"三个阶段，现已圆满完成三期。

1. 探月工程一期　任务是实现环绕月球探测。"嫦娥一号"卫星，于 2007 年 10 月 24 日发射，在轨有效探测 16 个月，获取了全月球影像图、月表部分化学元素分布等一批科学研究成果。2009 年 3 月 1 日，"嫦娥一号"完成使命，撞击月球表面预定地点。"嫦娥一号"卫星首次绕月探测的成功，树立了中国航天的第三个里程碑，突破了一大批具有自主知识产权的核心技术和关键技术，使中国成为世界上为数不多具有深空探测能力的国家。

2. 探月工程二期　任务是实现月面软着陆和自动巡视勘察。"嫦娥二号"于 2010 年 10 月 1 日发射，作为先导星，为二期工作进行了多项技术验证，开展了多项拓展试验。"嫦娥二号"任务的圆满成功，标志着中国在深空探测领域取得突破，掌握了一大批新的具有自主知识产权的核心技术和关键技术。"嫦娥三号"探测器于 2013 年 12 月 2 日发射，是中国探月工程二期发射的月球探测器，由着陆器和巡视器（"玉兔号"月球车）

组成。12 月 14 日实现落月，开展了月面巡视勘察，获得了大量工程和科学数据。"嫦娥三号"着陆器目前仍在工作，成为月球表面工作时间最长的人造航天器。"嫦娥三号"首次实现了中国地外天体软着陆和巡视探测，是中国航天领域技术最复杂、实施难度最大的空间活动之一。"嫦娥四号"于 2018 年 12 月 8 日发射升空，于 12 月 12 日完成近月制动，是人类第一个着陆月球背面的探测器。实现了人类首次月球背面软着陆和巡视勘察，首次实现了地球与月球背面的测控通信，在月球背面留下了中国探月的第一行足迹，开启了人类探索宇宙奥秘的新篇章。

3. 探月工程三期　任务是实现无人采样返回。2014 年 10 月 24 日，中国实施了探月工程三期再入返回飞行试验任务，验证返回器接近第二宇宙速度再入返回地球相关关键技术。11 月 1 日，飞行器服务舱与返回器分离，返回器顺利着陆预定区域，试验任务取得圆满成功。2020 年 11 月 24 日，"嫦娥五号"探测器成功发射升空，进入预定轨道，是中国首个实施无人月面取样返回的月球探测器。12 月 1 日，"嫦娥五号"在月球正面预选着陆区着陆，12 月 2 日，"嫦娥五号"着陆器和上升器组合体完成了月球钻取采样及封装，12 月 17 日凌晨，"嫦娥五号"返回器携带月球样品着陆。"嫦娥五号"任务，实现了中国首次月球无人采样返回，助力月球成因和演化历史等科学研究。

二、信息技术

信息技术（information technology，IT），凡是能扩展人的信息功能的技术，都是信息技术。信息技术，主要包含通信、计算机与计算机语言、微电子技术等。

中国信息技术的发展，可以追溯到 20 世纪 80 年代初，计算机技术的引进，标志着信息技术的起步。90 年代初期，中国开始大力发展信息技术产业。21 世纪初，中国信息技术产业进入了一个新的发展阶段，在互联网的推动下，中国信息技术的发展取得了长足进步。例如，中国的搜索引擎公司百度成立于 2000 年，迅速成为全球最大的中文搜索引擎之一。

（一）计算机技术

中国的计算机技术，起步于 20 世纪 50 年代，比美国晚了约 10 年。1956 年，周恩来总理亲自主持制定《1956—1967 年科学技术发展远景规划》，把计算机列为发展科学技术的重点之一，于 1956 年筹建中国第一个计算技术研究机构——中国科学院计算技术研究所，由华罗庚担任主任委员。中国计算机事业在开创阶段，迅速制成中国第一代电子管计算机、第二代晶体管计算机，通过国产计算机的系列化，形成了初具规模、能够批量生产的计算机工业。

经历了 20 世纪 50—70 年代的发展，中国计算机事业的发展奠定了坚实的基础。改革开放后，中国计算机事业进入了快速发展阶段，计算机技术从跟踪国外先进技术到实现技术超越。1983 年 12 月，由国防科技大学计算机研究所研制成功"银河"巨型计算机，是中国第一台每秒钟运算 1 亿次以上的巨型计算机，它填补了国内巨型计算机的空白，中国成为继美国、日本之后，第三个能独立设计和制造巨型计算机的国家。标志着中国进入了世界研制巨型计算机的行列。

1. 微型计算机　中国第四代计算机的研制，也是从微机开始的。1977年4月，清华大学、安徽无线电厂和电子部6所组成联合设计组，研制成功我国第一台微型计算机DJS—050机，但由于技术原因一直未能大批量生产。1983年12月，电子部六所开发的长城100DJS-0520微机，具备了个人电脑的主要使用特征。直至1985年6月，中国成功研制出国产微机长城0520CH，具有字符发生器汉字显示能力，具备完整中文信息处理功能，其汉字处理水平等性能超过了当时包括IBM在内的国际知名品牌，标志着中国微机产业进入了一个飞速发展的时期。

2. 芯片技术　计算机的发展，与芯片技术的发展密切相关，芯片技术也是衡量一个国家科技实力和竞争力的重要标志。1965年，中国成功研制出第一块单片集成电路，比韩国早了10年。但由于美国等西方国家对中国实施技术封锁和贸易限制等，中国的芯片产业进入了挫折期。直至2002年8月，中国第一款具有完全自主知识产权的通用CPU——"龙芯一号"正式问世，实现了全国集成电路产业史上零的突破，结束了中国无"芯"的历史，打破了国外芯片在我国的长期垄断地位；2005年，中国首款64位高性能CPU——"龙芯二号"发布，其性能达到2000年以后的国际先进水平，从此确立了龙芯CPU为国产通用芯片的领跑者地位。此外，"龙芯"芯片的问世，对提高国家安全，促进科技创新，推动产业发展等也有重大意义。随后，魂芯系列、威盛系列、星光系列、方舟系列等"中国芯"相继问世，"中国芯"的崛起，是对全球科技格局的重要挑战，也是中国科技实力崛起的重要里程碑。

（二）通信技术

中国通信的发展，可追溯到20世纪初，当时的通信方式主要是有线电报和有线电话，其速度缓慢、信息量有限、可靠性差等问题，极大地限制了人们之间的信息传递。

1. 第一代蜂窝移动通信系统　1978年，美国贝尔实验室的科学家们试验成功世界上第一个真正意义上的具有随时随地通信能力的大容量的蜂窝移动通信系统AMPS，这标志着1G时代的到来，全球正式进入了信息时代，信息技术革命以美国为核心，逐渐扩散到其他国家。至1987年，广东第六届全运会上蜂窝移动通信系统正式启动，才标志着中国1G时代的到来，但通信市场全被国外垄断。到1990年，中国第一部由中兴研发的通信500用户数字程控交换机（ZX500）面世，才逐渐打破了西方的技术垄断与壁垒，但是市场仍是国外企业主导。

2. 第二代蜂窝移动通信系统　由于1G模拟时代存在技术和体制上的诸多局限，20世纪90年代，采用数字调制技术的第二代蜂窝移动通信系统（又称2G系统）顺势出现。直到1993年，中国第一个数字移动电话通信网在浙江省嘉兴市开通，1994年7月，2G牌照发放，这才正式标志着中国进入了2G时代。2G网络优化时间很长，中国也因此建成了世界上覆盖最好的2G网络。这个时候，华为、中兴也开始慢慢起步，中国的通信技术也得到了进一步的发展。

3. 第三代移动通信标准　随着数据业务（尤其是多媒体业务）需求的不断增长，

2000 年 5 月，国际电信联盟正式公布第三代移动通信标准，它主要利用第三代移动通信网络提供语音、数据、视频图像等业务，包含了第二代蜂窝移动通信系统可提供的所有的业务类型。1998 年 6 月 29 日，中国原邮电部电信科学技术研究院（现大唐电信科技股份有限公司）向国际电信联盟（International Telecommunication Union，ITU）提出了 TD-SCDMA 标准。2000 年 5 月 5 日，国际电信联盟正式公布第三代移动通信标准，中国提交的 TD-SCDMA 正式成为国际标准，与欧洲 WCDMA、美国 CDMA2000 成为 3G 时代最主流的三大技术之一。

4. 第四代蜂窝移动通信系统　又被称为 4G 系统，是在 3G 技术上的一次更好的改良，其相较于 3G 通信技术来说一个更大的优势，是将 WLAN 技术和 3G 通信技术进行了很好地结合，使图像的传输速度更快，让传输图像的质量和图像看起来更加清晰。中国通信产业克服了技术、产业、组网、测试、组织机制 5 大挑战，突破重大核心技术，提出并主导 TD-LTE 国际标准，实现了全产业链的群体突破，在全球广泛应用，实现了我国移动通信"从边缘到主流、从低端到高端、从跟随到领先"的历史性转折。

5. 第五代移动通信技术　简称 5G，是具有高速率、低时延和大连接特点的新一代宽带移动通信技术，5G 通信设施是实现人机物互联的网络基础设施。中国已在 2019 年启动 5G 规模建设，目前已覆盖国内所有县域，广泛应用于工业、医疗、教育、文旅等各个领域，已完成了通信技术和规模的全面超越。

三、新能源技术

能源，是人类社会发展不可或缺的基本条件。新中国成立初期，我国能源以煤炭为主，占消费总量的 90% 以上，石油工业比较薄弱，为了甩掉"贫油国"的帽子，以铁人王进喜为代表的大庆石油工人，仅用 3 年多的时间就夺取了大会战的胜利。以石油工业为代表的中国能源事业的发展，创造了令世人瞩目的辉煌业绩。

20 世纪 80 年代，中国开始探索新能源技术。1985 年 10 月，中国第一座太阳能光电站建成，标志着中国新能源技术迈出了第一步。20 世纪 90 年代，中国新能源发展进入新阶段，政府发布了《中华人民共和国可再生能源法》，明确了政府对新能源的支持和鼓励，中国新能源发展迅速，太阳能、风能、生物质能等新能源技术得到了广泛应用。

1. 太阳能　太阳能的利用，主要是指太阳能光伏发电和太阳能电池。1998 年，中国政府开始关注太阳能发电，拉开了中国光伏产业化的序幕；2000 年后，国家启动了送电到乡、光明工程等一系列扶持项目，通过光伏和小型风力发电解决西部 7 省 700 多个无电乡的用电问题；2005 年 8 月，中国第一座直接与高压并网的 100kWp 光伏发电站在西藏羊八井建成，一次并网成功，顺利投入运行，开创了中国光伏发电系统与电力系统高压并网的先河；2007 年，中国成为全球最大光伏制造国，出口全球各地；截至 2017 年，中国光伏发电装机量连续 3 年居全球首位，新增光伏发电装机连续 5 年位居世界第一。在太阳能电池方面，2001 年，无锡尚德建立 10MWp（兆瓦）太阳电池生产线获得成功，2002 年 9 月，尚德第一条 10MW 太阳电池生产线正式投产，产能相当于此前 4 年全国太阳电池产量的总和，一举将中国与国际光伏产业的差距缩短了 15 年；2007 年，中国成为生产太阳电池最多的国家，但与国外还有不少的差距，特别是在各种新型太阳能电池的开发上，还处在起步的阶段，而国外已经有了很大的发展，因此，中国太阳能电池的发展任重而道远。

2. 风能 新能源的风能，主要是指把风的动能转为电能。1986 年，山东半岛最东端的荣成市，中国第一座风电场——马兰风电场，正式并网发电，这成为中国风电史上的里程碑。1989 年 10 月，当时亚洲最大的风电场——新疆达坂城风电场正式并网，揭开中国风电发展的大幕。1999 年，中国第一台国产风机 S600，正式通过国家验收，打破国际对风电设备的垄断，中国风电设备国产化就此开始，这也是中国风电发展史的里程碑。进入 21 世纪，中国风力发电快速发展，从陆地到海洋，不断突破环境条件限制，2023 年 5 月，中国首座深远海浮式风电平台"海油观澜号"成功并入文昌油田群电网，正式为海上油气田输送绿电。

中国新能源的发展，经历了从探索到发展，再到高速发展的历程。在政府的支持和鼓励下，中国新能源技术得到了快速发展，新能源装机容量不断增加，新能源已成为中国能源结构调整的重要方向。

四、新材料技术

新材料技术，是高新技术的基础和先导，不仅促进了信息技术和生物技术的革命，而且对制造业、物资供应，以及人类生活的各个方面产生重大的影响。新中国成立之初，我国新材料生产能力非常有限，主要以进口为主；改革开放后，我国新材料转向自主研发，向高端领域发展，如航空航天、光电、通信等；进入 21 世纪，我国对新材料技术高度重视，新材料技术得到快速发展，磁性材料、纺织材料等细分领域已初具全球影响力；稀土功能材料、先进储能材料、光伏材料、有机硅、超硬材料、特种不锈钢、玻璃纤维及其复合材料等新材料产能已位居世界前列。

1. 石墨烯 是目前世界上最薄、最硬、导电、导热性能最强的材料，具有优异的光学、电学、力学特性，在材料学、微纳加工、能源、生物医学和药物传递等方面，具有重要的应用前景，被认为是一种未来革命性的材料。其优质的物理特性使其成为传统石墨散热膜的理想替代材料，广泛用于智能手机、平板电脑、大功率节能 LED 照明、超薄 LCD 电视等方面。华为在 2019 年发布的 Mate 20 X 智能手机中，首次将石墨烯用作散热材料，石墨烯锂电池也有望在手机端实现商用推广。

2. 纳米材料 自 20 世纪 80 年代开始，中国开始重视纳米材料和技术的研究，在 2017 年的《"十三五"国家基础研究专项规划》中，围绕纳米技术及应用重大基础问题方面展开研究。纳米材料，大致可分为碳纳米管（CNT）、纳米蒙脱土（MMT）、纳米碳酸钙三类。其中，纳米碳酸钙是最早实现生产工业化的纳米材料之一。碳纳米管是目前中国已实现工业化量产应用的主要纳米材料之一，具有优异的力学、电学、热学等性能，被多个行业广泛关注及青睐。

五、激光技术

激光技术，是高科技的典型代表，具有广泛的应用领域和巨大的经济潜力，广泛应用于军事、工业、医学、信息、航空等领域。20 世纪 60—70 年代，是中国激光技术的发展起步阶段，在国际激光领域取得了一系列重要成果。1961 年，由王之江教授设计的我国第一台激光器——"小球照明红宝石"激光器问世。进入 80 年代，中国激光产业进入了快速发展期，中国激光技术水平不断提高，激光器件的产能不断提升。1984年，我国首个激光研究所——上海激光研究所成立，为中国激光产业的发展作出了重要贡献。20 世纪 90 年代初期，中国激光产业进入了成熟期，取得了一系列重大突破和创新。1992 年，在中国科学院上海光学精密机械研究所的带领下，成功研制出中国第一台六束全息彩色 3D 激光电视系统，大幅提升了激光显示技术的水平。在激光材料、激光加工等领域也取得了显著成果。进入 21 世纪，中国激光技术不断有创新和突破，特别是在高功率激光、精密加工、光通信等领域，中国激光技术已经达到了世界先进水平。中国是世界上唯一能够制造实用化深紫外全固态激光的国家，也是具备激光精准测量地月距离技术能力的 5 个国家之一。

【思考题】

1. 试述你对现代科学中某一领域的认识。

2. 讨论中国现在科学技术的发展对日常生活起到哪些改变。

3. 基于自身认识，对未来科学技术的发展提出展望。

主要参考书目 ▷▷▷▷

［1］W.C.丹皮尔.科学史［M］.北京：商务印书馆，1995.

［2］恩格斯.反杜林论［M］.北京：人民出版社，1970.

［3］马克思.机器、自然力和科学的应用［M］.北京：人民出版社，1978.

［4］李约瑟.中国科学技术史［M］.北京：科学出版社，1976.

［5］G.希尔贝克，N·伊耶.西方哲学史：从古希腊到二十世纪［M］.童世俊，等译.上海：上海译文出版社，2004.

［6］吴国盛.科学的历程［M］.湖南：湖南科学技术出版社，2018.

［7］矢部一郎.西洋医学的历史［M］.东京：恒和出版，1983.

［8］W.C.丹皮尔.科学简史［M］.柏林，译.北京：中国华侨出版社，2021.

［9］怀特海.科学与近代世界［M］.北京：商务印书馆，1959.

［10］刘二中.技术发明史［M］.合肥：中国科学技术大学出版社，1998.

［11］马克思，恩格斯.马克思恩格斯选集第一卷［M］.北京：人民出版社，1995.

［12］马克思，恩格斯.马克思恩格斯选集第三卷［M］.北京：人民出版社，1995.

［13］马克思，恩格斯.马克思恩格斯选集第四卷［M］.北京：人民出版社，1995.

［14］乔治·伽莫夫.物理学发展史［M］.高士圻，译，北京：商务印书馆，1981.

［15］恩格斯.自然辩证法［M］.北京：人民出版社，1971.

［16］项玉章.重庆之最［M］.重庆.重庆出版社，2008.

［17］姜振寰.科学技术史［M］.济南：山东教育出版社，2019.

［18］王鸿生.科学技术史［M］.北京：中国人民大学出版社，2015.

［19］张密生.科学技术史（第3版）［M］.武汉：武汉大学出版社，2015.

［20］王士舫，董自励.科学技术发展简史［M］.北京：北京大学出版社，2015.

［21］李申.中国科学史［M］.广西：广西师范大学出版社，2018.

［22］纪素珍，田力.中外科技史概要［M］.北京：中国人民大学出版社，1991.

［23］卢嘉锡.自然科学大事年表［M］.沈阳：辽宁教育出版社，1994.

［24］威廉·拜纳姆.耶鲁极简科学史［M］.北京：中信出版社，2019.

［25］李约瑟.中国科学技术史［M］.北京：科学出版社，2021.

［26］梅森.自然科学史［M］.上海：上海译文出版社，1980.

［27］路·亨·摩尔根.古代社会［M］.北京：商务印书馆，1977.